Fundamentos da Física Estatística

Blucher

Fundamentos da Física Estatística

Edson Denis Leonel

Inclui 83 figuras,
7 tabelas,
120 atividades internas nos capítulos,
91 exercícios.

Fundamentos da Física Estatística

© 2015 Edson Denis Leonel

Editora Edgard Blücher Ltda.

Blucher

Rua Pedroso Alvarenga, 1245, 4° andar
04531-012 – São Paulo – SP – Brasil
Fax 55 11 3079 2707
Fone 55 11 3078 5366
editora@blucher.com.br
www.blucher.com.br

Segundo o Novo Acordo Ortográfico, conforme 5. ed. do *Vocabulário Ortográfico da Língua Portuguesa*, Academia Brasileira de Letras, março de 2009.

É proibida a reprodução total ou parcial por quaisquer meios, sem autorização escrita da Editora.

Todos os direitos reservados pela
Editora Edgard Blücher Ltda.

FICHA CATALOGRÁFICA

LEONEL, Edson Denis

Fundamentos da Física Estatística / Edson Denis Leonel – São Paulo : Blucher, 2015.

Bibliografia
ISBN 978-85-212-0890-7

1. Física Estatística I. Título

15-0817   CDU 530.13

Índices para catálogo sistemático:
1. Física estatística

Prefácio

Este livro tem por objetivos apresentar e discutir a teoria básica abordada em cursos de Física Estatística. Pretende-se também discutir, ao longo do texto, de forma didática, alguns problemas de pesquisa em sistemas físicos não lineares em que algumas de suas propriedades dinâmicas podem ser descritas usando tratamento de escala. Por sua vez, esses problemas levam ao estudo de transições de fase. O livro foi estruturado em duas partes. A estrutura principal dos cursos tradicionais de Física Estatística está apresentada nos capítulos 1 até 7. Nessa parte, estão incluídas discussões sobre o problema da caminhada aleatória e os diversos ensembles estatísticos. Também são discutidas algumas propriedades de gases, incluindo-se o gás ideal clássico e gases quânticos. O Capítulo 8 foi incluído para servir de motivação a estudos de sistemas não lineares e aplicação de função de escala em um sistema dinâmico. A segunda parte do livro inclui os capítulos 9 até o 12 e discute, de forma introdutória, a equação de Langevin, a equação de Fokker-Planck, assim como a temática de transições de fase e algumas aplicações em sistemas distintos.

No Capítulo 1 são discutidos os conceitos fundamentais necessários de termodinâmica a serem utilizados nas conexões com ensembles estatísticos ao longo do livro. Uma breve revisão de métodos estatísticos é feita no Capítulo 2. Para o estudante que já tem uma boa base de termodinâmica e conhecimento de estatística elementar, esses dois capítulos podem ser omitidos sem prejuízo de conteúdo. O tempo economizado nas discussões desses capítulos pode ser utilizado para o estudo dos capítulos finais do livro.

No Capítulo 3 são discutidos os conceitos de caminhada aleatória unidimensional. O capítulo inicia com a discussão sobre passos discretos e, mais adiante, apresenta uma generalização para o caso contínuo, levando à obtenção de uma distribuição de probabilidades do tipo Gaussiana. Algumas aplicações envolvendo difusão em sistemas dinâmicos não lineares são apresentadas.

No Capítulo 4, é apresentada a descrição de estados microscópicos de vários sistemas físicos, incluindo sistemas clássicos e quânticos, conduzindo ao ensemble microcanônico.

No Capítulo 5, é feita a discussão dos ensembles canônico, grande canônico e ensemble de pressões. Incluem-se, nesse capítulo, vários sistemas como o paramagneto ideal, o sólido de Einstein e sistemas fracamente interagentes.

A descrição do gás ideal, incluindo os formalismos clássico e quântico, é feita no Capítulo 6, no qual o teorema de equipartição de energia é também apresentado. Como uma extensão de gases clássicos 2-D e uma motivação para estudos mais avançados, são apresentados também resultados de escape de partículas em um bilhar bidimensional. Esse tópico pode ser tratado como uma parte adicional da teoria. Os estudantes mais motivados podem até mesmo proceder com simulações numéricas no modelo. Na sequência do capítulo, evidências da condensação de Bose-Einstein também são apresentadas.

O Capítulo 7 é dedicado à discussão do gás ideal quântico, envolvendo o gás de Fermi-Dirac e o gás de Bose-Einstein. São discutidos particularmente um gás de fótons e conexões com a radiação de corpo negro.

O Capítulo 8 traz uma discussão sobre o modelo bouncer como uma aproximação para um gás ideal unidimensional. É aplicado com sucesso para mostrar que a dissipação, introduzida através de choques inelásticos, pode ser utilizada para suprimir a difusão ilimitada de energia devido a colisões com plataformas móveis. É um capítulo onde pode-se muito utilizar o recurso de simulações numéricas para determinar os observáveis físicos incluindo temperatura e velocidade quadrática média. O tópico estudado neste capítulo pode ser desenvolvido juntamente com a teoria de transição de fase em sistemas dinâmicos, que é apresentada no Capítulo 12.

O Capítulo 9 é dedicado à discussão do movimento Browniano, particularmente utilizando a equação de Langevin aplicada a diversos tipos de forças externas. É também apresentada uma discussão envolvendo difusão e cálculo do coeficiente de difusão em mapeamentos hamiltonianos 2-D, o que constitui um tópico desafiador aos estudantes.

No Capítulo 10 são discutidas algumas das propriedades da equação de Fokker-Planck. É definido o conceito de corrente de probabilidade e, a partir dela, a equação de Fokker-Planck é resolvida para alguns casos especiais, em particular para o estado estacionário.

O Capítulo 11 apresenta um discussão inicial sobre transições de fase e a ordem de uma transição, conforme a classificação de Ehrenfest. São apresentadas aplicações incluindo fluido e um material magnético. A teoria de campo médio é utilizada para determinação dos expoentes de escala envolvidos na transição.

O Capítulo 12 trata de transições de fase em alguns sistemas dinâmicos físicos. Começamos com um modelo magnético de spins sendo que a orientação de cada um deles é discreta, conduzindo a um modelo Clock-4 estados. A descrição da transição de fase e obtenção da temperatura crítica da transição é realizada a partir de simulações usando o Método de Monte Carlo associado ao algoritmo de Metrópolis. Dessa forma, é feita uma discussão inicial sobre o Método de Monte Carlo. A temperatura de transição é determinada usando-se observáveis, como calor específico, susceptibilidade e cumulante de Binder. Em sequência, no capítulo, apresentamos um estudo envolvendo uma transição de fases em uma família de mapeamentos discretos conservativos, caracterizada como transição de integrabilidade para não integrabilidade. O sistema apresenta um espaço de fases misto, e as propriedades do mar de caos são descritas, usando-se um conjunto de hipóteses de escala associadas a uma função homogênea generalizada. O formalismo conduz a uma lei de escala envolvendo expoentes críticos, e simulações numéricas validam as hipóteses de escala. Por fim, os expoentes críticos são obtidos usando-se um procedimento analítico que envolve a localização da primeira curva invariante *spanning*.

Cada capítulo do livro traz alguns exercícios de fixação. Recomenda-se ao aluno que os faça. Ao longo do texto de cada capítulo são apresentadas atividades, que recomenda-se ao aluno que sejam feitas. Eventualmente são passagens matemáticas a serem realizadas e que podem ser classificadas como elementares, até aquelas que envolvem um grau mínimo de concentração ou aquelas que exigem algum nível razoável de programação computacional ou são mais elaboradas.

Durante a minha graduação na Universidade Federal de Viçosa, tive a oportunidade de estudar Física Estatística seguindo a linha de pensamento apresentada no livro tradicional do Professor Frederick Reif. Durante a pós-graduação na Universidade Federal de Minas Gerais, a disciplina de Mecânica Estatística teve como base o livro-texto clássico do Professor Silvio Salinas. Esses dois livros definiram, de certa forma, minha formação inicial em Física Estatística. A influência desses dois grandes nomes pode ser percebida nas minhas notas ao longo do texto.

Com o decorrer de minhas pesquisas e publicações científicas, vários sistemas que tenho estudado apresentaram regimes dinâmicos que podem ser descritos usando-se o formalismo de escala. Com a variação de parâmetros de controle, observáveis físicos e grandezas do espaço de fases podem ser caracterizados utilizando-se leis de potência que levam à definição de expoentes críticos e, consequentemente, à obtenção de comportamentos universais. Com isso, classes de universalidade podem ser definidas. Essa descrição tem sido aplicada com grande sucesso em vários tipos de problemas. Portanto, ao escrever este livro, tive em mente reunir minimamente resultados de pesquisa em alguns sistemas não lineares, utilizando, em partes, o formalismo de escala, os quais pudessem ser apresentados em nível de graduação e de pós-graduação. Ao mesmo tempo, o texto não deveria fugir da estrutura tradicional de um curso de Mecânica Estatística.

O conteúdo do livro pode ser utilizado para os cursos de Física Estatística na graduação ou na pós-graduação. Para o curso de graduação em Física, no qual a disciplina é oferecida aos alunos do quarto ano de graduação, tive a experiência de lecionar a disciplina de Física Estatística de 60 horas os conteúdos dos capítulos 1 ao 7, formando assim a base de um curso de Física Estatística tradicional, e dos capítulos 9, 11 e 12. Na pós-graduação, com os alunos no primeiro ano do mestrado em Física, já consegui discutir todos os capítulos do livro, em um curso também de 60 horas, dando menor enfoque a algum ou outro tópico eventual.

Eu mesmo digitei estas notas, desde o título até os apêndices, usando o software LaTeX. Como editor gráfico utilizei o *xmgrace* e *gimp*, na maioria das figuras. As principais referências utilizadas são informadas ao término de cada capítulo. O site do Wikipedia foi utilizado ocasionalmente, como fonte de informação histórica sobre alguns dos cientistas citados no texto.

Agradecimentos

Devo agradecer, nesta seção, especialmente aos alunos dos cursos que ministrei a disciplina, pelas valiosas questões e discussões que me ajudaram a melhorar a qualidade do texto, assim como a resolução de boa parte dos exercícios apresentados e também de exercícios de outros livros tradicionais.

Agradeço também ao Departamento de Estatística, Matemática Aplicada e Computação (Demac) e ao Departamento de Física, por ceder espaço para montar meu laboratório de pesquisa, onde a maior parte das simulações numéricas foram realizadas. Sem dúvida devo agradecer os auxílios financeiros da Fapesp, CNPq e Fundunesp, que permitiram a aquisição dos computadores nos quais as simulações, algumas de larga escala, foram realizadas.

Sou também muito grato aos colegas Dimas Roberto Vollet, Marcus Werner Beims, José Arnaldo Redinz e Raimundo Nogueira da Costa Filho, por comentários e observações valiosas sobre uma versão inicial destas notas.

Por fim, agradeço ao *International Center for Theoretical Physics (ICTP) – Abdus Salam* pelo auxílio concedido – *Junior Associate* – que permitiu que estas notas fossem editadas. Foi particularmente satisfatório ver o Professor John Cardy assim como Edouard Brezin e Alexander Zamolodchikov, especialistas em Mecânica Estatística, serem agraciados com o prêmio *Dirac Medal*, em julho do ano de 2012.

Conteúdo

1 **Uma breve revisão de termodinâmica**   **23**
    1.1   Objetivos 23
    1.2   Conceitos iniciais 23
    1.3   Leis da termodinâmica 27
    1.4   Alguns parâmetros intensivos da termodinâmica 30
    1.5   Equilíbrio termodinâmico entre dois sistemas 35
        1.5.1   Equilíbrio térmico entre dois sistemas 35
        1.5.2   Equilíbrio mecânico entre dois sistemas 37
        1.5.3   Equilíbrio químico entre dois sistemas 39
    1.6   Potenciais termodinâmicos 41
    1.7   Consequências da extensividade da energia 45
    1.8   Relações de Maxwell 46
    1.9   Calor latente 48
    1.10 Resumo 49
    1.11 Exercícios propostos 51

Referências Bibliográficas   **55**

2 **Discussão elementar sobre métodos estatísticos**   **57**
    2.1   Objetivos 57
    2.2   Alguns conceitos de estatística elementar 57

2.3 Discussão sobre valores médios: aplicações em variáveis discretas 59
    2.3.1 Média da soma 60
    2.3.2 Valor médio do produto de uma constante por uma função aleatória 60
    2.3.3 Desvio da média 61
    2.3.4 Dispersão de x 61
    2.3.5 Transformação linear 62
2.4 Discussão sobre valores médios: aplicações em variáveis contínuas 62
    2.4.1 Variáveis aleatórias independentes 63
    2.4.2 Funções aleatórias independentes 64
2.5 Teorema de Liouville 64
    2.5.1 Hipótese ergódica 66
2.6 Resumo 67
2.7 Exercícios propostos 68

Referências Bibliográficas   **71**

3 O problema da caminhada aleatória   **73**
3.1 Objetivos 73
3.2 Caminhada aleatória em uma dimensão 73
3.3 Valores médios para a caminhada aleatória 79
    3.3.1 Número médio de passos 80
    3.3.2 O deslocamento médio na rede 81
    3.3.3 Dispersão de n_1 81
    3.3.4 Dispersão relativa 83
    3.3.5 Dispersão do deslocamento na rede 84
3.4 Distribuição de probabilidades para grandes valores de N 85
3.5 Resolvendo a integral $\int_{-\infty}^{\infty} e^{-ax^2} dx$ 92
3.6 Probabilidades e deslocamento na rede 94

    3.6.1   Uma solução para $\int_{-\infty}^{\infty} e^{-ax^2} x^{\tilde{n}} dx$ 96
3.7 Teorema do limite central 98
3.8 Uma aplicação dinâmica: difusão caótica no modelo Fermi-Ulam 98
    3.8.1   Colisões raras 104
3.9 Difusão sem limites no modelo Fermi-Ulam: um problema estocástico 105
    3.9.1   Crescimento ilimitado da velocidade: uma descrição analítica 107
    3.9.2   Perturbação aleatória com memória 108
3.10 Resumo 112
3.11 Exercícios propostos 113

Referências Bibliográficas   **117**

4 Estados microscópicos e ensemble microcanônico   **119**
4.1 Objetivos 119
4.2 Introdução 119
4.3 Especificação de estados microscópicos 120
    4.3.1   Partícula confinada a uma caixa: o caso clássico ... 121
    4.3.2   Partícula confinada em uma caixa: o caso quântico . 123
    4.3.3   Oscilador harmônico clássico 125
    4.3.4   Oscilador harmônico quântico 127
4.4 Ensemble microcanônico 127
    4.4.1   Sistema de partículas com dois níveis de energia ... 127
    4.4.2   Sólido de Einstein 131
    4.4.3   Paramagneto ideal 136
4.5 Equilíbrio termodinâmico entre sistemas 143
    4.5.1   Equilíbrio térmico 143
    4.5.2   Equilíbrio térmico e mecânico 146
4.6 Resumo 147

| | | 4.7 | Exercícios propostos . . . . | 148 |

Referências Bibliográficas — 153

5 Ensembles: canônico, grande canônico e de pressões — 155
- 5.1 Objetivos 155
- 5.2 Introdução 155
- 5.3 Ensemble canônico 156
  - 5.3.1 Cálculo da energia média 159
  - 5.3.2 Sistema de partículas com dois níveis 160
  - 5.3.3 Sólido de Einstein 162
  - 5.3.4 Paramagneto ideal 165
  - 5.3.5 Partículas magnéticas fracamente interagentes . . . 167
- 5.4 Ensemble grande canônico 169
- 5.5 Ensemble de pressões 172
- 5.6 Resumo 175
- 5.7 Exercícios propostos 176

Referências Bibliográficas — 181

6 Gases ideais — 183
- 6.1 Objetivos 183
- 6.2 Gás ideal clássico 183
  - 6.2.1 Gás ideal monoatômico 184
- 6.3 Escape de partículas em um bilhar clássico: um gás bidimensional não interagente 189
- 6.4 Teorema de equipartição de energia 196
- 6.5 Gás ideal quântico 199
- 6.6 Função de partição e observáveis físicos 203
  - 6.6.1 Estatística de Bose-Einstein 204
  - 6.6.2 Estatística de Fermi-Dirac 207
- 6.7 Resumo 207

6.8 Exercícios propostos 209

Referências Bibliográficas   **211**

7 Gás de férmions e gás de bósons   **213**
     7.1 Objetivos 213
     7.2 Estados quânticos de uma partícula livre 213
         7.2.1 Aplicações ao gás de Fermi 217
         7.2.2 Gás de Fermi degenerado 220
         7.2.3 Gás de bósons 221
         7.2.4 Radiação de corpo negro 223
     7.3 Resumo 226
     7.4 Exercícios propostos 227

Referências Bibliográficas   **229**

8 Partículas movendo-se sob a ação do campo gravitacional e colidindo em uma plataforma móvel: um gás simplificado   **231**
     8.1 Objetivos 231
     8.2 O modelo 232
         8.2.1 Caso conservativo 234
         8.2.2 Caso dissipativo 237
     8.3 Resultados numéricos 241
     8.4 Decaimento da velocidade: uma dedução alternativa 249
     8.5 Relação entre o número de colisões e o tempo 251
     8.6 Conexões com a termodinâmica 254
     8.7 Resumo 255
     8.8 Exercícios propostos 257

Referências Bibliográficas   **259**

9 Movimento Browniano — 261

- 9.1 Objetivos 261
- 9.2 Equação de Langevin 261
  - 9.2.1 Equação de Langevin para força externa nula 263
  - 9.2.2 Equação de Langevin com campo externo não nulo . 267
- 9.3 Conexões com a equação da difusão 269
  - 9.3.1 Equação da difusão para força externa nula 269
  - 9.3.2 Equação da difusão para força externa não nula ... 272
  - 9.3.3 Força elétrica 272
  - 9.3.4 Força gravitacional 274
- 9.4 Aplicação da equação da difusão em mapas hamiltonianos . 276
- 9.5 Resumo 285
- 9.6 Exercícios propostos 287

Referências Bibliográficas — 289

10 Equação de Fokker-Planck — 291

- 10.1 Objetivos 291
- 10.2 Obtenção da equação de Fokker-Planck 291
  - 10.2.1 Processo markoviano 292
  - 10.2.2 Escrevendo a equação de Fokker-Planck a partir da equação de Langevin 293
  - 10.2.3 Probabilidade e densidade de corrente 293
  - 10.2.4 Solução geral para a equação de Fokker-Planck 294
  - 10.2.5 Solução para o estado estacionário 295
- 10.3 Equação de Fokker-Planck para campos externos não nulos . 296
  - 10.3.1 Equação de Fokker-Planck para força $F = -kx$ ... 297
  - 10.3.2 Solução do estado estacionário 298
  - 10.3.3 Equação de Fokker-Planck para força constante ... 298
  - 10.3.4 Solução para o estado estacionário 299
- 10.4 Solução estacionária: uma alternativa 299

10.4.1 Aplicação da lei de Hooke 302
10.4.2 Aplicação usando a força gravitacional 303
10.5 Resumo 304
10.6 Exercícios propostos 305

Referências Bibliográficas   **307**

11 Transições de fase: uma discussão inicial   309

11.1 Objetivos 309
11.2 Classificação de uma transição de fase 309
11.3 Ilustração de transições de fase em um fluido 310
11.4 Aplicações de transições de fase em um sistema magnético unidimensional 312
11.5 Teoria de campo médio 315
11.6 Função de escala para a energia livre 319
11.7 Resumo 322
11.8 Exercícios propostos 323

Referências Bibliográficas   **325**

12 Caracterização de transições de fase em um sistema magnético e em uma família de mapeamentos discretos   327

12.1 Objetivos 327
12.2 O método de Monte Carlo 328
12.3 Regras de atualização no método de Monte Carlo: algoritmo de Metrópolis 330
12.4 Uma aplicação de transições de fase: modelo Clock-4 estados 333
12.4.1 Descrição do modelo 333
12.4.2 Parte computacional 336
12.4.3 Resultados numéricos 339
12.4.4 Obtenção da temperatura de transição 342
12.5 Transição de integrabilidade para não integrabilidade 343

      12.5.1 Propriedades do espaço de fases 345
      12.5.2 Propriedades do mar de caos: uma descrição fenomenológica 347
      12.5.3 Propriedades do mar de caos: uma descrição teórica . 353
  12.6 Resumo 358
  12.7 Exercícios propostos 360

Referências Bibliográficas   363

Apêndice A   Mudança de referencial   365
  A.1 Introdução 365
  A.2 Colisões elásticas 366
  A.3 Colisões inelásticas 367

Apêndice B   Classificação de pontos fixos   369
  B.1 Ponto fixo hiperbólico 370
  B.2 Ponto fixo elíptico 370
  B.3 Ponto fixo parabólico 371
  B.4 Caracterização via polinômio característico 371

Apêndice C   Aproximação de Stirling   373

Apêndice D   Momento de dipolo magnético orbital   375

Apêndice E   Paradoxo de Gibbs   377

Apêndice F   Resolvendo a integral $\int_0^n \sqrt{\frac{x}{1+x}}dx$ 381

Apêndice G   Localização de curvas invariantes no espaço de fases   383

Apêndice H   Obtenção de um mapeamento discreto a partir de um hamiltoniano   387

Apêndice I Obtenção da lei de Fick 393

Apêndice J Solução da equação da difusão 395
    J.1 Método de Green 396
    J.2 Transformada de Fourier 397

Apêndice K Relação flutuação-dissipação 399

Lista de Figuras 403

Lista de Tabelas 411

Índice Remissivo 413

Capítulo 1

Uma breve revisão de termodinâmica

1.1 Objetivos

Como principais objetivos deste capítulo, faremos uma breve revisão de alguns conceitos fundamentais da termodinâmica, discutiremos as condições de equilíbrio de sistemas termodinâmicos, incluindo equilíbrio térmico, mecânico e químico. Também apresentaremos o procedimento para obtenção de algumas funções termodinâmicas, dentre elas a energia livre de Gibbs e Helmholtz, e, por fim, obteremos algumas das relações de Maxwell da termodinâmica.

1.2 Conceitos iniciais

Antes de iniciar as discussões sobre as leis da termodinâmica é importante mencionar que a termodinâmica descreve somente os estados estáticos ou, pelo menos, os quase-estáticos de sistemas macroscópicos[1]. Durante a

---

[1] Pelo termo macroscópico, associam-se medidas físicas que são suficientemente lentas na escala temporal e devidamente grandes na escala espacial.

evolução do sistema do estado A para o estado B, frequentemente tem-se a realização de trabalho[2] e transferências de calor. De fato, o trabalho pode ser classificado em, pelo menos, três categorias diferentes, sendo elas mecânico $dW_{\text{mec}} = -PdV$, onde P é a pressão[3] e dV é o elemento infinitesimal de volume, ou elétrico $dW_{\text{ele}} = -E_e d\rho_e$, sendo E_e o módulo do campo elétrico, $d\rho_e$ o elemento infinitesimal de momento de dipolo ou, ainda o trabalho químico $dW_{\text{qui}} = \mu dN$, onde μ é o potencial químico[4] e dN é o elemento infinitesimal de variação do número de partículas. Por outro lado, o calor é uma energia em trânsito, ou melhor, a energia que é transferida de um estado para outro em virtude de uma diferença de temperatura. É, portanto, impossível que um objeto possua uma determinada quantidade de calor, dado que este é atribuído para energia em trânsito. Pode-se portanto pensar em um observável chamado de capacidade calorífica. É definido como sendo a quantidade de calor dQ necessária para elevar a temperatura de um objeto de dT, ou seja,

$$C = \left(\frac{dQ}{dT}\right)_{V,P}, \qquad (1.1)$$

onde os subíndices V e P indicam que a derivada é realizada quando ambos, V e P, são mantidos constantes.

A maioria dos sistemas a serem tratados neste livro são classificados como sistemas simples. São definidos como sendo sistemas que são macroscopicamente homogêneos[5], isotrópicos[6] e eletricamente neutros. São tam-

---

[2] Do ponto de vista da mecânica clássica, trabalho é uma medida da energia que é transferida pela aplicação de uma determinada força ao longo de um deslocamento.

[3] Pressão é uma grandeza física obtida como a razão de uma força $|\vec{F}|$ aplicada em uma determinada área A, ou seja, $P = |\vec{F}|/A$.

[4] De uma maneira geral, o potencial químico pode ser interpretado como sendo a força motriz que leva à difusão de partículas.

[5] Um sistema homogêneo é aquele constituído de um mesmo tipo de elemento ou de mesma categoria.

[6] Em um sistema isotrópico, as propriedades físicas das substâncias do sistema independem da direção considerada.

bém considerados como suficientemente grandes de modo a terem efeitos de superfície desprezados e que também não são afetados por campos elétricos, magnéticos ou gravitacionais.

Em sistemas termodinâmicos existe sempre a tendência à evolução em direção a estados em que as propriedades são determinadas por fatores intrínsecos e não por influência de campos externos previamente aplicados. Os estados terminais são, por definição, atemporais[7], e são chamados de estados de equilíbrio ou estados estacionários. Do ponto de vista operacional, um sistema está em um estado de equilíbrio se suas propriedades são consistentemente descritas pela teoria termodinâmica.

Um sistema composto, por sua vez, pode ser considerado como um conjunto de sistemas simples que estão separados por algum vínculo interno. Alguns dos possíveis vínculos podem ser paredes adiabáticas[8], paredes fixas, paredes diatérmicas[9], paredes impermeáveis à partículas dentre outros. Tanto em um sistema simples quanto em um composto, ambos são considerados como sendo fechados, caso contrário, será dito explicitamente. De fato, essa é a condição dada ao sistema para que não ocorra troca de energia, volume e número de partículas (moles[10]) com o ambiente. Desde que não ocorram reações químicas no sistema, a energia interna é macroscopicamente controlada, embora possam haver variações microscópicas.

Antes de discutir as leis da termodinâmica propriamente, faz-se necessário discutir um pouco sobre variáveis extensivas e intensivas. Considere um sistema composto por dois sistemas idênticos em contato e em equilíbrio

---

[7]Uma vez alcançada a condição de equilíbrio, o sistema independe do passado, presente ou futuro.

[8]Uma parede é dita adiabática quando bloqueia fluxos de calor.

[9]Uma parede diatérmica permite trocas de calor.

[10]A terminologia *mol* vem da abreviação da palavra alemã *molekule* e é também representada por *moles*. É o nome da unidade utilizada no sistema internacional de unidades para representação de quantidade de matéria e corresponde à quantidade de matéria de um determinado sistema que contém as mesmas quantidades elementares presentes em 12 gramas de átomos de carbono 12. Um mol de átomos corresponde a $6,02 \times 10^{23}$ átomos.

entre si, contendo ambos N partículas em um determinado volume V e com energia interna U. Quando o contato entre eles é removido, permitindo a união dos dois sistemas em um único, o volume total passa a ser $2 \times V$, o número total de partículas é dado por $2 \times N$ e a energia total é $2 \times U$. Observáveis físicos que são dependentes das dimensões do sistema são chamadas de parâmetros extensivos. Por outro lado, tanto as grandezas temperatura como a pressão permanecem constantes e independem da dimensão do sistema. Essas variáveis, por sua vez, são chamadas de parâmetros intensivos.

Os fundamentos da termodinâmica são construídos basicamente em cima de quatro postulados principais:

1. O estado de equilíbrio de um sistema termodinâmico macroscópico simples é completamente caracterizado pela energia interna U, pelo volume V e pelo número de partículas N (ou pela quantidade de matéria medida pelo número de moles).

2. Existe uma função $S = S(U_i, V_i, N_i)$, $i = 1, 2, 3, \ldots, n$ que é chamada de entropia[11] escrita em termos dos parâmetros extensivos (U, V, N), definida para todos os estados de equilíbrio. Obedece ainda a propriedade de que removendo-se os vínculos internos de um sistema composto, a entropia é maximizada na condição de equilíbrio.

3. A entropia de um sistema composto é uma função aditiva sobre seus componentes. É também uma função contínua, diferenciável e monotonicamente crescente da energia.

4. A entropia se anula para o caso em que

$$\left(\frac{\partial U}{\partial S}\right)_{V,N} = 0. \qquad (1.2)$$

---

[11]Do grego $\eta\tau\rho o\pi\eta$, pode ser interpretada como uma medida da natureza irreversível de um processo dinâmico ocorrendo em um sistema.

Este enunciado é também conhecido como lei de Nernst[12].

1.3 Leis da termodinâmica

Iniciaremos nossa discussão com a primeira lei da termodinâmica. Esta lei basicamente diz que existe uma grandeza física chamada de energia interna, a qual denotaremos por U que caracteriza um determinado sistema. A energia interna de um sistema é um parâmetro macroscópico extensivo[13]. Isso significa que a energia interna depende das dimensões do próprio sistema. Uma consequência dessa propriedade de extensividade é a aditividade. Se tivermos dois sistemas em contato térmico um com o outro e, por sua vez, isolados do ambiente por uma parede adiabática, a energia interna total do sistema composto será a soma da energia interna do primeiro sistema com a energia interna do segundo sistema, ou seja,

$$U = U_A + U_B, \qquad (1.3)$$

onde U_A e U_B estão associados com as energias do primeiro e do segundo sistemas, respectivamente. Em razão do fato de a energia interna ser uma grandeza do tipo extensiva, ela depende linearmente das dimensões do sistema. Dessa forma, se duplicarmos o tamanho do sistema, mantendo pressão e temperatura constantes, a energia interna será também duplicada. Outra propriedade importante está relacionada com a conservação da energia. Se um sistema muda de energia U_1 para energia U_2, essa mudança de energia interna estará relacionada a algum tipo de realização de trabalho[14] ou será

---

[12]Walther Hermann Nernst (1864-1941) foi um físico alemão que contribuiu para algumas áreas como termodinâmica, eletroquímica e química do estado sólido.

[13]É importante destacar que outras grandezas do sistema obedecem à propriedade de extensividade. Dentre elas estão o volume V, o número de moles N e, inclusive, a entropia representada por S.

[14]O trabalho pode ter sido feito sobre o sistema, o qual chamaremos de trabalho externo, ou pelo sistema, em virtude, por exemplo, de alguma reação química ocorrida em seu interior.

devida a algum fluxo de calor no sistema. Assim, em termos matemáticos, a primeira lei da termodinâmica assume a forma

$$\Delta U = U_2 - U_1 = Q + W, \qquad (1.4)$$

onde Q está relacionado ao fluxo de calor do sistema e W está relacionado com a realização de trabalho. No caso mais geral, podemos expandir a expressão de W em, pelo menos três formas distintas: (i) o trabalho mecânico[15], ou seja, W_{mec}; (ii) o trabalho relacionado com alguma reação química W_{qui}; e (iii) o trabalho elétrico W_{ele}. Em termos diferenciais, a primeira lei da termodinâmica pode ser escrita como

$$dU = dQ + dW. \qquad (1.5)$$

A primeira lei da termodinâmica é, na verdade, obtida como uma consequência da lei da conservação da energia. A prova irrefutável da validade da conversão de energia mecânica em calor foi dada por Joule[16] em uma conferência da associação Britânica de Ciência Avançada em Oxford no ano de 1847. Joule construiu um experimento no qual um determinado fluido era mantido em um recipiente fechado e isolado do ambiente. Um conjunto de hélices internas estava conectado a um bloco de massa m que realizava um movimento vertical de queda, externamente ao sistema. Durante a queda, o bloco girava as hélices, transformando energia potencial gravitacional, devido à queda do bloco, em energia térmica. Como consequência, Joule mediu um aumento na temperatura do fluido. A sociedade científica britânica, presente na apresentação, se calou naquele momento.

---

[15] Quando temos um sistema constituído basicamente de um gás confinado em um êmbolo e pressionamos o êmbolo, estamos realizando um trabalho sobre o sistema. A expressão do trabalho, que é oriunda da definição de $W = \int_{\vec{r}_i}^{\vec{r}_f} \vec{F} \cdot d\vec{r}$, é basicamente representada por $W_{mec} = -P\Delta V$, onde P caracteriza a pressão e ΔV a variação de volume. Em termos diferenciais, temos que $dW_{mec} = -PdV$. O sinal $-$ é introduzido para enfatizar que o trabalho é realizado sobre o sistema.

[16] James Prescott Joule (1818-1889) foi um físico britânico que estudou relações de trabalho mecânico e conexões com a termodinâmica.

Como já discutimos a definição da primeira lei da termodinâmica, podemos agora discutir e enunciar a segunda lei da termodinâmica. Esta lei está basicamente relacionada com o conceito de entropia (S). Desse modo, e conforme o enunciado do postulado 2, podemos dizer que existe uma função $S(U, V, N)$ que é do tipo extensiva e que é uma função monotonicamente crescente da energia interna U. Uma consequência importante é que, se o sistema evolui de um estado inicial, A para um estado final B, em uma transformação adiabática do tipo reversível, então a entropia permanece constante. Por outro lado, se a transformação adiabática de A para B é irreversível, então diz-se que houve um aumento na entropia do sistema. De uma forma geral, podemos dizer que $S_B \geq S_A$.

Uma vez que a entropia também é um função extensiva, ela obedece à propriedade de aditividade. Desse modo, considere que se tenha um sistema que é composto por dois sistemas simples, caracterizados respectivamente pelas energias internas U_i, pelos volumes V_i e pela quantidade de partículas N_i, com $i = 1, 2$ referindo-se respectivamente aos sistemas 1 e 2. Assim, a entropia é dada por

$$S(U_1, V_1, N_1, U_2, V_2, N_2) = S_1(U_1, V_1, N_1) + S_2(U_2, V_2, N_2). \qquad (1.6)$$

Como a entropia é uma grandeza extensiva, ela certamente depende das dimensões do sistema. Assim, se duplicarmos o tamanho do sistema, a entropia também será multiplicada pelo mesmo fator. De uma forma mais geral, podemos escrever a entropia como

$$S(\ell U, \ell V, \ell N) = \ell S(U, V, N), \qquad (1.7)$$

onde ℓ é um fator de escala (constante) que fornece o grau de ampliação do sistema. A Equação (1.7) é uma função homogênea de primeiro grau em suas variáveis. Podemos, em particular, escolher que $\ell N = 1$, o que fornece $\ell = 1/N$, e reescrever a Equação (1.7) da seguinte forma

$$S\left[\frac{U}{N}, \frac{V}{N}, 1\right] = \frac{1}{N} S(U, V, N) = s(u, v), \qquad (1.8)$$

onde $U/N = u$ é definida como energia por partícula e $V/N = v$ é o inverso da densidade. Assim, a grandeza s é, de certa forma, a densidade de entropia, ou seja, a entropia por partícula.

1.4 Alguns parâmetros intensivos da termodinâmica

Discutiremos nesta seção os procedimentos básicos para se obter alguns parâmetros intensivos da termodinâmica. É importante frisar que um parâmetro intensivo não depende das dimensões do sistema. Nesta classe de parâmetros estão a temperatura[17] T, a pressão P e o potencial químico μ. Consideraremos por exemplo, que temos um sistema que é constituído por uma caixa fechada, com fronteiras adiabáticas ($dQ = 0$) que isolam completamente o interior da parte externa. As fronteiras também não permitem escape de partículas ($dN = 0$) e são rígidas ($dV = 0$), no sentido de que, quando uma partícula colide com a parede da fronteira, nenhuma energia é transferida ou absorvida pela fronteira. Podemos ainda considerar que a função energia interna que descreve o sistema depende da entropia S, do volume V e do número de partículas N, ou seja,

$$U = U(S, V, N). \tag{1.9}$$

---

[17]A temperatura é um dos conceitos básicos em termodinâmica. Ela é tão importante quanto os conceitos de energia interna e entropia. Entretanto, como seu conceito só foi fundamentado na década de 1930, bem depois de conhecidas a primeira e a segunda leis da termodinâmica, e como o conceito de temperatura é importante para ambas, pode-se enunciar uma lei exclusiva para a temperatura, que é muitas vezes chamada de lei zero da termodinâmica: "Se dois corpos A e B estão em equilíbrio térmico com um terceiro corpo C (termômetro), então A está em equilíbrio térmico com B". Em termos menos formais, todo corpo tem uma propriedade chamada de temperatura e quando dois corpos estão em equilíbrio térmico, suas temperaturas são iguais. A unidade de temperatura no sistema internacional de unidades é o kelvin (K).

Diferenciando a expressão da energia, temos que

$$dU = \left(\frac{\partial U}{\partial S}\right)_{V,N} dS + \left(\frac{\partial U}{\partial V}\right)_{S,N} dV + \left(\frac{\partial U}{\partial N}\right)_{S,V} dN. \qquad (1.10)$$

Entretanto, utilizando a Equação (1.5), podemos mostrar que

$$\begin{aligned} dU &= dQ + dW_{\text{mec}} + dW_{\text{qui}}, \\ dU &= TdS - PdV + \mu dN, \end{aligned} \qquad (1.11)$$

onde consideramos que $dQ = TdS$, $dW_{\text{mec}} = -PdV$, como sinal $(-)$ representando que o trabalho é realizado sobre o sistema e $dW_{\text{qui}} = \mu dN$. Consideramos que as partículas estão eletricamente descarregadas, portanto não temos a contribuição do trabalho elétrico. É importante salientar que a Equação (1.11) foi obtida a partir do princípio da conservação da energia. Comparando as Equações (1.10) e (1.11), podemos mostrar que

$$T = \left(\frac{\partial U}{\partial S}\right)_{V,N}, \qquad (1.12)$$

$$P = -\left(\frac{\partial U}{\partial V}\right)_{S,N}, \qquad (1.13)$$

$$\mu = \left(\frac{\partial U}{\partial N}\right)_{S,V}. \qquad (1.14)$$

Nota-se que os parâmetros obtidos aqui são todos intensivos embora sejam obtidos a partir da derivação de funções de parâmetros extensivos. As três equações apresentadas aqui fornecem as equações de estado na representação da energia.

Finalmente, torna-se importante obter a expressão da entropia como função da energia interna, volume e número de moles. Assim, podemos escrever que

$$S = S(U, V, N). \qquad (1.15)$$

Da mesma forma que fizemos com a expressão da energia, podemos também aplicar à expressão da entropia. Diferenciando a Equação (1.15), temos

$$dS = \left(\frac{\partial S}{\partial U}\right)_{V,N} dU + \left(\frac{\partial S}{\partial V}\right)_{U,N} dV + \left(\frac{\partial S}{\partial N}\right)_{U,V} dN. \qquad (1.16)$$

Utilizando agora a expressão da conservação da energia (veja a Equação (1.5) e de forma análoga à Equação (1.11)), e isolando dS, temos que

$$dS = \frac{1}{T}\left[dU + PdV - \mu dN\right]. \tag{1.17}$$

Comparando os coeficientes das Equações (1.16) e (1.17), temos que

$$\left(\frac{\partial S}{\partial U}\right)_{V,N} = \frac{1}{T}, \tag{1.18}$$

$$\left(\frac{\partial S}{\partial V}\right)_{U,N} = \frac{P}{T}, \tag{1.19}$$

$$\left(\frac{\partial S}{\partial N}\right)_{U,V} = -\frac{\mu}{T}. \tag{1.20}$$

Essas expressões serão corriqueiramente utilizadas nas seções de ensembles estatísticos. As equações apresentadas aqui fornecem as equações de estado na representação da entropia.

O procedimento que acabamos de fazer para as funções energia interna U e entropia S pode ser imediatamente extendido para a energia u e entropia por partícula s respectivamente. Desse modo, as expressões para a energia interna e entropia são dadas por

$$u = u(s,v), \tag{1.21}$$

$$s = s(u,v). \tag{1.22}$$

Da expressão da conservação da energia, temos que

$$du = Tds - Pdv. \tag{1.23}$$

Assim podemos mostrar que

$$\left(\frac{\partial u}{\partial s}\right)_v = T, \tag{1.24}$$

$$\left(\frac{\partial u}{\partial v}\right)_u = -P, \tag{1.25}$$

$$\left(\frac{\partial s}{\partial u}\right)_v = \frac{1}{T}, \tag{1.26}$$

$$\left(\frac{\partial s}{\partial v}\right)_u = \frac{P}{T}. \tag{1.27}$$

Atividade 1 – *Partindo das expressões das Equações (1.21) e (1.22), e usando o princípio da conservação da energia dado pela Equação (1.23), obtenha as Equações (1.24), (1.25), (1.26) e (1.27).*

Para exemplificar a aplicabilidade da teoria, vamos agora considerar o cálculo da entropia para um sistema que é basicamente um gás ideal[18]. É conhecido que a equação que descreve o estado de um gás ideal é dada por

$$PV = NK_BT, \qquad (1.28)$$

onde P representa a pressão, V representa o volume, N é o número de moles do gás, ou a quantidade de matéria, T é a temperatura e K_B é a constante de Boltzmann[19]. Podemos também obter a expressão da energia total do sistema. Para obter essa relação, vamos primeiramente fazer uso do teorema de equipartição de energia[20]. O enunciado formal considera que cada termo quadrático na expressão do hamiltoniano (ou na expressão da energia) do sistema contribui com $K_BT/2$ na energia média do sistema. Como o gás está imerso em um espaço tridimensional, temos três graus de liberdade do sistema consequentemente cada partícula contribui com $3K_BT/2$ na energia total do sistema. Uma vez que temos N partículas, a energia total do sistema será dada por

$$U = \frac{3}{2}NK_BT, \qquad (1.29)$$

---

[18]O modelo do gás ideal consiste de um conjunto de partículas idênticas movendo-se aleatoriamente no interior de um volume V e que não interagem umas com as outras. A maioria dos gases reais comportam-se qualitativamente como o gás ideal em condições normais de temperatura e pressão.

[19]Ludwig Eduard Boltzmann (1844-1906) foi um físico austríaco que contribuiu enormemente para o progresso da termodinâmica estatística. Sua teoria atômica não era totalmente aceita na época. Conta-se que sofria de enorme instabilidade emocional sendo que ora estava em profunda depressão, ora em estados de grande empolgação. Enforcou-se no dia 5 de setembro de 1906 na cidade de Duino, vizinha a Trieste, na Itália, durante uma viagem de férias com a família. A constante de Boltzmann assume o valor $K_B = 1,38 \times 10^{-23} J/K$.

[20]Este teorema será discutido posteriormente.

ou também pode ser dada por

$$\frac{1}{T} = \frac{3}{2} K_B \frac{N}{U}, \tag{1.30}$$

que é a equação de estado na representação da entropia.

Podemos reescrever a Equação (1.28) de forma mais apropriada como

$$\frac{P}{T} = \frac{K_B}{v}. \tag{1.31}$$

Essa é também uma das equações de estado na representação da entropia.

Atividade 2 – *Partindo da Equação (1.28) e usando a relação de v, obtenha a Equação (1.31).*

Utilizando a Equação (1.27), podemos mostrar que

$$\int ds = K_B \int \frac{dv}{v}. \tag{1.32}$$

Atividade 3 – *Obtenha a Equação (1.32) a partir das Equações (1.27) e (1.31).*

Integrando a Equação (1.32), obtemos que

$$s = s(u, v) = K_B \ln(v) + f(u), \tag{1.33}$$

onde a função $f(u)$ aparece como uma constante de integração. Por outro lado, se utilizarmos a Equação (1.29), podemos reescrever que

$$\frac{1}{T} = \frac{3}{2} \frac{K_B}{u}. \tag{1.34}$$

Atividade 4 – *Partindo da Equação (1.29) e usando a energia por partícula, obtenha a Equação (1.34).*

Assim, da Equação (1.26), temos que

$$\int ds = \frac{3}{2} K_B \int \frac{du}{u}. \tag{1.35}$$

Atividade 5 – *Obtenha a Equação (1.35) a partir das Equações (1.26) e (1.34).*

Integrando a Equação (1.35), temos que

$$s = s(u,v) = \frac{3}{2} K_B \ln(u) + g(v), \qquad (1.36)$$

onde $g(v)$ é obtida como sendo uma constante de integração. Comparando as Equações (1.33) e (1.36), podemos obter a função entropia da seguinte forma

$$s(u,v) = K_B \ln(v) + \frac{3}{2} K_B \ln(u) + C K_B, \qquad (1.37)$$

onde C é uma constante real. Assim, podemos notar que a entropia é uma função monotonicamente crescente tanto da energia interna u quanto do volume v, em bom acordo com o postulado 3.

1.5 Equilíbrio termodinâmico entre dois sistemas

Nesta seção, discutiremos os diversos tipos de equilíbrio que se pode ter em um sistema termodinâmico. Começaremos com o equilíbrio térmico.

1.5.1 Equilíbrio térmico entre dois sistemas

Consideraremos agora um sistema composto por dois subsistemas com energias U_1 e U_2 respectivamente, que estão separados por uma parede interna diatérmica, impermeável e fixa. Admitimos ainda que a parede externa é adiabática, rígida e impenetrável. Assim, asseguramos que o sistema não troca calor com o ambiente, a parede não armazena energia potencial na forma de energia potencial elástica ao sofrer colisões com as partículas internas, mantendo também o volume constante, e nenhuma partícula escapa para o ambiente. A Figura 1.1 ilustra este modelo.

Dada a propriedade de aditividade da energia interna, temos que

$$U = U_1 + U_2. \qquad (1.38)$$

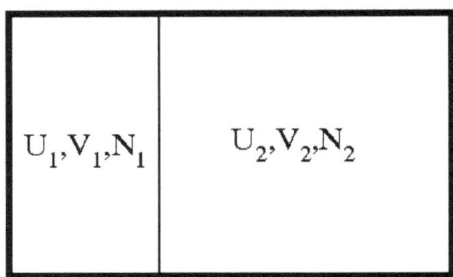

Figura 1.1 – Ilustração de um sistema termodinâmico constituído por dois subsistemas com as seguintes grandezas extensivas, (U_1, V_1, N_1) e (U_2, V_2, N_2), respectivamente.

Como a energia total do sistema deve ser constante, é fácil concluir que a diferencial da energia é dada por $dU = dU_1 + dU_2$, e também que $dU = 0$, logo, temos que

$$dU_2 = -dU_1. \tag{1.39}$$

Utilizando também a propriedade da aditividade da entropia e considerando que somente a energia interna do sistema pode variar, podemos escrever que

$$S(U_1, U_2) = S_1(U_1) + S_2(U_2). \tag{1.40}$$

Diferenciando em relação a energia, temos que

$$dS = \left(\frac{\partial S_1}{\partial U_1}\right)_{V_1, N_1} dU_1 + \left(\frac{\partial S_2}{\partial U_2}\right)_{V_2, N_2} dU_2. \tag{1.41}$$

Utilizando a Equação (1.39), podemos reescrever a expressão de dS de forma mais apropriada como

$$dS = \left[\left(\frac{\partial S_1}{\partial U_1}\right) - \left(\frac{\partial S_2}{\partial U_2}\right)\right] dU_1. \tag{1.42}$$

Quando o sistema atinge o equilíbrio, a entropia deve assumir o máximo valor possível. Assim, a entropia deve passar por um ponto de máximo.

Desse modo $dS = 0$. Utilizando a expressão mostrada na Equação (1.18), podemos reescrever que

$$\left[\frac{1}{T_1} - \frac{1}{T_2}\right] dU_1 = 0. \tag{1.43}$$

Eliminando o caso trivial no qual $dU_1 = 0$, a Equação (1.43) só é observada se e somente se $T_1 = T_2$. Esse resultado implica que o sistema está em equilíbrio térmico.

Outro resultado também importante refere-se à evolução do sistema para a condição de equilíbrio. Então vamos agora supor que o sistema ainda não tenha atingido o equilíbrio térmico, mas que, por outro lado, esteja evoluindo para essa condição. Assim, a função entropia ainda não atingiu o seu valor de máximo, mas continua crescendo monotonicamente até atingir esse ponto. Podemos concluir que $dS > 0$. Desse modo mostra-se que

$$\left[\frac{1}{T_1} - \frac{1}{T_2}\right] dU_1 > 0, \tag{1.44}$$

onde podemos concluir que:

- Para o caso em que $T_1 > T_2$, vemos que para a Inequação (1.44) ser satisfeita, devemos ter que $dU_1 < 0$. Fisicamente, isso implica que o sistema 1 está tendo uma perda de energia para o sistema 2, ou em outras palavras, está havendo um fluxo de calor do sistema 1 para o sistema 2.

- A segunda opção é dada pelo caso em que $T_1 < T_2$, o que implica que $dU_1 > 0$. Desse modo, existe um fluxo de calor do sistema 2 para o sistema 1.

1.5.2 Equilíbrio mecânico entre dois sistemas

Consideraremos, nesta seção, o sistema descrito na Figura 1.1, entretanto admitindo que agora a parede diatérmica interna pode se mover, no entanto é impermeável. Assim, podemos notar que tanto a energia interna do sistema 1 quanto a do sistema 2 podem mudar. De modo semelhante, é permitido que os volumes dos respectivos sistemas também possam variar. Existem duas equações que definem os vínculos dos sistemas, que são

$$V = V_1 + V_2 \longrightarrow dV_2 = -dV_1, \quad (1.45)$$

$$U = U_1 + U_2 \longrightarrow dU_2 = -dU_1. \quad (1.46)$$

Como apenas dois pares de variáveis podem mudar, dado a condição dos vínculos e conforme a propriedade de aditividade da entropia, temos que a entropia do sistema composto é dada por

$$S(U_1, V_1, U_2, V_2) = S_1(U_1, V_1) + S_2(U_2, V_2). \quad (1.47)$$

Diferenciando a entropia, temos que

$$dS = \left(\frac{\partial S_1}{\partial U_1}\right)_{V_1} dU_1 + \left(\frac{\partial S_2}{\partial U_2}\right)_{V_2} dU_2 + \left(\frac{\partial S_1}{\partial V_1}\right)_{U_1} dV_1 + \left(\frac{\partial S_2}{\partial V_2}\right)_{U_2} dV_2. \quad (1.48)$$

Considerando que, na condição de equilíbrio, temos que $dS = 0$, podemos reescrever a Equação (1.48) de forma mais apropriada usando as Equações (1.45) e (1.46) assim como as Equações (1.18) e (1.19). Dessa forma, temos que

$$\left(\frac{1}{T_1} - \frac{1}{T_2}\right) dU_1 + \left(\frac{P_1}{T_1} - \frac{P_2}{T_2}\right) dV_1 = 0. \quad (1.49)$$

Podemos concluir, portanto, que, na condição de equilíbrio, temos que $T_1 = T_2$ e também $P_1 = P_2$.

Admita agora que o sistema esteja aproximando da condição de equilíbrio mecânico mas que por outro lado o equilíbrio térmico esteja quase sendo atingido. Quando o sistema aproxima-se da condição de equilíbrio, a entropia do sistema ainda aproxima-se do ponto de máximo, logo ainda é uma função crescente, ou seja, $dS > 0$. Portanto devemos avaliar a condição

$$\left(\frac{P_1}{T_1} - \frac{P_2}{T_2}\right) dV_1 > 0. \quad (1.50)$$

Considerando agora que o equilíbrio térmico seja atingido, temos que $T_1 = T_2$, logo podemos extrair duas importantes conclusões acerca da Inequação (1.50):

- Se $P_1 > P_2$, é fácil ver que $dV_1 > 0$. Isso implica que o sistema 1 pressiona o êmbolo (parede interna) para a direita, permitindo que ocorra um aumento em seu volume. Esse aumento no volume é compensado por uma redução em mesma quantidade no volume do sistema 2.

- Considerando agora o caso em que $P_1 < P_2$. Assim, podemos concluir que para que a Inequação (1.50) seja satisfeita, devemos ter $dV_1 < 0$. Portanto o êmbolo é pressionado pelo sistema 2 reduzindo, então, o volume do sistema 1.

1.5.3 Equilíbrio químico entre dois sistemas

Nesta seção, discutiremos as condições necessárias para que ocorram simultaneamente os equilíbrios térmico, mecânico e químico de um sistema composto por dois subsistemas, conforme mostrado na Figura (1.1). Admitiremos agora que a parede interna permite a passagem de fluxo de calor, assumiremos também ser móvel e permitir, inclusive, a passagem de partículas de um lado para o outro. Portanto, os vínculos que devem ser observados são

$$U = U_1 + U_2, \tag{1.51}$$
$$V = V_1 + V_2, \tag{1.52}$$
$$N = N_1 + N_2. \tag{1.53}$$

Tomando as diferenciais das Equações (1.51), (1.52) e (1.53) podemos mostrar que

$$dU_2 = -dU_1, \qquad (1.54)$$
$$dV_2 = -dV_1, \qquad (1.55)$$
$$dN_2 = -dN_1. \qquad (1.56)$$

A expressão da entropia deve agora ser escrita como dependente de todas as variáveis que constituem o sistema, assim, temos que

$$S(U_1, V_1, N_1, U_2, V_2, N_2) = S_1(U_1, V_1, N_1) + S_2(U_2, V_2, N_2). \qquad (1.57)$$

Diferenciando a Equação (1.57) encontramos

$$\begin{aligned} dS &= \left(\frac{\partial S_1}{\partial U_1}\right)_{V_1,N_1} dU_1 + \left(\frac{\partial S_2}{\partial U_2}\right)_{V_2,N_2} dU_2 + \left(\frac{\partial S_1}{\partial V_1}\right)_{U_1,N_1} dV_1 + \\ &+ \left(\frac{\partial S_2}{\partial V_2}\right)_{U_2,N_2} dV_2 + \left(\frac{\partial S_1}{\partial N_1}\right)_{V_1,U_1} dN_1 + \left(\frac{\partial S_2}{\partial N_2}\right)_{V_2,U_2} dN_2. \end{aligned} \qquad (1.58)$$

Usando as Relações (1.18), (1.19) e (1.20) assim como considerando as Diferenciais (1.54), (1.55) e (1.56), obtemos que

$$dS = \left(\frac{1}{T_1} - \frac{1}{T_2}\right) dU_1 + \left(\frac{P_1}{T_1} - \frac{P_2}{T_2}\right) dV_1 + \left(-\frac{\mu_1}{T_1} + \frac{\mu_2}{T_2}\right) dN_1. \qquad (1.59)$$

Na condição de equilíbrio, temos que $dS = 0$, logo pode-se mostrar que; (i) $T_1 = T_2$, o que implica em equilíbrio térmico; (ii) $P_1 = P_2$ o que representa o equilíbrio mecânico; e (iii) $\mu_1 = \mu_2$ correspondendo, portanto, à condição de equilíbrio químico.

Já discutimos anteriormente as condições de obtenção de equilíbrio térmico e mecânico, resta agora obter a condição de equilíbrio químico. Desse modo, quando o sistema aproxima-se do equilíbrio químico, devemos ter ainda que $dS > 0$, logo

$$\left(-\frac{\mu_1}{T_1} + \frac{\mu_2}{T_2}\right) dN_1 > 0. \qquad (1.60)$$

Assim, podemos extrair duas conclusões importantes:

- Se $-\mu_1 + \mu_2 > 0$, devemos ter que $dN_1 > 0$.

- Por outro lado, se $-\mu_1 + \mu_2 < 0$, obtemos que $dN_1 < 0$.

Isso permite concluir que as partículas tendem a se mover do potencial químico mais alto para o potencial químico mais baixo.

1.6 Potenciais termodinâmicos

Nesta seção, discutiremos uma forma de se obter a equação de estado de um sistema, usando diversos conjuntos distintos de variáveis extensivas. Dessa forma, o ponto que deve ser observado é que frequentemente devemos recorrer a relações termodinâmicas que são mais acessíveis do ponto de vista experimental. Portanto, ao longo de um experimento poderia-se argumentar que é mais conveniente e prático medir a temperatura T do que a entropia S. Em outro experimento, por exemplo, poderia-se também argumentar que seria mais fácil medir a pressão em vez do volume, e assim por diante. É importante notar que T é a variável canônica da entropia S, assim como P é canônica do volume V. Notamos que a forma fundamental de se representar a energia interna de um sistema é considerando que $U = U(S, V, N)$. Utilizando essas mudanças de variáveis, podemos reescrever a energia como $U = U(T, V, N)$, ou também $U = U(T, P, N)$.

Para efetuar essa mudança de variável, podemos recorrer às transformações de Legendre[21]. Basicamente, a transformada de Legendre pode ser escrita como

$$A = U - (\text{Par(es) Canônico(s)}). \tag{1.61}$$

Considere o caso em que a energia é escrita em termos da variáveis $U = U(S, V, N)$ e desejamos reescrevê-la nas variáveis $A = A(T, V, N)$. Assim,

---

[21]Adrien-Marie Legendre (1752-1833) foi um matemático francês que fez importantes contribuições para a estatística, a álgebra abstrata e a análise matemática.

usando a Equação (1.61) com o par canônico TS, temos que

$$F(T,V,N) = U(S,V,N) - TS. \tag{1.62}$$

Tomando a diferencial da Equação (1.62), temos

$$dF = \left(\frac{\partial U}{\partial S}\right)dS + \left(\frac{\partial U}{\partial V}\right)dV + \left(\frac{\partial U}{\partial N}\right)dN - TdS - SdT. \tag{1.63}$$

ou ainda

$$\frac{\partial F}{\partial T}dT + \frac{\partial F}{\partial V}dV + \frac{\partial F}{\partial N}dN = \frac{\partial U}{\partial S}dS + \frac{\partial U}{\partial V}dV + \frac{\partial U}{\partial N}dN - TdS - SdT. \tag{1.64}$$

Considerando as Equações (1.12), (1.13) e (1.14), podemos escrever a Equação (1.64) como $dF = -SdT - PdV + \mu dN$ e, consequentemente, mostrar que

$$\left(\frac{\partial F}{\partial T}\right) = -S, \tag{1.65}$$

$$\left(\frac{\partial F}{\partial V}\right) = -P, \tag{1.66}$$

$$\left(\frac{\partial F}{\partial N}\right) = \mu. \tag{1.67}$$

A função $F(T,V,N)$ é chamada de energia livre de Helmholtz[22].

Outra maneira de escrever a expressão da energia interna seria como $H_e = H_e(S,P,N)$, que é também conhecida na literatura como entalpia[23]. Assim, usando a transformação de Legendre, devemos reescrever a Equação (1.61) como

$$H_e(S,P,N) = U(S,V,N) - (-PV). \tag{1.68}$$

---

[22]Hermann Ludwig Ferdinand von Helmholtz (1821-1894) foi um físico alemão que desenvolveu trabalhos na área da termodinâmica usando principalmente ideias de conservação da energia, também contribuiu para a fisiologia, ótica, eletrodinâmica dentre várias outras áreas.

[23]A entalpia pode ser interpretada como sendo a máxima energia teoricamente passível de ser removida de um sistema na forma de calor.

Tomando a diferencial da Equação (1.68) e reagrupando apropriadamente, temos que

$$dH_e = TdS + \mu N + VdP. \tag{1.69}$$

Atividade 6 – *Diferencie a Equação (1.68) e obtenha a Equação (1.69).*
Desenvolvendo a expressão de dH_e, é possível mostrar que

$$\left(\frac{\partial H_e}{\partial S}\right) = T, \tag{1.70}$$

$$\left(\frac{\partial H_e}{\partial P}\right) = V, \tag{1.71}$$

$$\left(\frac{\partial H_e}{\partial N}\right) = \mu. \tag{1.72}$$

Atividade 7 – *Obtenha as Equações (1.70), (1.71) e (1.72).*

Uma outra forma também apropriada seria escrever a energia interna como dependente da variável μ, ou seja, $\Upsilon = \Upsilon(S, V, \mu)$. Assim temos que proceder com a seguinte transformação de Legendre

$$\Upsilon(S, V, \mu) = U(S, V, N) - \mu N. \tag{1.73}$$

Tomando a diferencial e reagrupando apropriadamente, temos que

$$d\Upsilon = TdS - PdV + Nd\mu. \tag{1.74}$$

Atividade 8 – *Diferencie a Equação (1.73) e obtenha a Equação (1.74).*
Desenvolvendo o termo $d\Upsilon$ podemos mostrar que

$$\left(\frac{\partial \Upsilon}{\partial S}\right) = T, \tag{1.75}$$

$$\left(\frac{\partial \Upsilon}{\partial V}\right) = -P, \tag{1.76}$$

$$\left(\frac{\partial \Upsilon}{\partial \mu}\right) = N. \tag{1.77}$$

Atividade 9 – *Obtenha as Equações (1.75), (1.76) e (1.77).*

Outra forma de se escrever a energia interna, que também é muito utilizada na literatura e em caracterização de problemas termodinâmicos, é a energia livre de Gibbs[24]. Nesta forma, a energia interna é escrita nas variáveis (T, P, N), ou seja, $G = G(T, P, N)$. Assim, devemos proceder com duas mudanças nos pares canônicos, ou seja,

$$G(T, P, N) = U(S, V, N) - TS - (-PV). \tag{1.78}$$

Tomando a diferencial de G, reagrupando os termos convenientemente, pode-se mostrar que

$$dG = -SdT + VdP + \mu dN. \tag{1.79}$$

Atividade 10 – *Diferencie a Equação (1.78) e obtenha a Equação (1.79).*

Desenvolvendo a expressão de dG podemos mostrar que

$$\left(\frac{\partial G}{\partial T}\right) = -S, \tag{1.80}$$

$$\left(\frac{\partial G}{\partial P}\right) = V, \tag{1.81}$$

$$\left(\frac{\partial G}{\partial N}\right) = \mu. \tag{1.82}$$

Atividade 11 – *Obtenha as Equações (1.80), (1.81) e (1.82).*

O grande potencial termodinâmico permite que a energia interna seja escrita em termos de $\phi = \phi(T, V, \mu)$. Desse modo, a transformação de Legendre apropriada é dada por

$$\phi(T, V, \mu) = U(S, T, N) - TS - \mu N. \tag{1.83}$$

A reescrita apropriada dos termos da diferencial permite concluir que

$$d\phi = -PdV - SdT - Nd\mu. \tag{1.84}$$

---

[24]Josiah Willard Gibbs (1839-1903) foi um físico norte-americano que fez importantes contribuições na área da termodinâmica.

Atividade 12 – *Diferencie a Equação (1.83) e obtenha a Equação (1.84).*

Desenvolvendo a equação de $d\phi$ podemos mostrar que

$$\left(\frac{\partial \phi}{\partial T}\right) = -S, \tag{1.85}$$

$$\left(\frac{\partial \phi}{\partial V}\right) = -P, \tag{1.86}$$

$$\left(\frac{\partial \phi}{\partial \mu}\right) = -N. \tag{1.87}$$

Atividade 13 – *Obtenha as Equações (1.85), (1.86) e (1.87).*

1.7 Consequências da extensividade da energia

Discutiremos nesta seção duas importantes consequências que emergem da propriedade da extensividade da energia. Dada essa propriedade, podemos escrever a energia usando a relação de Euler[25]

$$U(\ell S, \ell V, \ell N) = \ell U(S, V, N). \tag{1.88}$$

Podemos, por outro lado, derivar a Equação (1.88) em relação a ℓ, o que nos fornece

$$\frac{\partial}{\partial(\ell S)}[U(\ell S, \ell V, \ell N)]S + \frac{\partial}{\partial(\ell V)}[U(\ell S, \ell V, \ell N)]V +$$
$$+ \frac{\partial}{\partial(\ell N)}[U(\ell S, \ell V, \ell N)]N =$$
$$= U(S, V, N). \tag{1.89}$$

Essa equação é válida para qualquer valor de ℓ em particular para o caso de $\ell = 1$. Usando as Equações (1.12), (1.13), (1.14), temos que

$$TS - PV + \mu N = U, \tag{1.90}$$

---

[25]Leonhard Paul Euler (1707-1783) foi um físico e matemático suíço que fez importantes descobertas na área de matemática, particularmente em cálculo.

que é, de fato, uma lei de conservação. Diferenciando a Equação (1.90), temos que

$$dU = TdS + SdT - PdV - VdP + \mu dN + Nd\mu. \tag{1.91}$$

Sabendo portanto que a energia U é escrita apenas como função de $U = U(S, V, N)$, podemos concluir que

$$SdT - VdP + Nd\mu = 0. \tag{1.92}$$

A Equação (1.92) é chamada de relação[26] de Gibbs-Duhem[27].

1.8 Relações de Maxwell

Antes de apresentar algumas das relações de Maxwell[28] vamos primeiramente discutir o procedimento para um caso genérico. Considere a função $\tilde{f} = \tilde{f}(x, y)$. Diferenciando, temos

$$d\tilde{f} = \left(\frac{\partial \tilde{f}}{\partial x}\right)_y dx + \left(\frac{\partial \tilde{f}}{\partial y}\right)_x dy. \tag{1.93}$$

Pelo fato de $d\tilde{f}$ ser uma diferencial exata, podemos fazer

$$\left(\frac{\partial^2 \tilde{f}}{\partial x \partial y}\right) = \left(\frac{\partial^2 \tilde{f}}{\partial y \partial x}\right). \tag{1.94}$$

Tendo esse procedimento em mente, podemos extender o formalismo para o caso de algumas funções termodinâmicas. Considere, por exemplo, a energia

---

[26] A relação de Gibbs-Duhem de fato mostra que as grandezas termodinâmicas intensivas não são independentes, mas sim relacionadas.

[27] Pierre Maurice Marie Duhem (1861-1916) foi um físico francês que fez contribuições em termodinâmica, hidrodinâmica e elasticidade.

[28] James Clerk Maxwell (1831-1879) foi um físico e matemático escocês que contribuiu enormemente para o fundamento do eletromagnetismo, unindo eletricidade, magnetismo e ótica. Fez também importantes contribuições na teoria cinética dos gases.

$U = U(S, V, N)$, logo,

$$dU = \left(\frac{\partial U}{\partial S}\right)_{V,N} dS + \left(\frac{\partial U}{\partial V}\right)_{S,N} dV + \left(\frac{\partial U}{\partial N}\right)_{S,V} dN. \qquad (1.95)$$

Assim as primeiras relações de Maxwell podem ser escritas como

$$\left(\frac{\partial^2 U}{\partial S \partial V}\right) = \left(\frac{\partial^2 U}{\partial V \partial S}\right). \qquad (1.96)$$

De forma semelhante temos que

$$\left(\frac{\partial^2 U}{\partial S \partial N}\right) = \left(\frac{\partial^2 U}{\partial N \partial S}\right), \qquad (1.97)$$

$$\left(\frac{\partial^2 U}{\partial V \partial N}\right) = \left(\frac{\partial^2 U}{\partial N \partial V}\right). \qquad (1.98)$$

Entretanto podemos ver que

$$\left(\frac{\partial^2 U}{\partial S \partial V}\right) = \frac{\partial}{\partial S}\left(\frac{\partial U}{\partial V}\right) = -\frac{\partial P}{\partial S}, \qquad (1.99)$$

o que é identicamente

$$\left(\frac{\partial^2 U}{\partial V \partial S}\right) = \frac{\partial}{\partial V}\left(\frac{\partial U}{\partial S}\right) = \frac{\partial T}{\partial V}, \qquad (1.100)$$

podemos concluir então que

$$\frac{\partial T}{\partial V} = -\frac{\partial P}{\partial S}. \qquad (1.101)$$

Por analogia, podemos mostrar que

$$\frac{\partial T}{\partial N} = \frac{\partial P}{\partial S}, \qquad (1.102)$$

$$-\frac{\partial P}{\partial N} = \frac{\partial \mu}{\partial V}. \qquad (1.103)$$

Atividade 14 – *Obtenha as Equações (1.102) e (1.103).*

Para o caso da energia livre de Helmholtz, temos que $F = F(T, V, N)$, logo,

$$dF = -SdT - PdV + \mu dN. \qquad (1.104)$$

Usando o procedimento anterior, podemos mostrar que

$$-\frac{\partial S}{\partial V} = -\frac{\partial P}{\partial T}, \qquad (1.105)$$

$$-\frac{\partial S}{\partial N} = \frac{\partial \mu}{\partial T}, \qquad (1.106)$$

$$-\frac{\partial P}{\partial N} = -\frac{\partial \mu}{\partial V}. \qquad (1.107)$$

Atividade 15 – *Obtenha as Equações (1.105), (1.106) e (1.107).*

Como último exemplo, vamos considerar a energia livre de Gibbs $G = G(T, P, N)$, logo,

$$dG = -SdT + VdP + \mu dN. \qquad (1.108)$$

Fazendo o mesmo procedimento que fizemos anteriormente, podemos mostrar que

$$-\frac{\partial S}{\partial P} = \frac{\partial V}{\partial T}, \qquad (1.109)$$

$$-\frac{\partial S}{\partial N} = \frac{\partial \mu}{\partial T}, \qquad (1.110)$$

$$\frac{\partial \mu}{\partial P} = \frac{\partial V}{\partial N}. \qquad (1.111)$$

Atividade 16 – *Obtenha as Equações (1.109), (1.110) e (1.111).*

Outras relações de Maxwell podem ser obtidas para as seguintes energias: entalpia e o grande potencial termodinâmico. A obtenção dessas relações é proposta como exercício.

1.9 Calor latente

Ainda em se tratando de termodinâmica, uma importante propriedade dos materiais deve ser comentada. Considere, por exemplo, um sistema composto por uma chaleira sem tampa, contendo água, e que o conjunto é colocado sobre a trempe de um fogão. Ao ligar a chama e acompanhar a temperatura da água, nota-se que esta aquece gradativamente. Sua temperatura se eleva até que atinge um valor constante e, a partir daí, não muda mais. Entretanto, a chama da trempe continua a fornecer calor para o sistema. Pode-se então perceber que, mesmo com o fornecimento de energia não sendo interrompido, a temperatura parou de crescer. A quantidade de calor que continua a ser injetada no sistema está, na verdade, sendo utilizada para que a água presente na chaleira mude de fase. Pode-se assim definir o calor latente. De fato, calor latente, também conhecido por calor de transformação, é uma grandeza física que está relacionada com a quantidade de calor que uma determinada quantidade de massa de uma substância deve receber ou perder para mudar sua fase. Isso implica que a substância pode mudar do estado sólido para o líquido, do líquido para o gasoso e vice-versa. Claramente, durante a mudança de fase, a temperatura da substância não varia, mas a configuração atômica que fornece o estado de agregação molecular é alterada. A equação que relaciona a quantidade de calor fornecido e a quantidade de massa transformada é dada por

$$Q = mL, \qquad (1.112)$$

onde m é a massa e L é o calor latente de fusão ou vaporização. Se a quantidade de calor Q for positiva, diz-se que a substância está recebendo calor. Por outro lado, se for negativa, então ela está cedendo calor. A unidade de calor latente no SI é J/kg (joule por quilograma).

1.10 Resumo

Neste capítulo, apresentamos uma pequena revisão de termodinâmica. A teoria da termodinâmica, de fato, foi construída em cima de quatro principais postulados, que foram devidamente apresentados. Em sequência, foram discutidas a primeira e a segunda leis da termodinâmica. A primeira lei da termodinâmica surge basicamente do princípio de conservação de energia, ao passo que a segunda lei da termodinâmica diz que ocorre aumento da entropia na evolução irreversível de um sistema termodinâmico. Utilizando o princípio da extensividade, obtivemos a relação conhecida como equação de Gibbs-Duhem. Alguns dos parâmetros intensivos da termodinâmica também foram obtidos a partir da lei da conservação da energia e foi feita uma aplicação usando o gás ideal.

Também discutimos as condições que levam um sistema a atingir os equilíbrios térmico, mecânico e químico. Mostramos que, em condições normais, ocorre um fluxo de calor de um sistema que esteja com uma temperatura superior a outro com temperatura inferior. Também mostramos que o sistema com maior pressão se expande até que uma igualdade de pressão seja atingida. O aumento do volume de um sistema é compensado pela redução do volume de outro sistema. No que tange ao equilíbrio químico, mostramos que as partículas têm a tendência de se moverem do potencial químico mais alto para o potencial químico mais baixo.

Mostramos os procedimentos necessários para obter uma forma de representar a energia em variáveis mais convenientes, usando transformações de Legendre. Por meio delas, obtivemos uma forma de se escrever as energias livres de Helmholtz, H, Gibbs, G e função grande potencial termodinâmico, ϕ. Também discutimos a forma de se obterem as relações de Maxwell, sendo que algumas delas foram obtidas. Por fim o calor latente também foi definido.

1.11 Exercícios propostos

1. Considere que um sistema tenha a seguinte expressão para a energia interna

$$U = C\frac{S^3}{NV}, \qquad (1.113)$$

   onde C é uma constante. Obtenha as três equações de estado do sistema.

2. Encontre as equações de estado para a seguinte expressão da energia livre de Gibbs

$$G = NK_BT\ln(P/P_0) - A(T)P, \qquad (1.114)$$

   onde $A(T)$ é uma função positiva de T.

3. Admita que a energia interna de um determinado sistema possa ser escrita em termos de $U = U(S, P, \mu)$. Encontre a expressão de dU e obtenha as equações de estado apropriadas a partir das derivadas parciais de U em relação aos parâmetros S, P e μ.

4. Utilizando a condição de que a entropia aumenta ao se evoluir um sistema termodinâmico, de forma irreversível, de um estado A para outro estado B, mostre que, para que ocorra equilíbrio químico, as partículas do sistema que têm maior potencial químico devem fluir para o sistema com menor potencial químico.

5. Considere que a quantia de 1 mol de gás de nitrogênio esteja confinado no sistema da direita, conforme mostra a Figura 1.2. Ao permitir a passagem do gás pela válvula, o volume total é duplicado. Considerando que o gás seja ideal, calcule a variação de entropia desse processo irreversível.

6. Dois recipientes de mesmo volume estão conectados entre si por meio de uma válvula que permite a passagem de partículas de um sistema

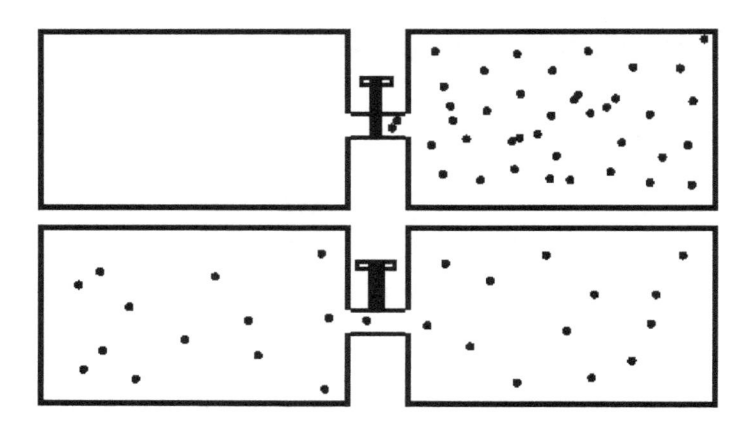

Figura 1.2 – Ilustração dos sistemas dos exercícios 5 e 6.

para o outro. A temperatura entre eles é diferente, ou seja, T_1 para o sistema da esquerda e T_2 para o sistema da direita. Em qual dos dois recipientes tem-se mais partículas? Argumente.

7. Considere que a energia livre seja escrita na forma $\phi = \phi(T, V, N)$. Obtenha as três relações de Maxwell para essa forma da energia.

8. Considere agora que a energia livre esteja escrita como $\Upsilon = \Upsilon(S, V, \mu)$. Obtenha as três relações de Maxwell para essa forma da energia.

9. Admita que a energia esteja escrita como $U = U(S, P, \mu)$. Obtenha as três relações de Maxwell para essa forma da energia.

10. Uma determinada substância apresenta as seguintes propriedades termodinâmicas:

    (i) Em uma temperatura constante T_0, o trabalho realizado pela expansão do volume de v_0 para v é

    $$W = K_B T_0 \ln\left[\frac{v}{v_0}\right]. \tag{1.115}$$

    (ii) A entropia do sistema é dada por

    $$S = K_B \frac{v_0}{v} \left(\frac{T}{T_0}\right)^\alpha, \tag{1.116}$$

onde v_0, T_0 a α são constantes não negativas. De fato $v_0 = V_0/N_0$ e $v = V/N$.

(a) Determine a expressão da energia livre de Helmholtz.

(b) Encontre a outra equação de estado.

(c) Obtenha o trabalho realizado a uma temperatura constante T.

Referências Bibliográficas

BLUNDELL, S. J.; BLUNDELL, K. M. **Concepts in thermal physics**. Oxford: Oxford University Press, 2006.

CALLEN, H. B. **Thermodynamics and an introduction to thermostatistics**. 2. ed. New York: John Wiley & Sons, 1985.

HELRICH, C. S. **Modern thermodynamics with statistical mechanics**. Heidelberg: Springer-Verlag, 2009.

HUANG, K. **Statistical Mechanics**. New York: John Wiley & Sons, 1963.

REIF, F. **Fundamentals of statistical and thermal physics**. New York: McGraw-Hill, 1965.

SALINAS, S. R. A. **Introdução à física estatística**. São Paulo: Edusp, 1997.

Capítulo 2

Discussão elementar sobre métodos estatísticos

2.1 Objetivos

Os objetivos deste capítulo incluem discutir algumas propriedades elementares sobre probabilidade, assim como considerar algumas propriedades e operações de valores médios para variáveis discretas e contínuas e também apresentar a hipótese ergódica.

2.2 Alguns conceitos de estatística elementar

Considere a situação em que se tem um dado não viciado de seis faces e se deseja descobrir qual é a probabilidade de obter a face 2 em um determinado lançamento. Uma vez que existem seis faces que têm igualmente a probabilidade de serem observadas, a probabilidade de se observar o lado 2 é $\wp_2 = 1/6$. Portanto, o espaço amostral para o lançamento de um dado é o conjunto de seis eventos com probabilidade igual de serem observados, que são, $\{1\}, \{2\}, \{3\}, \{4\}, \{5\}, \{6\}$.

Como uma segunda situação, suponha agora que se deseja obter, a partir do lançamento de dois dados distintos e idênticos, ou também do lançamento sucessivo de um mesmo dado duas vezes, duas faces iguais, por exemplo, a face 2. Sabemos que, do primeiro lançamento, a probabilidade de se observar a face 2 é $\wp_{I,2} = 1/6$, onde o índice I indica o primeiro lançamento e 2 identifica a face mostrada. Tal probabilidade se deve ao fato de existirem seis possibilidades igualmente prováveis. Entretanto, para cada uma das possíveis faces mostradas do primeiro lançamento, existem ainda seis diferentes possibilidades para serem observadas no segundo lançamento. Desde que os eventos sejam completamente independentes, a probabilidade de observar duas faces 2 em dois lançamentos de um mesmo dado é dada por

$$\wp_{2,2} = \frac{1}{6} \times \frac{1}{6} = \frac{1}{36}. \qquad (2.1)$$

A Figura 2.1 ilustra o espaço amostral dos lançamentos dos dados em sequência.

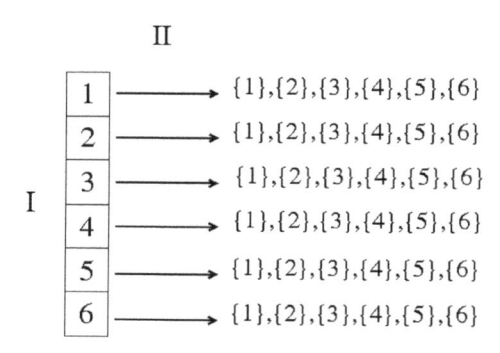

	II
1	→ {1},{2},{3},{4},{5},{6}
2	→ {1},{2},{3},{4},{5},{6}
3	→ {1},{2},{3},{4},{5},{6}
4	→ {1},{2},{3},{4},{5},{6}
5	→ {1},{2},{3},{4},{5},{6}
6	→ {1},{2},{3},{4},{5},{6}

(I à esquerda)

Figura 2.1 – Ilustração do espaço amostral para o lançamento de dois dados, não viciados, de seis faces.

Podemos ver então que, como os eventos são independentes, a probabilidade é multiplicativa.

2.3 Discussão sobre valores médios: aplicações em variáveis discretas

Vamos considerar, nesta seção, a obtenção de algumas propriedades médias para uma variável aleatória discreta. Considere que temos uma variável aleatória x, que pode ser tanto inteira quanto real, e que pode assumir M possíveis valores discretos. Cada valor da variável x é sorteado com uma determinada probabilidade $\wp(x)$. Desse modo, se tivermos um conjunto de variáveis do tipo x_1, x_2, x_3 e assim sucessivamente, podemos dizer que cada variável x_i com $i = 1, 2, 3, \ldots$ está associada à probabilidade $\wp(x_1)$, $\wp(x_2)$, $\wp(x_3)$ e assim por diante. Entretanto, pela condição de normalização da probabilidade, temos que $\sum_{i=1}^{M} \wp(x_i) = 1$. Podemos então determinar o valor médio da variável x que é representado por

$$\overline{x} = \frac{\wp(x_1)x_1 + \wp(x_2)x_2 + \wp(x_3)x_3 + \ldots \wp(x_n)x_n}{\wp(x_1) + \wp(x_2) + \wp(x_3) + \ldots \wp(x_n)}, \qquad (2.2)$$

e que pode ainda ser escrito em uma notação mais compacta como

$$\overline{x} = \frac{\sum_{i=1}^{M} \wp(x_i)x_i}{\sum_{i=1}^{M} \wp(x_i)} = \sum_{i=1}^{M} \wp(x_i)x_i. \qquad (2.3)$$

Eventualmente pode ser necessário a obtenção de uma função da variável x, ou seja, $f(x)$. Desse modo o valor médio da função é dado por

$$\overline{f}(x) = \frac{\sum_{i=1}^{M} \wp(x_i)f(x_i)}{\sum_{i=1}^{M} \wp(x_i)}. \qquad (2.4)$$

Essa relação permite que algumas propriedades sejam obtidas e discutidas.

2.3.1 Média da soma

Consideraremos que o objeto a ser obtido seja $\overline{f(x) + g(x)}$, onde f e g são funções bem comportadas. Assim temos que

$$\overline{f(x) + g(x)} = \sum_{i=1}^{M} \wp(x_i)[f(x_i) + g(x_i)],$$

$$= \sum_{i=1}^{M} \wp(x_i)f(x_i) + \sum_{i=1}^{M} \wp(x_i)g(x_i), \quad (2.5)$$

o que nos leva a obter que

$$\overline{f(x) + g(x)} = \overline{f}(x) + \overline{g}(x). \quad (2.6)$$

Portanto podemos concluir que o valor médio da soma de duas funções aleatórias é a soma dos valores médios das respectivas funções.

2.3.2 Valor médio do produto de uma constante por uma função aleatória

Admita agora que desejamos obter o valor médio de $\overline{Cf(x)}$ onde C é uma constante. Assim temos que

$$\overline{Cf(x)} = \sum_{i=1}^{M} \wp(x_i)[Cf(x_i)],$$

$$= C \sum_{i=1}^{M} \wp(x_i)f(x_i), \quad (2.7)$$

o que nos leva a concluir que

$$\overline{Cf(x)} = C\overline{f}(x). \quad (2.8)$$

Portanto o valor médio do produto de uma constante real por uma função aleatória é a constante real multiplicada pelo valor médio da função aleatória.

2.3.3 Desvio da média

O valor médio $\overline{x}$ refere-se ao valor central da distribuição de valores para x_i. Logo, o primeiro momento da média, ou também chamado de desvio da média, é dado por

$$\Delta x = x - \overline{x}. \tag{2.9}$$

O desvio da média admite a propriedade de que o valor médio do desvio da média se anula. Assim, temos que

$$\begin{aligned}\overline{\Delta x} &= \overline{(x - \overline{x})}, \\ &= \sum_{i=1}^{M} \wp(x_i) x_i - \overline{x} \sum_{i=1}^{M} \wp(x_i),\end{aligned} \tag{2.10}$$

o que fornece a seguinte relação

$$\overline{\Delta x} = \overline{x} - \overline{x} = 0. \tag{2.11}$$

Isso implica que o valor médio do desvio da média é nulo.

2.3.4 Dispersão de x

Finalmente, torna-se necessário estimar a amplitude dos dados aleatórios. Dessa forma a obtenção da dispersão de x, ou também chamado de segundo momento de x em torno da média, pode ser de grande utilidade. Essa dispersão é definida como

$$\begin{aligned}\overline{(\Delta x)^2} &= \sum_{i=1}^{M} \wp(x_i)(x_i - \overline{x})^2 \geq 0, \\ &= \sum_{i=1}^{M} \wp(x_i)[x_i^2 - 2x_i \overline{x} + \overline{x}^2], \\ &= \sum_{i=1}^{M} \wp(x_i) x_i^2 - 2\overline{x} \sum_{i=1}^{M} \wp(x_i) x_i + \overline{x}^2 \sum_{i=1}^{M} \wp(x_i), \\ &= \overline{x^2} - 2\overline{x}^2 + \overline{x}^2,\end{aligned} \tag{2.12}$$

o que nos fornece

$$\overline{(\Delta x)^2} = \overline{x^2} - \overline{x}^2 \geq 0. \tag{2.13}$$

Assim, é fácil notar então que $\overline{x^2} \geq \overline{x}^2$.

2.3.5 Transformação linear

Algumas vezes faz-se necessário transformar uma variável aleatória x em outra variável aleatória y por meio de uma transformação linear do tipo $y = ax + b$ onde a e b são constantes. Sendo assim, o valor médio da variável y é dado por

$$\begin{aligned} \overline{y} &= \sum_{i=1}^{M} \wp(x_i)(ax_i + b), \\ &= a\sum_{i=1}^{M} \wp(x_i)x_i + b\sum_{i=1}^{M} \wp(x_i), \end{aligned} \tag{2.14}$$

o que nos permite concluir que

$$\overline{y} = a\overline{x} + b. \tag{2.15}$$

2.4 Discussão sobre valores médios: aplicações em variáveis contínuas

Eventualmente podemos nos deparar com uma função ou variável aleatória que assume valores contínuos. Dessa forma, em vez de efetuar uma soma de variáveis discretas devemos considerar uma integral sobre todos os possíveis valores da variável aleatória. Da condição de normalização da probabilidade, temos que

$$\int_{-\infty}^{\infty} \wp(x)dx = 1. \tag{2.16}$$

Podemos então obter o valor médio de x como

$$\overline{x} = \int_{-\infty}^{\infty} x\wp(x)dx. \tag{2.17}$$

De forma semelhante, o valor quadrático médio é dado por

$$\overline{x^2} = \int_{-\infty}^{\infty} x^2 \wp(x)dx. \tag{2.18}$$

Podemos também definir o valor médio de um função $f(x)$ como

$$\overline{f}(x) = \int_{-\infty}^{\infty} f(x)\wp(x)dx. \tag{2.19}$$

2.4.1 Variáveis aleatórias independentes

Quando temos o caso de duas variáveis aleatórias x e y independentes, a probabilidade de se encontrar a variável x entre x e $x + dx$ e y entre y e $y + dy$ é dada por

$$\wp_{(x \text{ e } x+dx) \text{ e } (y \text{ e } y+dy)} = \wp_x(x)dx + \wp_y(y)dy. \tag{2.20}$$

Dessa forma, o valor médio do produto xy é dado por

$$\begin{aligned}\overline{xy} &= \int_{-\infty}^{\infty}\int_{-\infty}^{\infty} x\wp(x)dx \, y\wp(y)dy, \\ &= \int_{-\infty}^{\infty} x\wp(x)dx \int_{-\infty}^{\infty} y\wp(y)dy,\end{aligned} \tag{2.21}$$

o que nos leva a obter

$$\overline{xy} = \overline{x}\,\overline{y}. \tag{2.22}$$

Podemos concluir que, pelo fato de serem variáveis independentes, então o valor médio do produto das variáveis xy é o produto do valor médio das variáveis $\overline{x}$ e $\overline{y}$.

2.4.2 Funções aleatórias independentes

Vamos agora considerar o caso do valor médio do produto de duas funções aleatórias independentes. Assim temos que

$$\overline{f(x)g(y)} = \int_{-\infty}^{\infty}\int_{-\infty}^{\infty} f(x)\wp(x)dx\ g(y)\wp(y)dy,$$
$$= \int_{-\infty}^{\infty} f(x)\wp(x)dx \int_{-\infty}^{\infty} g(y)\wp(y)dy, \qquad (2.23)$$

o que nos leva a obter

$$\overline{f(x)g(y)} = \overline{f}(x)\overline{g}(y). \qquad (2.24)$$

Podemos então concluir que o valor médio do produto de duas funções obtidas por meio de variáveis aleatórias independentes é o produto dos valores médios de cada função aleatória obtido separadamente.

2.5 Teorema de Liouville

Discutiremos, nesta seção, as implicações do teorema de Liouville[1] na hipótese ergódica. Considere um sistema clássico descrito por um hamiltoniano em que a dinâmica é dada pelas equações de Hamilton[2] da seguinte forma

$$\frac{\partial H}{\partial p} = \frac{dq}{dt} = \dot{q}, \qquad (2.25)$$

$$\frac{\partial H}{\partial q} = -\frac{dp}{dt} = -\dot{p}. \qquad (2.26)$$

---

[1]Joseph Liouville (1809-1882) foi um matemático francês que trabalhou em praticamente todas as áreas da matemática. Entretanto, ficou conhecido pelo teorema de Liouville, também por ter demonstrado a existência de números transcendentais e por demonstrar que algumas funções não admitem uma primitiva.

[2]William Rowan Hamilton (1805-1865) foi um físico, matemático e astrônomo irlandês que desenvolveu trabalhos em ótica, álgebra e dinâmica.

É importante salientar que em decorrência do teorema de unicidade de soluções[3], uma vez dadas as condições iniciais, as soluções do sistema[4], embora possam ser complicadas, não devem se cruzar no espaço de fases. Assim, podemos associar uma densidade a um conjunto de pontos no espaço de fases da seguinte forma

$$\rho = \rho(q, p, t). \qquad (2.27)$$

Portanto, o número de pontos no espaço de fases entre p e $p+dp$ e q e $q+dq$ é dado por $\Omega = \rho(q, p, t) dq dp$.

De forma natural, podemos determinar uma equação de evolução temporal para ρ, ou seja,

$$\begin{aligned} \frac{d\rho}{dt} &= \frac{\partial \rho}{\partial q}\frac{\partial q}{\partial t} + \frac{\partial \rho}{\partial p}\frac{\partial p}{\partial t} + \frac{\partial \rho}{\partial t}, \\ \frac{d\rho}{dt} &= \frac{\partial \rho}{\partial q}\dot{q} + \frac{\partial \rho}{\partial p}\dot{p} + \frac{\partial \rho}{\partial t}. \end{aligned} \qquad (2.28)$$

Utilizando as expressões dadas pelas equações de Hamilton, temos que

$$\frac{d\rho}{dt} = \frac{\partial \rho}{\partial q}\frac{\partial H}{\partial p} - \frac{\partial \rho}{\partial p}\frac{\partial H}{\partial q} + \frac{\partial \rho}{\partial t}. \qquad (2.29)$$

Mas do teorema que garante unicidade de soluções, temos que as trajetórias não podem se cruzar no espaço de fases. Isso implica também que não podemos ter criação e/ou destruição de pontos no espaço de fases. Desse modo, utilizando a equação da continuidade[5] temos

$$\oint_S \rho \vec{V} \cdot d\vec{s} = -\frac{\partial}{\partial t}\int_V \rho dV, \qquad (2.30)$$

---

[3]Muitas vezes, as soluções do sistema podem ser representadas em termos de suas órbitas, as quais podem ser, inclusive, órbitas caóticas.

[4]Geralmente, o termo caos está associado a uma consequência da evolução dinâmica de um sistema, geralmente descrito por equações não lineares, em que ocorre um afastamento exponencial de duas órbitas que iniciaram suas dinâmicas suficientemente próximas uma da outra.

[5]A equação da continuidade diz que as linhas de fluxo que avançam para dentro de uma superfície fechada devem sair dela em mesmo número.

onde usamos que $\vec{V} = (\dot{q}, \dot{p})$. Utilizando o teorema de Gauss[6], temos que

$$\lim_{\Delta V \to 0} \oint_S \frac{\rho \vec{V} \cdot d\vec{s}}{\Delta V} = \vec{\nabla} \cdot (\rho \vec{V}). \qquad (2.31)$$

Desse modo, da Equação (2.30) temos que

$$\vec{\nabla} \cdot (\rho \vec{V}) = -\frac{\partial}{\partial t}\rho, \qquad (2.32)$$

ou ainda que

$$\left(\frac{\partial}{\partial q}\hat{q} + \frac{\partial}{\partial p}\hat{p}\right) \cdot (\rho \dot{q}\hat{q} + \rho \dot{p}\hat{p}) = -\frac{\partial}{\partial t}\rho, \qquad (2.33)$$

onde $\hat{q}$ e $\hat{p}$ representam os vetores unitários ao longo dos eixos q e p respectivamente. Desenvolvendo o produto escalar da Equação (2.33) e aplicando as derivadas conforme regra da cadeia, temos que

$$\frac{\partial \rho}{\partial q}\dot{q} + \rho\frac{\partial \dot{q}}{\partial q} + \frac{\partial \rho}{\partial p}\dot{p} + \rho\frac{\partial \dot{p}}{\partial p} = -\frac{\partial \rho}{\partial t}. \qquad (2.34)$$

Reagrupando a equação acima usando as equações de Hamilton, temos que

$$\left(\frac{\partial \rho}{\partial q}\frac{\partial H}{\partial p} - \frac{\partial \rho}{\partial p}\frac{\partial H}{\partial q}\right) + \rho\left(\frac{\partial}{\partial q}\frac{\partial H}{\partial p} - \frac{\partial}{\partial p}\frac{\partial H}{\partial q}\right) = -\frac{\partial \rho}{\partial t}. \qquad (2.35)$$

É possível mostrar que o segundo termo do lado esquerdo da Equação (2.35) se anula. Desse modo, comparando a Equação (2.35) com a Equação (2.28) temos que

$$\frac{d\rho}{dt} = 0, \qquad (2.36)$$

logo podemos concluir que ρ é uma constante.

2.5.1 Hipótese ergódica

O teorema de ergodicidade foi proposto por Boltzmann e basicamente diz que, em um sistema ergódico, uma órbita[7] qualquer irá passar suficien-

---

[6]Johann Carl Friedrich Gauss (1777-1855) foi um físico, matemático e astrônomo alemão que contribuiu enormemente em diversos ramos da ciência incluindo análise matemática, geometria diferencial, teoria dos números, eletrostática, astronomia e ótica.

[7]Existe uma diferença sutil entre órbita e trajetória. Geralmente, quando nos referimos a uma órbita, estamos aludindo ao conjunto de pontos que são evoluídos ao longo

temente próxima de qualquer ponto no espaço de fases em um tempo suficientemente longo. Portanto uma média no tempo corresponde a uma média no espaço de fases. Deve-se excluir desse teorema um conjunto de órbitas que tem medida nula no espaço de fases. Tais órbitas podem ter comportamentos periódicos e portanto não satisfazem à condição de ergodicidade. Excluindo-se esse conjunto, pode-se concluir que, em um sistema ergódico, a média temporal coincide com a média obtida a partir de um conjunto de condições iniciais distintas.

Considerando a discussão do teorema de Liouville, do teorema da ergodicidade e assumindo que a densidade de pontos no espaço de fases é uma constante, podemos enunciar o postulado fundamental da mecânica estatística, ou seja: "Em um sistema estatístico fechado que tenha energia constante, todos os estados acessíveis ao sistema são igualmente prováveis de serem observados".

2.6 Resumo

Neste capítulo, fizemos uma breve revisão sobre propriedades estatísticas elementares. Vimos que, para se obter a probabilidade de eventos independentes em sequência, essa probabilidade é multiplicativa.

Uma breve revisão e uma discussão de propriedades de valores médios para variáveis aleatórias discretas e contínuas também foram apresentadas. Na discussão foi incluído o desvio da média, dispersão, obtenção de uma nova variável aleatória a partir de uma transformação linear, assim como funções aleatórias de variáveis independentes.

Também apresentamos uma consequência importante do teorema de Liouville que leva a igualdade de probabilidade aos estados de um sistema termodinâmico fechado com energia constante. A hipótese ergódica também foi discutida.

---

do tempo no espaço de fases, ao passo que trajetória está relacionada com a evolução temporal da dinâmica no espaço físico.

2.7 Exercícios propostos

1. Considere uma variável x que possa assumir os seguintes valores discretos 0, 1 e 2, com probabilidade $\wp(0) = \frac{1}{2}$, $\wp(1) = \frac{1}{4}$ e $\wp(2) = \frac{1}{4}$ respectivamente. Determine:

   a) $\overline{x}$;

   b) $\overline{x^2}$.

2. Considere que a variável aleatória x seja descrita pela seguinte probabilidade $\wp(x)$

$$\int_{-\infty}^{\infty} \wp(x)dx = 1. \tag{2.37}$$

   Obtenha as expressões para:

   a) $\overline{x}$;

   b) $\overline{x^2}$.

3. Considere a seguinte expressão para a probabilidade de uma variável aleatória $x \geq 0$

$$\wp(x) = Ae^{-\frac{x}{\ell}}, \tag{2.38}$$

   onde A e ℓ são constantes não negativas.

   a) Obtenha a constante de normalização A;

   b) Mostre que

$$\overline{x} = \int_0^{\infty} x\wp(x)dx = \ell. \tag{2.39}$$

4. Considere uma distribuição de variáveis x_i com $i = 1, 2, 3, \ldots n$, onde cada valor de x_i é obtido com probabilidade $\wp(x_i)$. Encontre a expressão analítica para:

   a) o terceiro momento $\overline{(\Delta x)^3}$;

   b) o quarto momento $\overline{(\Delta x)^4}$.

5. Seja a variável aleatória x contínua e definida com igual probabilidade, no intervalo $x \in [0, \pi]$. Obtenha:

a) $\overline{x}$;

b) $\overline{x - \frac{\pi}{2}}$;

c) $\overline{\cos(x)}$;

d) $\overline{\sin(x)}$;

e) $\overline{\cos^2(x)}$;

f) $\overline{\sin^2(x)}$.

6. Considere que a variável dinâmica X seja dada por um processo recursivo, de modo que $n \to n+1$, e obedeça à seguinte relação: $X_{n+1} = X_n - 2\epsilon \sin(t_{n+1})$ onde $t \in [0, 2\pi]$ é uma variável aleatória e $\epsilon > 0$. Obtenha:

a) Uma expressão para o valor médio de $\overline{X}_{n+1}$ considerando uma média no ensemble de $t \in [0, 2\pi]$;

b) Uma expressão para o valor quadrático médio $\overline{X^2}_{n+1}$ considerando uma média no ensemble de $t \in [0, 2\pi]$.

c) Compare o resultado de (a) após se aplicar a raiz quadrada ao resultado obtido em (b).

7. Repita o procedimento do Exercício 6, agora considerando que $X_{n+1} = \gamma X_n - (1+\gamma)\epsilon \sin(t_{n+1})$ onde $t \in [0, 2\pi]$ e $\gamma < 1$. Discuta o que ocorre com a variável X no estado estacionário, ou seja, no limite em que $n \to \infty$.

8. Considere que a variável aleatória $x \in [0, \infty)$ é sorteada aleatoriamente com probabilidade

$$\wp(x) = Ae^{-\frac{cx}{D}}, \qquad (2.40)$$

onde c e D são constantes não negativas e A é a constante de normalização. Utilizando a propriedade de que a soma sobre todas as probabilidades deve ser igual a 1, obtenha a constante de normalização A.

9. A variável $x \in (-\infty, \infty)$ é sorteada ao acaso com probabilidade dada por
$$\wp(x) = Ae^{-\frac{k}{2D}x^2}, \tag{2.41}$$
onde k, D e A são constantes positivas. Obtenha a constante de normalização da probabilidade.

10. Considere a seguinte distribuição de probabilidade
$$\wp(x,t) = \frac{\rho}{\sqrt{4\pi Dt}} e^{-\frac{x^2}{4Dt}}, \tag{2.42}$$
onde ρ e D são constantes, t é o tempo e x identifica uma variável contínua. Mostre que $\wp(x,t)$ obedece à equação da difusão
$$\frac{\partial \wp}{\partial t} = D \frac{\partial^2 \wp}{\partial x^2}. \tag{2.43}$$

Referências Bibliográficas

BLUNDELL, S. J.; BLUNDELL, K. M. **Concepts in thermal physics**. Oxford: Oxford University Press, 2006.

LANDAU, D. P.; BINDER, K. **A guide to Monte-Carlo simulations in statistical physics**. Cambridge: Cambridge University Press, 2009.

PAUL, W.; BASCHNAGEL, J. **Stochastic processes from physics to finance**. Heidelberg: Springer-Verlag, 1999.

REIF, F. **Fundamentals of statistical and thermal physics**. New York: McGraw-Hill, 1965.

SALINAS, S. R. A. **Introdução à física estatística**. São Paulo: Edusp, 1997.

SCHWABL, F. **Statistical Mechanics**. Heidelberg: Springer Verlag, 2006.

Capítulo 3

O problema da caminhada aleatória

3.1 Objetivos

Como parte dos objetivos deste capítulo descreveremos alguns conceitos e propriedades básicas do problema da caminhada aleatória unidimensional. Serão também discutidas aplicações do formalismo no problema da caminhada aleatória assim como em alguns sistemas dinâmicos.

3.2 Caminhada aleatória em uma dimensão

Nesta seção, apresentaremos o problema da caminhada aleatória unidimensional. Considere uma partícula (ou, de uma forma mais geral, um caminhante) que se move ao longo de um determinado eixo, como, por exemplo, o eixo horizontal, ou simplesmente o eixo X, partindo da origem do sistema de coordenadas em $X = 0$, conforme mostrado na Figura 3.1. Vamos considerar que a partícula dá passos discretos de tamanho l que podem ser para a direita ou para a esquerda. Um passo para direita é caracterizado com uma probabilidade p enquanto que um passo para a esquerda

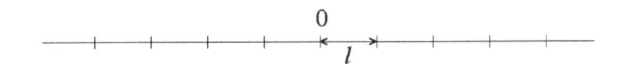

Figura 3.1 – Ilustração da rede unidimensional, na qual o caminhante pode dar passos discretos de tamanho l, tanto para a direita, com probabilidade p, quanto para a esquerda, com probabilidade $q = 1 - p$.

é dado pela probabilidade $q = 1 - p$. A probabilidade total é, então, dada por $\wp_T = p + q = 1$, que por construção já está normalizada. Para o caso em que o caminhante tem igual probabilidade de caminhar para a direita quanto para a esquerda, tem-se então que $p = q = 1/2$. Entretanto, existem situações físicas em que o caminhante está imerso na presença de um campo externo que pode induzir um movimento preferencial. Desse modo, tem-se que $p \neq q$. Para ilustrar essa situação (veja Figura 3.2), imagine que sobre a origem do sistema de coordenadas esteja uma pessoa completamente bêbada e que tenha perdido por completo a noção de espaço. Assim ela não sabe qual sentido deve seguir. Para evitar uma possível queda, ela dá passos tanto para a direita quanto para a esquerda. Em uma situação em que a rua[1] está ligeiramente inclinada, o caminhante sente a presença de uma componente do campo gravitacional que contribui efetivamente para que a probabilidade de dar um passo para a direita com probabilidade p seja maior que a chance de dar um passo para a esquerda com probabilidade $q = 1 - p$, logo tem-se que $p > q$. A Figura 3.2 mostra um desenho esquemático dessa situação.

A questão que se coloca então é: após o caminhante ter dado N passos discretos de tamanho l, qual é a probabilidade de que ele seja localizado na posição $x = ml$? Note que m é um inteiro que satisfaz a condição $-N \leq m \leq N$ e l é o tamanho do passo. Devemos também observar que,

---

[1]A rua representa o eixo ao longo do qual o caminhante efetua seu movimento. Muitas vezes, esse eixo pode ser também chamado de rede.

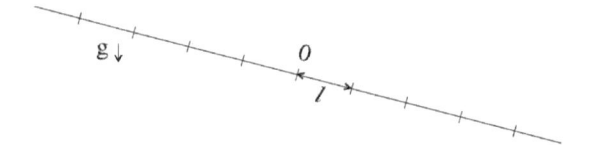

Figura 3.2 – Ilustração da rede unidimensional, na qual o caminhante pode dar passos discretos de tamanho l, tanto para a direita quanto para a esquerda. O campo gravitacional propicia uma maior probabilidade de o caminhante andar para a direita do que andar para a esquerda. Logo, tem-se que $p > q$.

ao longo de N passos, temos que n_1 passos foram dados para a direita e n_2 passos para a esquerda. Assim, temos que

$$n_1 + n_2 = N. \tag{3.1}$$

Podemos também definir o deslocamento efetivo ao longo da rede. De fato, esse deslocamento representa a diferença entre o número de passos para a direita e para a esquerda, ou seja,

$$m = n_1 - n_2. \tag{3.2}$$

Existem três possíveis situações distintas que podem ocorrer com o deslocamento efetivo m:

1. Se $n_1 > n_2$, o caminhante tem um deslocamento efetivo para a direita.

2. Para o caso em que $n_1 < n_2$, o deslocamento efetivo foi efetuado para a esquerda.

3. Finalmente, para o caso em que $n_1 = n_2$, o caminhante pode ter feito um vasto conjunto de diferentes tipos de trajetórias, entretanto o deslocamento efetivo foi nulo.

Existe uma importante propriedade relacionada entre o deslocamento efetivo na rede m e o número total de passos N. Para discutir esta propriedade, primeiramente devemos isolar n_2 da Equação (3.1), o que nos fornece

$n_2 = N - n_1$, e levar este resultado para a Equação (3.2), logo, obtemos que

$$m = 2n_1 - N. \tag{3.3}$$

Podemos, portanto, concluir que, se N for um número par, m também o será. De forma análoga, se N for ímpar, consequentemente m também será um número ímpar.

Uma vez que os eventos (cada passo do caminhante) são estatisticamente independentes, sendo p a probabilidade de o caminhante dar um passo para a direita e $q = 1 - p$ a probabilidade de dar um passo para a esquerda, para uma sequência de N passos, onde n_1 passos foram dados para a direita e n_2 foram dados para a esquerda, a probabilidade de se observar uma sequência deste tipo é $\wp = (p\,p\,p\,\ldots\,p) \times (q\,q\,q\,\ldots\,q)$ logo

$$\wp = p^{n_1} q^{n_2}. \tag{3.4}$$

Entretanto, dados N passos, pode-se observar que existem muitas sequências distintas para se dar n_1 passos para a direita e n_2 passos para a esquerda. Para ilustrar algumas possíveis sequências consideraremos $N = 3$. A Figura 3.3 ilustra o diagrama de possíveis sequências distintas.

N=3			n_1	n_2	m
→	→	→	3	0	3
→	→	←	2	1	1
→	←	→	2	1	1
←	→	→	2	1	1
→	←	←	1	2	-1
←	→	←	1	2	-1
←	←	→	1	2	-1
←	←	←	0	3	-3

Figura 3.3 – Ilustração das possíveis sequências distintas para $N = 3$.

Podemos notar que existe apenas uma sequência possível de se obterem três passos para a direita, implicando que $n_1 = 3$, $n_2 = 0$ e, consequentemente, $m = 3$. Conclusão semelhante pode ser obtida para três passos para a esquerda, em que temos, então, $n_1 = 0$, $n_2 = 3$ e $m = -3$. Por outro lado, existem três sequências distintas para a combinação $n_1 = 2$, $n_2 = 1$ e $m = 1$. Vemos também outras três sequências para $n_1 = 1$, $n_2 = 2$, levando assim a obter $m = -1$. Conforme mostrado na Figura 3.3, para um determinado número N de passos, existem diversas maneiras distintas de se obter n_1 passos para a direita e n_2 passos para a esquerda. Isso implica que podem-se obter diversas sequências diferentes que apresentem o mesmo deslocamento efetivo na rede. Essa degenerescência[2] deve ser levada em consideração no momento do cálculo da probabilidade. Assim, o número de possíveis sequências diferentes para uma dada combinação de n_1 e n_2 é dada por

$$N_\wp = \frac{N!}{n_1! n_2!}. \tag{3.5}$$

Levando em consideração a possibilidade de se obterem várias sequências distintas para uma mesma combinação de n_1 e n_2, o que acarreta um valor específico para m, a probabilidade de se obter, em um movimento de N passos, n_1 para a direita e n_2 para a esquerda é dada por

$$\wp_N(n_1) = \frac{N!}{n_1!(N-n_1)!} p^{n_1} q^{N-n_1}. \tag{3.6}$$

A Equação (3.6) é também chamada de distribuição binomial[3]. A Figura 3.4 ilustra o comportamento da probabilidade dada pela Equação (3.6), considerando $N = 10$ e os seguintes valores de probabilidade de caminhar para a direita: (a) $p = 0,5$; (b) $p = 0,2$; (c) $p = 0,3$; e (d) $p = 0,7$.

Atividade 1 – *Usando a Equação (3.6), obtenha e compare com a Figura 3.3 os respectivos valores das probabilidades para $N = 3$ usando as*

---

[2] A terminologia degenerescência foi usada para denotar diferentes caminhos possíveis que levam a um mesmo estado final.

[3] A distribuição binomial está associada à distribuição de probabilidade discreta de um determinado número de sucessos em uma sequência de N tentativas. Note-se que todas as tentativas devem ser independentes e que cada uma das tentativas resulta em apenas duas possíveis possibilidades, sendo elas sucesso ou fracasso.

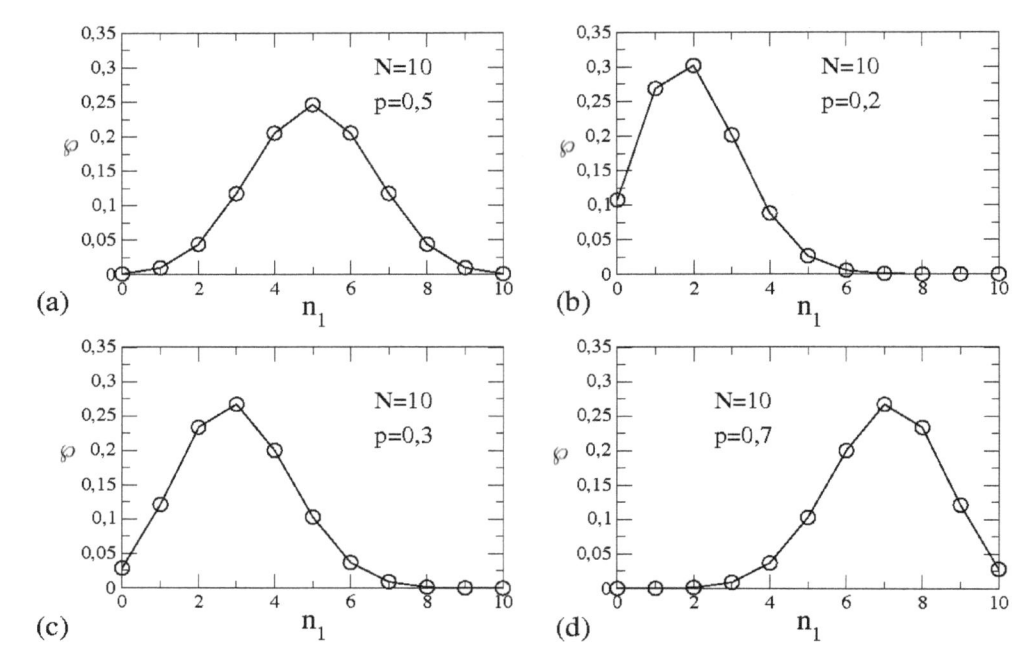

Figura 3.4 – Esboço da probabilidade $\wp(n_1)$, considerando $N = 10$ e os seguintes valores de probabilidade de caminhar para a direita: (a) $p = 0,5$; (b) $p = 0,2$; (c) $p = 0,3$; e (d) $p = 0,7$.

seguintes combinações: (a) $n_1 = 2$ e $n_2 = 1$; (b) $n_1 = 0$ e $n_2 = 3$.

Podemos ainda reescrever a Equação (3.6) em termos do deslocamento efetivo ao longo da rede, m. Assim, das Equações (3.1) e (3.2), obtemos que

$$n_1 = \frac{1}{2}(N+m), \tag{3.7}$$

$$n_2 = \frac{1}{2}(N-m). \tag{3.8}$$

Usando as Equações (3.7) e (3.8) e sabendo que $q = 1 - p$, a equação que define a probabilidade é reescrita como

$$\wp_N(m) = \frac{N!}{\frac{1}{2}[N+m]!\frac{1}{2}[N-m]!} p^{\frac{1}{2}[N+m]} (1-p)^{\frac{1}{2}[N-m]}. \tag{3.9}$$

Para o caso particular em que $p = q$ temos que

$$\wp_N(m) = \frac{N!}{\frac{1}{2}[N+m]!\frac{1}{2}[N-m]!} \left(\frac{1}{2}\right)^N. \tag{3.10}$$

Atividade 2 – *Considerando que $p = q$, mostre que a Equação (3.9) é reescrita como a Equação (3.10).*

3.3 Valores médios para a caminhada aleatória

Como já discutimos, no Capítulo 2, os conceitos fundamentais sobre o cálculo de valores médios, podemos agora aplicar o formalismo diretamente ao problema da caminhada aleatória unidimensional. Um dos principais problemas da caminhada aleatória é descobrir qual é a probabilidade $\wp_N(n_1)$ de um caminhante dar, após uma sequência de N passos, n_1 deles para a direita e $n_2 = N - n_1$ para a esquerda. Essa probabilidade é descrita pela Equação (3.6). Entretanto, sabemos que, da condição de normalização da probabilidade, temos que a soma de todas as probabilidades possíveis deve ser igual a 1, logo, temos que

$$\sum_{n_1=0}^{N} \frac{N!}{n_1!(N-n_1)!} p^{n_1} q^{N-n_1} = 1. \tag{3.11}$$

Por outro lado, como uma consequência do teorema binomial[4], é possível reescrever a Equação (3.11) como

$$\sum_{n_1=0}^{N} \frac{N!}{n_1!(N-n_1)!} p^{n_1} q^{N-n_1} = (p+q)^N = 1. \tag{3.12}$$

---

[4]O teorema binomial, na verdade, descreve uma forma de se escrever em termos de potências um binômio. Conforme diz o teorema, é possível expandir a relação $(x+y)^n$ em uma soma envolvendo termos de $ax^b y^c$, onde os expoentes b e c são números inteiros não negativos, obedecendo à relação $b + c = n$, sendo que o coeficiente de cada termo depende de n e b.

3.3.1 Número médio de passos

A partir dessa condição, uma pergunta que surge naturalmente é: Após o caminhante ter dado N passos, qual é o número médio de passos dados para a direita, ou seja, $\overline{n_1}$? Para responder a essa questão, devemos recorrer à definição de valor médio, conforme definimos no Capítulo 2. Assim, temos que

$$\overline{n_1} = \sum_{n_1=0}^{N} \wp(n_1) n_1 = \sum_{n_1=0}^{N} \frac{N!}{n_1!(N-n_1)!} p^{n_1} q^{N-n_1} n_1. \qquad (3.13)$$

Vemos que a presença do termo n_1 no lado direito da Equação (3.13) não permite que o somatório seja efetuado de maneira imediata. Para obter o valor de $\overline{n_1}$, devemos reescrever a Equação (3.13) de forma mais apropriada. Para fazer isso, vemos que o termo $n_1 p^{n_1}$ pode ser reescrito como

$$n_1 p^{n_1} = p \frac{\partial}{\partial p}(p^{n_1}). \qquad (3.14)$$

Desse modo, a Equação (3.13) é reescrita da forma

$$\begin{aligned} \overline{n_1} &= \sum_{n_1=0}^{N} \frac{N!}{n_1!(N-n_1)!} p \frac{\partial}{\partial p}(p^{n_1}) q^{N-n_1}, \\ &= p \frac{\partial}{\partial p} \left[\sum_{n_1=0}^{N} \frac{N!}{n_1!(N-n_1)!} p^{n_1} q^{N-n_1} \right]. \end{aligned} \qquad (3.15)$$

O termo que está dentro dos colchetes pode ser reescrito como $(p+q)^N$, logo a Equação (3.15) é escrita de forma mais apropriada da seguinte forma

$$\begin{aligned} \overline{n_1} &= p \frac{\partial}{\partial p}(p+q)^N, \\ &= pN(p+q)^{N-1}, \\ &= Np. \end{aligned} \qquad (3.16)$$

Podemos concluir que, após o caminhante ter dado um total de N passos, sendo p a probabilidade de caminhar para a direita e $q = 1 - p$ a probabilidade de caminhar para a esquerda, o número médio de passos dados para a direita é $\overline{n_1} = Np$.

Atividade 3 – *Usando argumentos semelhantes aos que foram discutidos aqui, mostre que $\overline{n_2} = Nq$.*

3.3.2 O deslocamento médio na rede

Extenderemos, nesta seção, as discussões de valores médios para caracterizar algumas propriedades referentes ao deslocamento da partícula ao longo da rede. Sabemos que o deslocamento é dado por $m = n_1 - n_2$. Assim, para se calcular o deslocamento médio, temos

$$\begin{aligned} \overline{m} &= \overline{n_1 - n_2}, \\ &= \sum_{n_1=0}^{N} \wp(n_1)n_1 - \sum_{n_2=0}^{N} \wp(n_2)n_2, \\ &= \overline{n_1} - \overline{n_2} = pN - qN, \end{aligned} \qquad (3.17)$$

o que nos leva a concluir que

$$\overline{m} = (p-q)N. \qquad (3.18)$$

Podemos concluir imediatamente que se a probabilidade do caminhante dar um passo para a direita é a mesma de caminhar para a esquerda, ou seja, $p = q = 1/2$, logo $\overline{m} = 0$. Isso implica que, mesmo após o caminhante dar um total de N passos, seu deslocamento médio na rede será nulo.

3.3.3 Dispersão de n_1

Outra grandeza que é importante de ser obtida é a dispersão de n_1. Essa grandeza é também chamada de segundo momento de n_1 em relação ao valor médio $\overline{n_1}$. A dispersão de n_1 é definida como

$$\overline{(\Delta n_1)^2} = \overline{(n_1 - \overline{n_1})^2}. \qquad (3.19)$$

82 Fundamentos da Física Estatística

Usando a definição de valores médios, a Equação (3.19) pode ser reescrita como

$$\begin{aligned}
\overline{(\Delta n_1)^2} &= \sum_{n_1=0}^{N} \wp(n_1)[n_1^2 - 2n_1\overline{n_1} + \overline{n_1}^2], \\
&= \sum_{n_1=0}^{N} \wp(n_1)n_1^2 - 2\overline{n_1} \sum_{n_1=0}^{N} \wp(n_1)n_1 + \overline{n_1}^2 \sum_{n_1=0}^{N} \wp(n_1), \\
&= \overline{n_1^2} - \overline{n_1}^2.
\end{aligned} \quad (3.20)$$

Como já encontramos anteriormente a expressão de $\overline{n_1}$, dada pela Equação (3.16), precisamos determinar a relação de $\overline{n_1^2}$ para que a Equação (3.20) fique completamente escrita em termos de N, p e q. Assim, usando novamente a definição de valor médio,

$$\overline{n_1^2} = \sum_{n_1=0}^{N} \frac{N!}{n_1!(N-n_1)!} p^{n_1} q^{N-n_1} n_1^2. \quad (3.21)$$

Usando procedimento semelhante ao que foi usado anteriormente, podemos definir que

$$\begin{aligned}
n_1^2 p^{n_1} &= n_1 \left[p \frac{\partial}{\partial p}(p^{n_1}) \right], \\
&= p \frac{\partial}{\partial p}(n_1 p^{n_1}), \\
&= p \frac{\partial}{\partial p} \left[p \frac{\partial}{\partial p}(p^{n_1}) \right].
\end{aligned} \quad (3.22)$$

Podemos reescrever a Equação (3.21) como

$$\begin{aligned}
\overline{n_1^2} &= \sum_{n_1=0}^{N} \frac{N!}{n_1!(N-n_1)!} p \frac{\partial}{\partial p} \left[p \frac{\partial}{\partial p}(p^{n_1}) \right] q^{N-n_1}, \\
&= p \frac{\partial}{\partial p} \left[p \frac{\partial}{\partial p} \left(\sum_{n_1=0}^{N} \frac{N!}{n_1!(N-n_1)!} p^{n_1} q^{N-n_1} \right) \right], \\
&= p \frac{\partial}{\partial p} \left[p \frac{\partial}{\partial p}(p+q)^N \right].
\end{aligned} \quad (3.23)$$

Aplicando as derivadas e considerando que $(p+q) = 1$, podemos reescrever a Equação (3.23) de forma mais compacta como

$$\overline{n_1^2} = pN[1 + pN - p]. \tag{3.24}$$

Atividade 4 – *Faça as passagens matemáticas necessárias e mostre que a Equação (3.24) é oriunda da Equação (3.23).*

Considerando, entretanto, a definição de $q = 1 - p$, podemos ainda reescrever a Equação (3.24) como

$$\begin{aligned}\overline{n_1^2} &= pN[pN + q], \\ &= (pN)^2 + Npq,\end{aligned} \tag{3.25}$$

e usando a Equação (3.16), temos que

$$\overline{n_1^2} = \overline{n_1}^2 + Npq. \tag{3.26}$$

Dessa forma, a Equação (3.20) que define a dispersão é finalmente escrita como

$$\overline{(\Delta n_1)^2} = Npq. \tag{3.27}$$

Podemos notar que no desenvolver da caminhada aleatória, a partícula pode andar tanto para direita (com probabilidade p) quanto para a esquerda (com probabilidade $q = 1 - p$) percorrendo a rede. É possível notar também que após a partícula ter dado N passos, a amplitude do *envelope* que define a caminhada é dada por $\sqrt{\overline{(\Delta n_1)^2}} = \sqrt{Npq}$, sendo de fato proporcional a $\sqrt{N}$. Este expoente $1/2$ é observado em um grande número de problemas envolvendo difusão.

3.3.4 Dispersão relativa

Outro observável que se torna útil em diversos tipos de análise é a dispersão relativa. Ela é definida como a raiz quadrada média da dispersão, ou seja,

$$\Delta^* n_1 = \sqrt{\overline{(\Delta n_1)^2}}. \tag{3.28}$$

84 Fundamentos da Física Estatística

A dispersão relativa fornece uma medida da largura relativa da distribuição, ou seja,

$$\frac{\Delta^* n_1}{\overline{n_1}} = \frac{\sqrt{Npq}}{Np},$$

$$= \sqrt{\frac{q}{p}}\frac{1}{\sqrt{N}}. \qquad (3.29)$$

É imediato concluir que, para o caso em que $p = q = 1/2$, temos que

$$\frac{\Delta^* n_1}{\overline{n_1}} = \frac{1}{\sqrt{N}}. \qquad (3.30)$$

3.3.5 Dispersão do deslocamento na rede

Vamos discutir aqui outro observável importante que é a dispersão do movimento ao longo da rede, ou seja, $\overline{(\Delta m)^2}$. Para obtermos a dispersão na rede, é importante salientar que $\Delta m = m - \overline{m}$; logo, temos que

$$\overline{(\Delta m)^2} = \overline{(m - \overline{m})^2}. \qquad (3.31)$$

Aplicando a definição de valor médio, concluímos que a Equação (3.31) é reescrita como

$$\overline{(\Delta m)^2} = \overline{m^2} - \overline{m}^2. \qquad (3.32)$$

Atividade 5 – *Usando a definição de valor médio, faça todas as passagens matemáticas necessárias para mostrar que a Equação (3.32) é oriunda da Equação (3.31).*

Sabemos que da Equação (3.3), podemos reescrever o valor médio de m como

$$\overline{m} = \overline{2n_1 - N},$$

$$= 2\overline{n_1} - N. \qquad (3.33)$$

Atividade 6 – *Usando a Equação (3.3) e a definição de valor médio, faça todas as passagens matemáticas necessárias para chegar à Equação (3.33).*

O próximo passo consiste em obter a expressão de $\overline{m^2}$, que pode ser escrita como

$$\begin{aligned}\overline{m^2} &= \sum_{n_1=0}^{N} \wp(n_1)[2n_1 - N]^2, \\ &= 4\sum_{n_1=0}^{N} \wp(n_1)n_1^2 - 4N\sum_{n_1=0}^{N} \wp(n_1)n_1 + N^2\sum_{n_1=0}^{N} \wp(n_1), \\ &= 4\overline{n_1^2} - 4\overline{n_1}N + N^2. \end{aligned} \quad (3.34)$$

Uma vez conhecidas as expressões de $\overline{m}$ e $\overline{m^2}$, podemos determinar a expressão da dispersão na rede, escrita na Equação (3.32), como

$$\begin{aligned}\overline{(\Delta m)^2} &= 4(\overline{n_1^2} - \overline{n_1}^2) = 4\overline{(\Delta n_1)^2}, \\ &= 4Npq. \end{aligned} \quad (3.35)$$

Podemos notar que a largura da dispersão é dada por $2\sqrt{Npq}$, portanto proporcional a $\sqrt{N}$.

3.4 Distribuição de probabilidades para grandes valores de N

Discutiremos, nesta seção, algumas consequências que surgem na distribuição de probabilidade binomial $\wp$ no limite de grandes valores de N. Na verdade, mostraremos que é possível reescrever, em bom acordo, uma distribuição binomial em termos de uma distribuição do tipo Gaussiana[5]. Para grandes valores de N, a distribuição binomial dada pela Equação (3.6) apresenta um ponto de máximo que ocorre em um determinado valor específico $n_1 = n_1^*$. Para valores de n_1 afastados de n_1^*, a probabilidade decresce rapidamente. A Figura 3.5 ilustra o comportamento da distribuição de pro-

---

[5]Nas teorias de probabilidade, a função Gaussiana descreve uma distribuição de probabilidades contínua que tem geralmente a forma de um sino. É também chamada de distribuição normal.

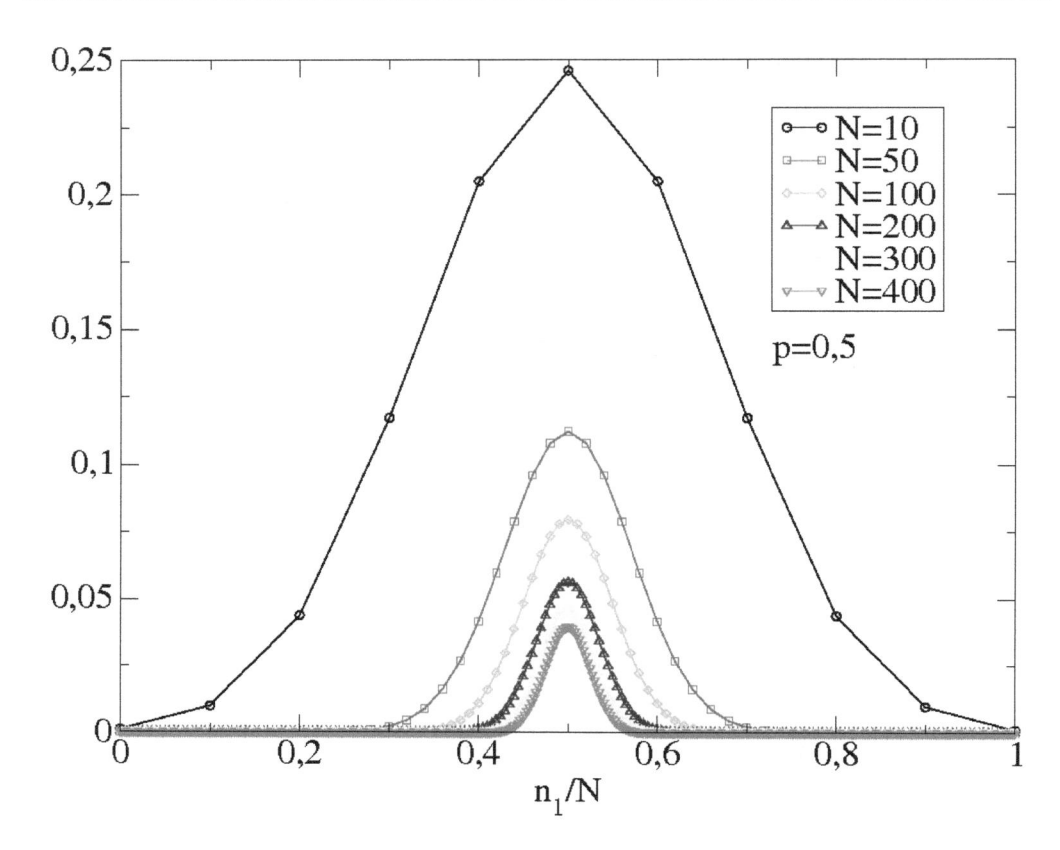

Figura 3.5 – Esboço da distribuição de probabilidade $\wp(n_1)$ para diversos valores de N, conforme ilustrado na figura, e considerando $p = 0,5$. O eixo horizontal foi reescalado aplicando a transformação $n_1 \to n_1/N$.

babilidades $\wp(n_1)$ para diversos valores de N, considerando $p = 0,5$.

Esse rápido descréscimo em $\wp_N(n_1)$ tem uma consequência prática que deve ser explorada. Assim, podemos considerar que

$$|\wp_N(n_1 + 1) - \wp_N(n_1)| \ll \wp_N(n_1). \tag{3.36}$$

Embora n_1 seja uma variável discreta, essa propriedade implica que podemos aproximar a descrição de $\wp_N(n_1)$ por uma função que é contínua em n_1. Como é bem conhecido do cálculo diferencial, o valor máximo de uma determinada função pode ser obtido pela condição em que a primeira derivada da função apresenta valor nulo[6]. Assim, para o caso da distribuição de probabilidades dada pela Equação (3.6), temos que

$$\frac{d\wp_N(n_1^*)}{dn_1} = 0. \tag{3.37}$$

Por questões de praticidade, é conveniente utilizar a função $\ln(\wp_N(n_1))$, em vez da própria $\wp_N(n_1)$, pois a função logaritmo varia mais suavemente que a função distribuição de probabilidades propriamente. A Figura 3.6 ilustra a suavização da função $\wp$ depois da aplicação da função logaritmo.

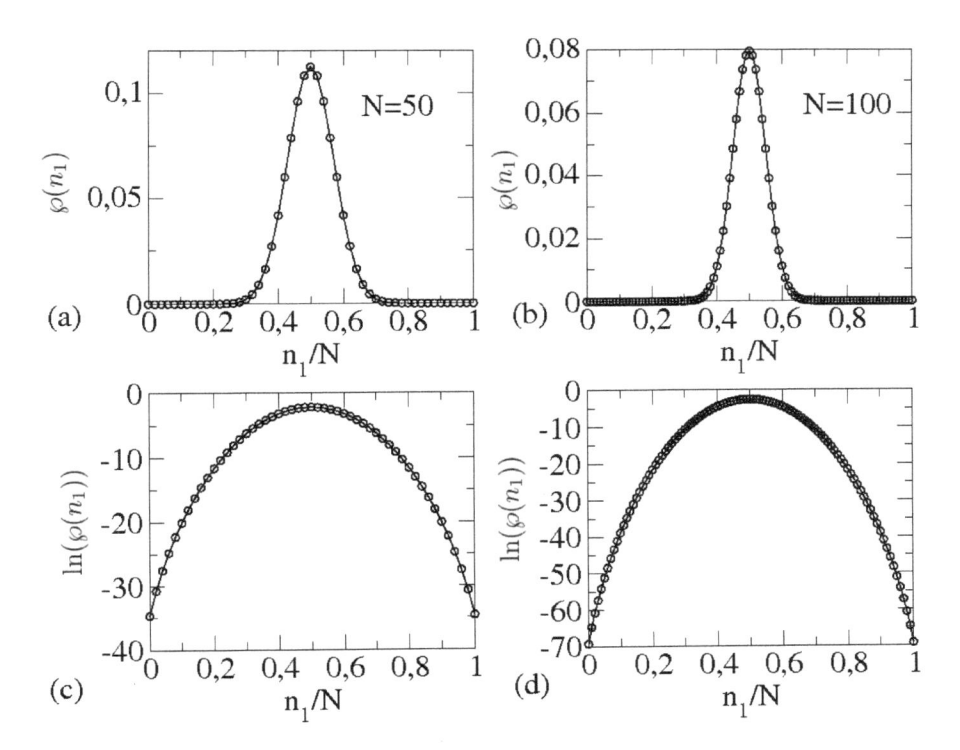

Figura 3.6 – Ilustração do processo de suavização da função $\wp$ depois da aplicação da função logaritmo. Os parâmetros utilizados na figura foram $p = 0,5$ e: (a) e (c) $N = 50$, (b) e (d) $N = 10$.

---

[6]Para confirmar de fato que a função apresenta um ponto de máximo, a derivada segunda da função avaliada no ponto de máximo deve ser negativa.

Os parâmetros utilizados na figura foram $p = 0,5$ e: (a) e (c) $N = 50$, (b) e (d) $N = 100$.

Outro ponto que deve ser observado é que, para pontos afastados de n_1^*, as contribuições da probabilidade são pequenas. Assim, podemos investigar o comportamento de $\wp_N(n_1)$ em torno do valor de máximo usando a expansão em série[7] de Taylor[8]. Assim, podemos definir

$$n_1 = n_1^* + \delta, \qquad (3.38)$$

onde $\delta \in \Re$, e expandir $\ln(\wp_N(n_1))$ em série de Taylor, em torno de n_1^*. A expansão de $\ln(\wp_N(n_1))$, em vez da própria função $\wp_N(n_1)$, garante uma convergência mais rápida dos termos do que a função original. Desse modo, obtemos que

$$\begin{aligned}\ln(\wp_N(n_1)) &= \ln(\wp_N(n_1^*)) + \frac{d}{dn_1}\ln(\wp_N(n_1^*))\delta + \frac{1}{2!}\frac{d^2}{dn_1^2}\ln(\wp_N(n_1^*))\delta^2 \\ &+ \frac{1}{3!}\frac{d^3}{dn_1^3}\ln(\wp_N(n_1^*))\delta^3 + \ldots\end{aligned} \qquad (3.39)$$

De uma forma mais compacta, podemos reescrever a Equação (3.39) como

$$\ln(\wp_N(n_1)) = \ln(\wp_N(n_1^*)) + C_1\delta + C_2\delta^2 + C_3\delta^3 + \ldots, \qquad (3.40)$$

onde

$$C_i = \frac{1}{i!}\frac{d^i}{dn_1^i}\ln(\wp_N(n_1^*)), \qquad (3.41)$$

---

[7]Admita que a função $f(x)$ seja contínua e que tenha derivadas contínuas para alguma região de valores para x. Considerando ainda que queremos encontrar o valor de $f(x)$ onde $x = x_0 + \delta$. A expansão em série de Taylor de $f(x)$ em torno de x_0 é dada por

$$f(x_0 + \delta) = \frac{f(x_0)}{0!} + \frac{1}{1!}f'(x_0)\delta + \frac{1}{2!}f''(x_0)\delta^2 + \frac{1}{3!}f'''(x_0)\delta^3 + \ldots,$$

onde f' representa a derivada primeira de f em relação a x, f'' representa a derivada segunda de f em relação a x, e assim sucessivamente.

[8]Brook Taylor (1685-1731) foi um matemático inglês que contribuiu em diversas áreas de matemática. Ficou mais conhecido pela série de Taylor.

com $i = 1, 2, 3, \ldots$.

Como já discutimos aqui, no ponto em que a distribuição de probabilidades assume um máximo, a derivada primeira de $\wp_N(n_1)$ e, consequentemente, a derivada de $\ln(\wp_N(n_1))$ devem se anular, logo o termo $C_1 = 0$. Outro ponto a ser observado é que para valores de δ pequenos, os termos de altas ordens em δ são desprezíveis, assim a Equação (3.40) pode ser reescrita como

$$\ln(\wp_N(n_1)) = \ln(\wp_N(n_1^*)) + C_2 \delta^2. \tag{3.42}$$

Na verdade, para que n_1^* caracterize realmente um ponto de máximo, devemos mostrar que $C_2 < 0$, o que faremos em breve. Tomando a exponencial da Equação (3.42), podemos mostrar que

$$\wp_N(n_1) = \wp_N(n_1^*) e^{C_2 \delta^2}. \tag{3.43}$$

Atividade 7 – *Partindo da Equação (3.42) obtenha a Equação (3.43).*

A questão agora então é determinar a expressão de C_2. Para conhecer a expressão de C_2, devemos necessariamente conhecer a forma da segunda derivada de $\ln(\wp_N(n_1^*))$. Temos primeiramente de encontrar a primeira derivada de $\ln(\wp_N(n_1^*))$. Dessa forma, temos que

$$\begin{aligned}
\ln(\wp_N(n_1)) &= \ln\left[\frac{N!}{n_1!(N-n_1)!} p^{n_1} q^{N-n_1}\right], \\
&= \ln(N!) - \ln(n_1!) - \ln((N-n_1)!) + n_1 \ln(p) + \\
&+ (N-n_1) \ln(q).
\end{aligned} \tag{3.44}$$

Derivando a Equação (3.44) em relação a n_1 temos

$$\frac{d}{dn_1} \ln(P_N(n_1)) = \frac{d}{dn_1}[-\ln(n_1!)] - \frac{d}{dn_1} \ln((N-n_1)!) + \ln(p) - \ln(q). \tag{3.45}$$

Podemos também considerar que para $n_1 \gg 1$ e também para $N - n_1 \gg 1$, então a função $\ln(n_1!)$ pode ser considerada uma função quase contínua. Desse modo, $\ln(n_1!)$ muda muito suavemente se n_1 é adicionado (ou subtraído de uma unidade).

n_1	$n_1!$	$\ln(n_1!)$	n_1	$n_1!$	$\ln(n_1!)$
0	1	0	980	$4,871938 \times 10^{2.507}$	5.774,165
1	1	0	981	$4,779371 \times 10^{2.510}$	5.781,053
2	2	0,6931472	982	$4,693343 \times 10^{2.513}$	5.787,942
3	6	1,791759	983	$4,613556 \times 10^{2.516}$	5.794,833
4	24	3,178054	984	$4,539739 \times 10^{2.519}$	5.801,725
5	120	4,787492	985	$4,471643 \times 10^{2.522}$	5.808,617
6	720	6,579251	986	$4,409040 \times 10^{2.525}$	5.815,511
7	5.040	8,525162	987	$4,351722 \times 10^{2.528}$	5.822,406
8	40.320	10,60460	988	$4,299502 \times 10^{2.531}$	5.829,301
9	362.880	12,80183	989	$4,252207 \times 10^{2.534}$	5.836,198
10	3.628.800	15,10441	990	$4,209685 \times 10^{2.537}$	5.843,096
50	$3,41409 \times 10^{64}$	148,4778	991	$4,171798 \times 10^{2.540}$	5.849,995
51	$1,551118 \times 10^{66}$	152,4096	992	$4,138423 \times 10^{2.543}$	5.856,894
52	$8,065817 \times 10^{67}$	156,3608	993	$4,109455 \times 10^{2.546}$	5.863,795
53	$4,274883 \times 10^{69}$	160,3311	994	$4,084798 \times 10^{2.549}$	5.870,697
54	$2,308436 \times 10^{71}$	164,3201	995	$4,064374 \times 10^{2.552}$	5.877,600
55	$1,269640 \times 10^{73}$	168,3274	996	$4,048116 \times 10^{2.555}$	5.884,503
56	$7,109985 \times 10^{74}$	172,3528	997	$4,035972 \times 10^{2.558}$	5.891,408
57	$4,052691 \times 10^{76}$	176,3958	998	$4,027900 \times 10^{2.561}$	5.898,313
58	$2,350561 \times 10^{78}$	180,4563	999	$4,023872 \times 10^{2.564}$	5.905,220
59	$1,386831 \times 10^{80}$	184,5338	1.000	$4,023872 \times 10^{2.567}$	5.912,128
60	$8,320987 \times 10^{81}$	188,6282	1.001	$4,027896 \times 10^{2.570}$	5.919,037

Tabela 3.1 – Valores de n_1, $n_1!$ e $\ln(n_1!)$.

A Tabela 3.1 mostra uma série de valores para n_1, $n_1!$ e $\ln(n_1!)$. Podemos notar que, quando n_1 fica grande, o aumento de uma unidade faz com que $n_1!$ aumente em várias ordens de grandeza, ao passo que o valor de $\ln(n_1!)$ varia em algumas poucas unidades.

Atividade 8 – *Escreva um programa que recupere os valores da Tabela 3.1.*

Sendo assim, podemos aproximar a expressão da derivada da função

$\ln(n!)$ por
$$\frac{\ln((n+1)!) - \ln(n!)}{(n+1) - n} \cong \frac{d}{dn}\ln(n!). \qquad (3.46)$$
Assim temos que
$$\frac{d}{dn}\ln(n!) = \ln((n+1)!) - \ln(n!), \qquad (3.47)$$
que pode ser devidamente agrupada de forma a fornecer que
$$\frac{d}{dn}\ln(n!) = \ln\left[\frac{(n+1!)}{n!}\right] = \ln((n+1)!) \approx \ln(n), \qquad (3.48)$$
para $n \gg 1$.

Atividade 9 – *Partindo da Equação (3.47), faça as passagens matemáticas necessárias para obter a Equação (3.48).*

Estabelecido então uma forma para a expressão da derivada de $\ln(n!)$, podemos proceder com o cálculo da derivada da Equação (3.45), o que nos leva a
$$\frac{d}{dn_1}\ln(P_N(n_1)) = -\ln(n_1) + \ln((N - n_1)) + \ln(p) - \ln(q). \qquad (3.49)$$
No ponto de máximo, portanto, devemos observar que a derivada deve se anular. Assim, podemos mostrar que
$$\ln\left[\frac{N - n_1^*}{n_1^*}\frac{p}{q}\right] = 0. \qquad (3.50)$$

Atividade 10 – *Partindo da Equação (3.49), faça as passagens matemáticas necessárias para obter a Equação (3.50).*

Tomando a exponencial de ambos os lados da Equação (3.50) e reagrupando apropriadamente, conseguimos mostrar que
$$n_1^* = Np. \qquad (3.51)$$

Atividade 11 – *Obtenha a Equação (3.51) a partir da Equação (3.50).*

Considerando agora a segunda derivada da Equação (3.49), temos que
$$\frac{d^2}{dn_1^2}\ln(\wp_N(n_1)) = -\frac{1}{n_1} - \frac{1}{N - n_1}. \qquad (3.52)$$

No ponto de máximo, temos que $n_1 = n_1^*$, logo

$$C_2 = -\frac{1}{n_1^*} - \frac{1}{N - n_1^*}. \tag{3.53}$$

Utilizando a Equação (3.51), podemos mostrar que

$$C_2 = -\frac{1}{Npq}. \tag{3.54}$$

Atividade 12 – *Faça todas as passagens matemáticas para obter a Equação (3.54) a partir da Equação (3.53).*

Uma vez que o coeficiente C_2 foi obtido e, de fato, confirmado como sendo negativo, devemos agora determinar a expressão de $\wp_N(n_1^*)$. Podemos, para isso, utilizar a condição de normalização das probabilidades, ou seja,

$$\sum_{n_1=0}^{N} \wp_N(n_1) \cong \int_{-\infty}^{\infty} P_N(n_1^* + \delta) d\delta, \tag{3.55}$$

onde os limites de integração são extendidos para todos os valores possíveis de δ. Assim, temos de resolver a seguinte integral para obter a expressão de $\wp_N(n_1^*)$,

$$\wp_N(n_1^*) \int_{-\infty}^{\infty} e^{-\frac{1}{Npq}\delta^2} d\delta = 1. \tag{3.56}$$

3.5 Resolvendo a integral $\int_{-\infty}^{\infty} e^{-ax^2} dx$

Discutiremos, nesta seção, os procedimentos necessários para resolver a integral

$$D_c = \int_{-\infty}^{\infty} e^{-ax^2} dx. \tag{3.57}$$

Vemos que uma simples mudança de variáveis não é o suficiente para podermos integrar a equação diretamente. Entretanto podemos utilizar o seguinte artifício matemático. Podemos definir uma função auxiliar $\tilde{D}_c$, idêntica à equação D_c, com outra variável, por exemplo y da seguinte forma

$$\tilde{D}_c = \int_{-\infty}^{\infty} e^{-ay^2} dy. \tag{3.58}$$

Fazendo o produto da Equação (3.57) pela Equação (3.58), temos que o problema foi transformado na seguinte integral dupla

$$D_c^2 = \int_{-\infty}^{\infty} \int_{-\infty}^{\infty} e^{-a(x^2+y^2)} dx dy. \qquad (3.59)$$

Na presente forma, podemos notar que a integração ocorre sobre todo o plano XY. Assim, podemos reescrever a Equação (3.59) de forma mais apropriada em termos de coordenadas polares. A Figura 3.7 ilustra os detalhes da mudança de coordenadas.

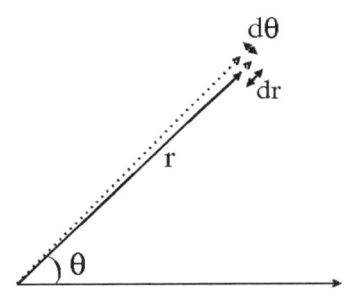

Figura 3.7 – Ilustração do procedimento para efetuar a mudança de variáveis do plano cartesiano XY para o plano de coordenadas polares $r\theta$.

A equação é, então, escrita da seguinte forma

$$D_c^2 = \int_0^{\infty} \int_0^{2\pi} e^{-ar^2} r\, dr\, d\theta, \qquad (3.60)$$

onde os limites $[0, \infty)$ definem os possíveis valores de r, e $[0, 2\pi]$ representam os possíveis valores de θ. Pode-se também mostrar que o elemento de área em coordenadas polares é $dA = r\,dr\,d\theta$. Podemos agora reescrever a integral de forma mais apropriada da seguinte forma

$$D_c^2 = \int_0^{2\pi} d\theta \int_0^{\infty} e^{-ar^2} r\, dr. \qquad (3.61)$$

Definindo uma variável auxiliar $z = ar^2$ e procedendo com a integração, concluímos que $D_c^2 = \pi/a$, ou ainda

$$D_c = \sqrt{\frac{\pi}{a}}. \qquad (3.62)$$

Atividade 13 – *Proceda com a integração da Equação (3.61) e obtenha o resultado mostrado na Equação (3.62).*

Usando o resultado da Equação (3.62), podemos agora reescrever a equação da probabilidade como

$$\wp_N(n_1) = \frac{1}{\sqrt{2\pi Npq}} e^{-\frac{1}{2}\frac{1}{Npq}(n_1 - n_1^*)^2}, \qquad (3.63)$$

onde usamos que $n_1 = n_1^* + \delta$ e a expressão de $C_2 = -1/(Npq)$.

Sabendo que $n_1^* = Np = \overline{n_1}$ e que $Npq = \overline{(\Delta n_1)^2}$ podemos ainda reescrever a expressão da distribuição de probabilidades como

$$\wp_N(n_1) = \frac{1}{\sqrt{2\pi \overline{(\Delta n_1)^2}}} e^{\frac{-(n_1 - \overline{n_1})^2}{2\overline{(\Delta n_1)^2}}}. \qquad (3.64)$$

Assim, a Equação (3.64) fornece a probabilidade de encontrar um caminhante (ou uma partícula) na posição n_1, após ter dado N passos. Essa é uma distribuição do tipo Gaussiana centrada em $\overline{n_1}$.

3.6 Probabilidades e deslocamento na rede

Discutiremos, nesta seção, uma forma para obter a expressão da distribuição de probabilidades escrita em termos da variável m (deslocamento efetivo ao longo da rede) e em seguida generalizaremos a expressão para a localização da partícula na rede, ou seja, $x = ml$. Utilizando as Equações (3.2) e (3.7), podemos reescrever a Equação (3.64), que fornece a distribuição de probabilidades, da seguinte forma

$$\wp(m) = \frac{1}{\sqrt{2\pi Npq}} e^{\frac{-[m - N(p-q)]^2}{8Npq}}. \qquad (3.65)$$

Atividade 14 – *Faça as passagens matemáticas para obter a Equação (3.65) a partir das Equações (3.64), (3.2) e (3.7).*

Entretanto, devemos salientar que, conforme dado pela Equação (3.3), que diz que $m = 2n_1 - N$, a expressão de $\Delta m = 2$. Isso implica que se n_1 for adicionado ou subtraído de uma unidade, a expressão de Δm sempre resultará em $\Delta m = 2$. Uma vez $x = ml$, podemos concluir que $\Delta x = \Delta ml$. Desse modo, temos que $dx = 2l\,dm$, ou ainda $dm = dx/2l$. Portanto podemos escrever a seguinte relação

$$\wp(x)dx = \wp(m)dm,$$
$$\wp(x)dx = \wp(m)\frac{dx}{2l}, \qquad (3.66)$$

onde $\wp(x)dx$ fornece a densidade de probabilidade em encontrar um caminhante na posição x e $x + dx$. Levando a expressão de $\wp(m)$ dada pela Equação (3.65) na Equação (3.66), temos que

$$\begin{aligned}\wp(x)dx &= \frac{1}{\sqrt{2\pi Npq}}\frac{e^{-[\frac{x}{l}-N(p-q)]^2}}{2l}dx, \\ &= \frac{1}{\sqrt{2\pi}\,2\sqrt{Npq}\,l}e^{\frac{-[x-N(p-q)l]^2}{8Npql^2}}dx, \\ &= \frac{1}{\sqrt{2\pi}\sigma}e^{\frac{-[x-\mu]^2}{2\sigma^2}}dx, \end{aligned} \qquad (3.67)$$

onde definimos que $\mu = N(p-q)l$ representa o valor ao longo das ordenadas, onde a probabilidade assume o valor máximo e $\sigma = 2l\sqrt{Npq}$ representa o desvio quadrático médio.

Atividade 15 – *Verifique se a forma escrita da Equação (3.67) obedece à condição de normalização das probabilidades.*

Uma vez conhecida a expressão de $\wp(x)$, podemos obter algumas grandezas médias que são de interesse no problema da caminhada aleatória. Nessa lista de grandezas, encontram-se a posição média $\overline{x}$, o desvio quadrático médio e muitas outras. Começaremos pela posição mais provável de se observar a partícula ao longo da horizontal, ou seja,

$$\begin{aligned}\overline{x} &= \int_{-\infty}^{\infty}\wp(x)x\,dx, \\ &= \int_{-\infty}^{\infty}\frac{1}{\sqrt{2\pi}\sigma}e^{\frac{-(x-\mu)^2}{2\sigma^2}}x\,dx. \end{aligned} \qquad (3.68)$$

Definindo $z = x - \mu$ e procedendo com as integrações, concluímos que o valor mais provável é dado por

$$\overline{x} = \mu. \tag{3.69}$$

Atividade 16 – *Proceda com a integração da Equação (3.68) e obtenha o resultado mostrado na Equação (3.69).*

Conhecido o valor mais provável $\overline{x}$, podemos agora determinar a expressão da dispersão de x em torno do valor mais provável μ, ou seja, $\overline{(x-\mu)^2}$. Assim, temos de resolver a seguinte integral

$$\begin{aligned}\overline{(x-\mu)^2} &= \int_{-\infty}^{\infty}(x-\mu)^2\wp(x)dx, \\ &= \frac{1}{\sqrt{2\pi}\sigma}\int_{-\infty}^{\infty}z^2 e^{\frac{-z^2}{2\sigma^2}}dz.\end{aligned} \tag{3.70}$$

Vemos, portanto, que a integral dada pela Equação (3.70) não tem solução imediata, e devemos encontrar uma forma de resolvê-la.

3.6.1 Uma solução para $\int_{-\infty}^{\infty} e^{-ax^2} x^{\tilde{n}} dx$

Devemos propor agora uma maneira para encontrar a solução da seguinte integral

$$Q(\tilde{n}) = \int_0^{\infty} e^{-ax^2} x^{\tilde{n}} dx, \tag{3.71}$$

onde $\tilde{n}$ é qualquer número inteiro não negativo. Assim, podemos chamar $ax^2 = y^2$, o que nos leva a obter $x = a^{-1/2}y$, e ainda que $dx = a^{-1/2}dy$. Para o caso inicial em que $\tilde{n} = 0$, temos que

$$Q(0) = \int_0^{\infty} e^{-ax^2} dx, \tag{3.72}$$

e, conforme discutido na Seção 3.5, temos que a solução da Equação (3.72) é dada por

$$Q(0) = \frac{1}{2}\sqrt{\frac{\pi}{a}}. \tag{3.73}$$

Considerando agora o caso em que $\tilde{n} = 1$, e usando a variável y, temos que
$$Q(1) = \frac{1}{a} \int_0^\infty y e^{-y^2} dy. \tag{3.74}$$
Chamando $z = y^2$ e procedendo com a integração, podemos mostrar que
$$Q(1) = \frac{1}{2a}. \tag{3.75}$$

Atividade 17 – *Proceda com a integração da Equação (3.74) e obtenha o resultado mostrado na Equação (3.75).*

De um modo geral, todos os demais termos em $\tilde{n}$ podem ser obtidos a partir de $Q(0)$ e $Q(1)$. Assim, podemos reescrever a seguinte relação
$$\begin{aligned} Q(\tilde{n}) &= \int_0^\infty e^{-ax^2} x^{\tilde{n}} dx, \\ &= \frac{\partial}{\partial a}\left[-\int_0^\infty e^{-ax^2} x^{\tilde{n}-2} dx\right], \\ &= -\frac{\partial}{\partial a}\left[Q(\tilde{n}-2)\right] \quad \tilde{n} > 2. \end{aligned} \tag{3.76}$$

Desse modo, alguns termos assumem a seguinte expressão
$$\tilde{n} = 0 \rightarrow Q(0) = \frac{1}{2}\sqrt{\frac{\pi}{a}}, \tag{3.77}$$
$$\tilde{n} = 1 \rightarrow Q(1) = \frac{1}{2a}, \tag{3.78}$$
$$\tilde{n} = 2 \rightarrow Q(2) = -\frac{\partial Q(0)}{\partial a} = \frac{\sqrt{\pi}}{4}\frac{1}{a^{3/2}}, \tag{3.79}$$
$$\tilde{n} = 3 \rightarrow Q(3) = -\frac{\partial Q(1)}{\partial a} = \frac{1}{2a^2}, \tag{3.80}$$

e assim sucessivamente. Portanto, voltando agora ao problema proposto pela Equação (3.70), podemos usar o resultado obtido na Equação (3.79) e obter que
$$\overline{(x-\mu)^2} = \sigma^2. \tag{3.81}$$

Atividade 18 – *Proceda com a integração da Equação (3.70) usando o resultado da Equação (3.79) e obtenha o resultado mostrado na Equação (3.81).*

3.7 Teorema do limite central

Discutiremos a abrangência do teorema do limite central nesta seção. De fato, o enunciado deste teorema diz basicamente que: *Não importa qual seja a distribuição de probabilidades $\wp(s)$ em cada passo. Desde que os passos sejam estatisticamente independentes, ou seja, a probabilidade do passo no sorteio n independe do resultado do sorteio $(n-1)$ e tão pouco influencia no sorteio do passo $(n+1)$, e a probabilidade $\wp(s) \to 0$ rapidamente quando $s \to \infty$, então o deslocamento total X será uma grandeza que é descrita de acordo com uma lei do tipo Gaussiana para um número de passos suficientemente grande.*

3.8 Uma aplicação dinâmica: difusão caótica no modelo Fermi-Ulam

Nesta seção, discutiremos uma aplicação dos resultados deste capítulo em um sistema que possui uma dinâmica caótica[9]. O modelo[10] consiste do movimento de uma partícula de massa unitária confinada ao interior de duas paredes rígidas. Uma delas está fixa na posição $X = \ell$ ao passo que a outra se move periodicamente no tempo, de acordo com a equação $x_w(t) = \varepsilon \cos(wt)$, onde ε é a amplitude do movimento e w é a frequência

---

[9]O termo caos está associado à dinâmica de sistemas, cuja evolução temporal das órbitas apresenta perda de previsibilidade de condições iniciais. Em tais sistemas, ocorre um afastamento exponencial de duas órbitas cujas condições iniciais foram suficientemente próximas, levando a um expoente de Lyapunov positivo.

[10]Esse modelo foi idealizado no ano 1949 quando Enrico Fermi propôs que as altas energias dos raios cósmicos poderiam ter origem em interações das partículas carregadas com campos magnéticos que se moviam no tempo e estavam presentes no meio galáctico. A partícula de massa unitária denota o raio cósmico, ao passo que a parede móvel seria a correspondente do campo magnético dependente do tempo. A única funcionalidade da parede fixa é retornar a partícula para uma próxima colisão com a parede móvel.

angular. A Figura 3.8 ilustra o modelo Fermi[11]-Ulam[12].

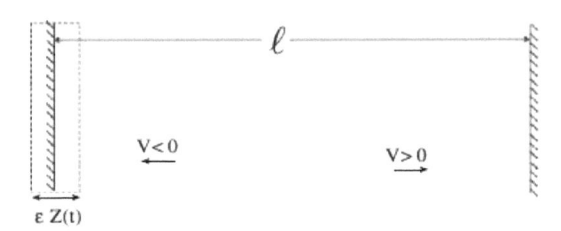

Figura 3.8 – Ilustração do modelo Fermi-Ulam.

Entre os choques, a partícula se move com velocidade constante. A parede fixa em $X = \ell$ tem a funcionalidade de refletir a partícula de volta para a zona de colisão[13]. Os choques da partícula com a parede móvel podem fazer com que ocorra uma troca de energia da partícula, de modo que, dependendo da fase do movimento da parede no instante da colisão, a partícula possa ganhar ou perder energia. A dinâmica será descrita por um mapeamento discreto[14] nas variáveis velocidade da partícula e instante da colisão, ou seja, a fase da parede móvel no instante do choque. Considere então que no instante $t = t_n$ a partícula esteja na posição $x_p(t_n) = \varepsilon \cos(wt)$ com velocidade $v_p = v_n > 0$. Duas situações podem ocorrer: (i) Antes que a partícula saia da zona de colisão, ela sofre um choque com a parede móvel, o que dá origem a uma colisão que chamaremos de sucessiva; (ii) a partícula abandona a zona de colisão, move-se em direção à parede fixa, sofre uma

---

[11]Enrico Fermi (1901-1954) foi um físico italiano que contribuiu em estudos de mecânica quântica, mecânica estatística, física nuclear e teve papel fundamental na construção do primeiro reator nuclear.

[12]Stanislaw Marcim Ulam (1909-1984) foi um matemático polonês que, dentre outras coisas, trabalhou no projeto Manhattan.

[13]Definimos aqui, por zona de colisão, a região física do espaço onde a partícula pode sofrer colisão com a parede móvel, ou seja, $x \in [-\varepsilon, \varepsilon]$.

[14]Por mapeamento discreto, nos referimos à descrição da dinâmica por tempos discretos, ou seja, a partir do conhecimento de um determinado estado do movimento na colisão n, pode-se determinar o novo estado na colisão $(n + 1)$. Portanto tem-se uma aplicação $\tilde{T}(n) \to (n + 1)$.

colisão elástica e é refletida de volta até que colida com a parede móvel. Chamaremos esse tipo de colisão de colisão indireta.

Começaremos com o caso (i). Entre os choques, a partícula se move com velocidade constante, logo sua posição será dada por $x_p(t) = \varepsilon \cos(wt_n) + v_n(t - t_n)$ para $t \geq t_n$. O critério adotado para definir o instante do choque será a condição $x_p(t) = x_w(t)$, o que leva a seguinte equação $\tilde{g}(t) = x_w(t) - x_p(t) = \varepsilon \cos(w(t + t_n)) - \varepsilon \cos(wt_n) - v_n(t - t_n)$. Quando $\tilde{g}(t) = 0$ para $t \in (0, 2\pi/w]$ podemos concluir que houve um choque sucessivo. O novo tempo será dado por $t_{n+1} = t_n + t_c$ onde t_c é obtido da solução de $\tilde{g}(t_c) = 0$. Após o choque, a velocidade da partícula é dada por (veja detalhes da transformação de referencial no Apêndice A) $v_{n+1} = -v_n - 2\varepsilon w \sin(wt_{n+1})$.

Vamos agora considerar o caso (ii), ou seja, as colisões indiretas. Nessa situação a partícula abandona a zona de colisão e se move para a direita, até se chocar com a parede fixa. O tempo gasto nesse percurso é $t_d = (\ell - \varepsilon \cos(wt_n))/v_n$. A partícula é então refletida de volta com velocidade $\tilde{v}_p = -v_n$ até entrar na zona de colisão. O tempo gasto nesse percurso é $t_e = (\ell - \varepsilon)/v_n$. Ao entrar na zona de colisão o choque irá ocorrer quando $x_p(t) = x_w(t)$, o que dá origem à equação $\tilde{f}(t) = x_w(t) - x_p(t) = \varepsilon \cos(w(t_n + t_d + t_e + t)) - \varepsilon + v_n(t - t_n + t_d + t_e)$ para $t \geq t_n + t_d + t_e$. O instante do choque é, então, dado quando $\tilde{f}(t) = 0$ e a nova velocidade será dada por $v_{n+1} = v_n - 2\varepsilon w \sin(wt_{n+1})$.

Vemos que existem três parâmetros de controle ε, w e ℓ, e que nem todos eles são relevantes para descrever a dinâmica. Assim podemos definir as seguintes variáveis adimensionais $\epsilon = \varepsilon/\ell$, $\phi_n = wt_n$ e $V_n = v_n/(w\ell)$. Nestas novas variáveis o mapeamento que descreve a dinâmica da partícula é dado por

$$\begin{cases} \phi_{n+1} = [\phi_n + \Delta T_n] \bmod (2\pi) \\ V_{n+1} = V_n^* - 2\epsilon \sin(\phi_{n+1}) \end{cases}, \qquad (3.82)$$

onde V_n^* e ΔT_n dependem do tipo de colisão considerado. Para o caso (i), $V_n^* = -V_n$ e $\Delta T_n = \phi_c$ com ϕ_c obtido da solução de $\tilde{G}(\phi_c = 0)$, onde

$$\tilde{G}(\phi_c) = \epsilon \cos(\phi_n + \phi_c) - \epsilon \cos(\phi_n) - V_n \phi_c. \tag{3.83}$$

Para o caso (ii) temos $V_n^* = V_n$ e $\Delta T_n = \phi_d + \phi_e + \phi_c$ onde $\phi_d = (1 - \epsilon \cos(\phi_n))/V_n$, $\phi_e = (1-\epsilon)/V_n$ e ϕ_c é obtido da solução de $\tilde{F}(\phi_c) = 0$, onde

$$\tilde{F}(\phi_c) = \epsilon \cos(\phi_n + \phi_d + \phi_e + \phi_c) - \epsilon + V_n \phi_c. \tag{3.84}$$

O espaço de fases[15] desse modelo é mostrado na Figura 3.9.

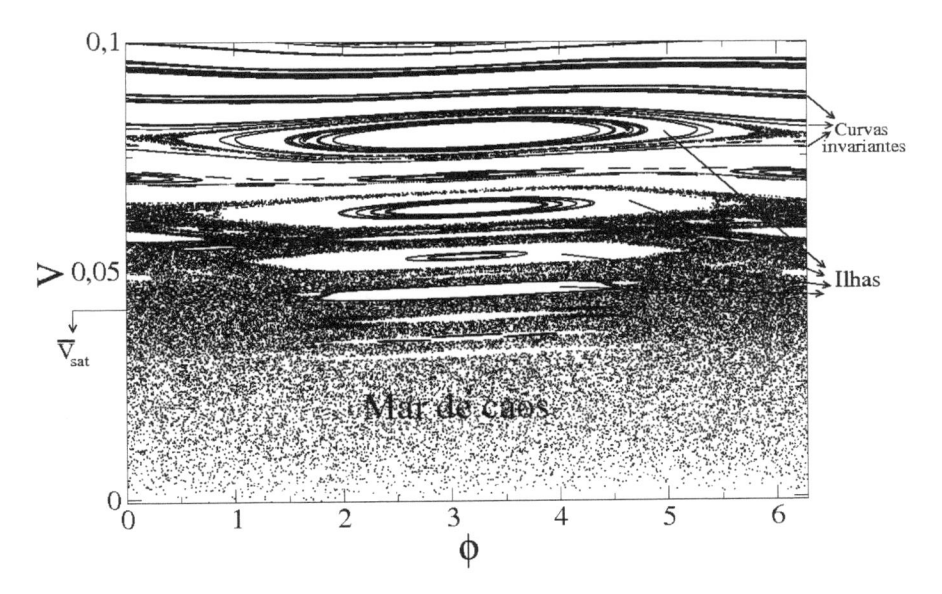

Figura 3.9 – Espaço de fases obtido para o modelo Fermi-Ulam, para o parâmetro de controle $\epsilon = 10^{-2}$.

Atividade 19 – *Escreva um programa que simule o Mapeamento (3.82) e reproduza o gráfico mostrado na Figura 3.9.*

---

[15]Consideramos que, em determinado instante, o estado do sistema seja dado pelo par (V_n, ϕ_n). A medida que a dinâmica evolui, a sequência de estados em instantes de tempo distintos gera um órbita. Ao conjunto de todos os estados possíves de um sistema dá-se o nome de espaço de fases ou espaço de estados.

Notamos que o espaço de fases apresenta uma estrutura na qual três comportamentos podem ser observados: (1) ilhas de regularidade[16] nas quais os pontos fixos centrais são classificados como pontos fixos elípticos[17]; (2) um extenso mar de caos; e (3) curvas invariantes[18] que limitam as dimensões do mar de caos. Elas também funcionam como barreiras, as quais as partículas são proibidas de cruzar e que limitam o crescimento da velocidade da região caótica.

Vamos agora discutir um pouco da dinâmica na região do mar de caos. Consideraremos um conjunto de condições iniciais com velocidade inicial $V_0 = 1,01\epsilon$ e 5.000 fases iniciais igualmente espaçadas no intervalo $\phi_0 \in [0, 2\pi]$. Para cada condição inicial evoluiremos a dinâmica a partir do Mapeamento (3.82) acumulando ao longo da dinâmica a velocidade média da partícula. O processo é repetido até que todas as condições iniciais sejam evoluídas. A velocidade média é então dada por

$$\overline{V} = \frac{1}{5.000} \sum_{i=1}^{5.000} \left[\frac{1}{n} \sum_{j=1}^{n} V_{j,i} \right]. \qquad (3.85)$$

O comportamento da velocidade média para um conjunto de 5.000 condições iniciais é mostrado na Figura 3.10.

Podemos notar que para o regime de baixas energias[19], a velocidade média do conjunto cresce de acordo com $\sqrt{n}$, caracterizando um comportamento difusivo. Na região de baixa velocidade, o tempo de voo entre um choque e outro (no caso de colisões indiretas) pode ser demasiadamente longo. Com isso, a parede pode completar um número elevado de oscilações

---

[16]Essas ilhas de regularidade estão, de fato, em torno de um ponto fixo que é classificado como elíptico.

[17]Um ponto fixo de um mapeamento discreto é definido como sendo elíptico se seus autovalores forem números complexos conjugados (veja o Apêndice B).

[18]Também recebem o nome de curvas invariantes *spanning*, curvas KAM ou toros invariantes e são invariantes por iteradas.

[19]É considerada baixa energia a região onde a velocidade da partícula é da mesma ordem de grandeza da velocidade da parede móvel.

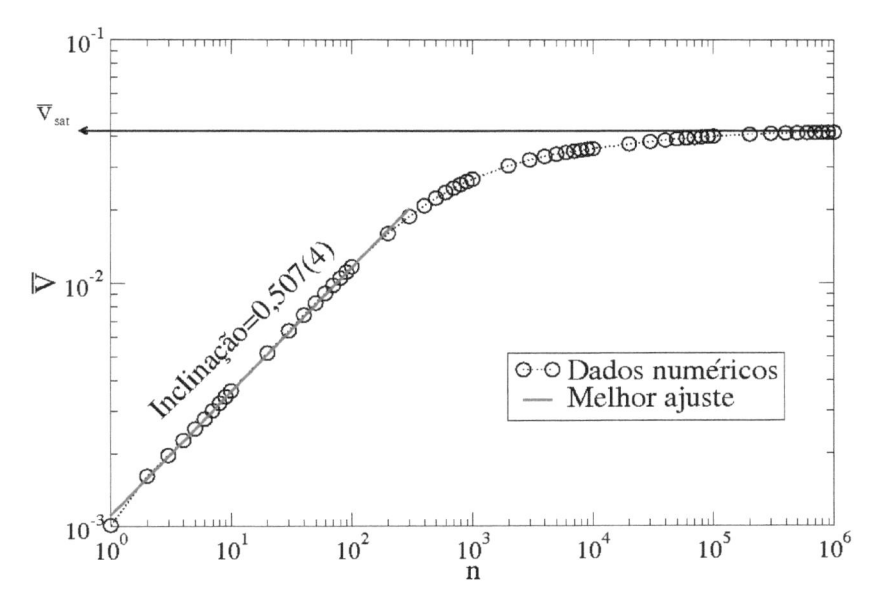

Figura 3.10 – Gráfico da velocidade média em função do número de colisões da partícula com a parede móvel. O parâmetro de controle utilizado foi $\epsilon = 10^{-2}$.

levando a uma perda de correlação entre um choque e outro o que faz com que a partícula, ao colidir com a parede móvel, tenha igual probabilidade de ganhar ($p = 1/2$) ou perder ($q = 1 - p = 1/2$) energia. Com isso podemos fazer uma conexão com a dispersão que foi discutida na Seção 3.3.3 e que levou a um resultado semelhante para o caso da caminhada aleatória, ou seja, um comportamento descrito por $\sqrt{n}$. Podemos então concluir que, embora determinística[20], a dinâmica caótica tem propriedades semelhantes àquelas presentes no problema da caminhada aleatória.

Para o regime de altas velocidades, o intervalo de tempo entre os choques torna-se pequeno levando então a uma correlação entre um choque e outro, o que leva à obtenção das curvas invariantes. Uma consequência direta da existência de tais curvas é a limitação da amplitude do mar de caos. A convergência para o platô constante, observada na Figura 3.10, é uma

---
[20]Referimos como determinística à dinâmica que não tem componentes aleatórios.

consequência da existência das curvas invariantes.

3.8.1 Colisões raras

Discutiremos nesta seção um conjunto raro de colisões que podem ocorrer da dinâmica, as colisões sucessivas. De fato, no regime de baixas velocidades, a probabilidade de se observar um choque sucessivo é maior que a probabilidade de se observar dois choques sucessivos, que por sua vez é maior que a probabilidade de se observar três e assim por diante. A Fi-

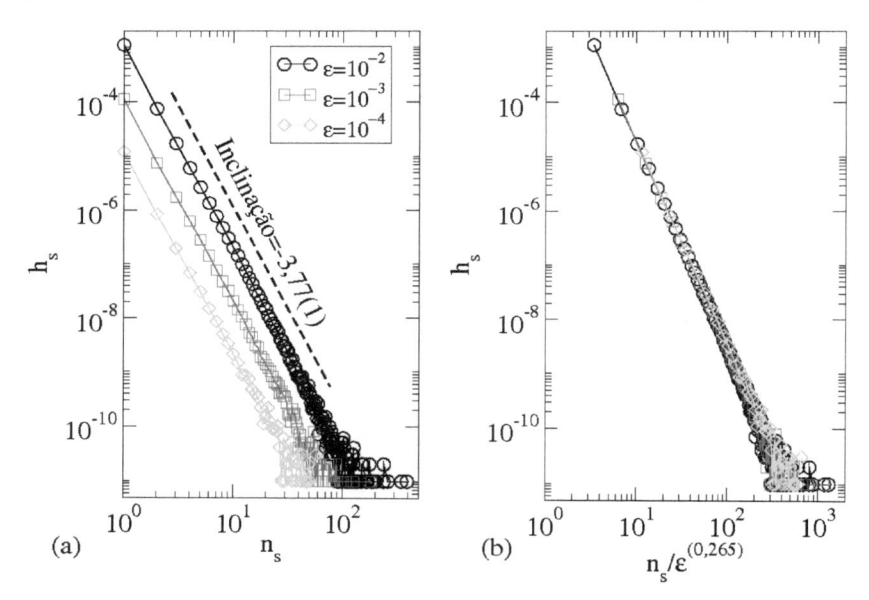

Figura 3.11 – (a) Histograma das colisões múltiplas no modelo Fermi-Ulam. Os parâmetros de controle utilizados foram $\epsilon = 10^{-2}$, $\epsilon = 10^{-3}$ e $\epsilon = 10^{-4}$. (b) Após uma reescala nos eixos, ocorre a sobreposição das curvas mostradas em (a) em uma única curva universal.

gura 3.11 ilustra o comportamento dos choques sucessivos a partir de um histograma.

Podemos notar que ocorre um decaimento do histograma, à medida que o número de colisões sucessivas n_s aumenta. Um ajuste em lei de potência fornece um expoente $z_h = -3,77(1)$. As três curvas do histrograma apresentadas em (a) podem ser sobrepostas em uma única curva universal ao se fazer a transformação $n_s \to n_s/\epsilon^{-1/z_h}$, conforme mostrado na Figura 3.11(b).

Em um estudo em parceria com Mário Roberto da Silva[21] e Diogo Ricardo da Costa[22], considerando o modelo que descreve a evolução de um feixe de luz em um guia de ondas periodicamente corrugado (SILVA; COSTA; LEONEL, 2012), pudemos observar também que as reflexões da luz com a parte corrugada do guia de ondas é descrita por uma lei de potência com o mesmo expoente.

3.9 Difusão sem limites no modelo Fermi-Ulam: um problema estocástico

Vamos considerar nesta seção uma forma distinta de escrever o Mapeamento (3.82). A função $\sin(\phi_{n+1})$ que aparece no mapeamento é uma função que descreve a velocidade da parede móvel. É, portanto, uma função determinística, desde que seu argumento também seja determinístico. Introduziremos, nesta seção, uma contribuição na fase do movimento da parede que é aleatório. Isso faz com que a função $\sin(\phi_{n+1})$ seja aleatória, consequentemente levando à difusão sem limites na velocidade da partícula[23]. O

---

[21]Mário Roberto da Silva possui graduação em física (1985) e em ciência da computação pela Universidade Federal de São Carlos (1988), com mestrado (1992) e doutorado (1988) em Engenharia Mecânica pela Universidade de São Paulo (USP). É professor da Universidade Estadual Paulista Júlio de Mesquita Filho (Unesp) em Rio Claro.

[22]Diogo Ricardo da Costa é graduado em física (2008) pela Unesp, campus de Rio Claro, onde fez seu mestrado em física (2011). Concluiu o doutorado em física pela USP em 2014.

[23]Esse problema, que leva a um crescimento ilimitado da energia da partícula ao sofrer choques com a parede móvel, é chamado de aceleração de Fermi.

mapeamento para esse caso é escrito como

$$\begin{cases} \phi_{n+1} = \left[\phi_n + \frac{2}{V_n} + Z_n\right] \mod (2\pi) \\ V_{n+1} = |V_n - 2\epsilon \sin(\phi_{n+1})| \end{cases} \qquad (3.86)$$

O módulo introduzido na equação da velocidade impede que a partícula se mova para a esquerda após a colisão. O termo $2/V_n$ fornece o tempo de voo da partícula entre os choques[24]. Finalmente a função Z_n fornece um número aleatório a cada colisão, de forma que $Z_n \in [0, 2\pi]$. Ao se introduzir o termo aleatório Z_n na fase, esta também se torna aleatória. Consequentemente a função $\sin(\phi_{n+1})$ será aleatória.

A presença de Z_n faz com que ocorra a total destruição da forma mista do espaço de fases, tal como mostrado na Figura 3.9. Com isso, as curvas invariantes que limitavam o crescimento da velocidade agora não existem mais. Logo a convergência para o platô de velocidade constante não é mais observado, levando o comportamento da velocidade média do conjunto de partículas a crescer indefinidamente. A Figura 3.12 ilustra o crescimento da velocidade média.

O expoente de crescimento da velocidade média é 1/2, levando novamente ao mesmo resultado previsto pela caminhada aleatória. Resultados obtidos da dinâmica conservativa do Mapeamento (3.86), considerando que a partícula sofre choques inelásticos, foram publicados por Leonel (2007). A principal diferença entre a dinâmica e a drástica consequência da presença da dissipação é que o fenômeno de aceleração de Fermi é suprimido.

---

[24] A forma da escrita do mapeamento descreve o que é conhecido como *modelo simplificado*. Esse modelo considera que ambas as paredes estão em repouso para o cálculo do tempo de voo. Entretanto para atualizar a velocidade após o choque, considera-se que ocorre uma troca de energia entre partícula e parede, como se a parede estivesse se movendo.

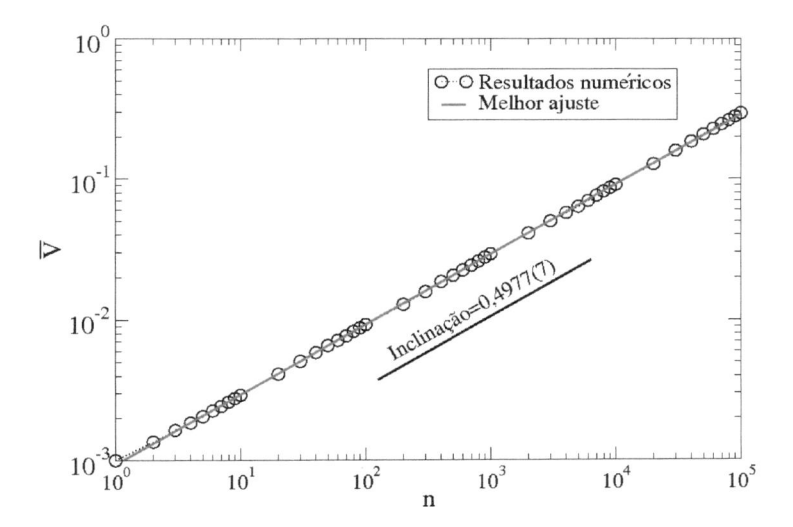

Figura 3.12 – Crescimento ilimitado da velocidade média. Foram usadas 5.000 diferentes fases iniciais $\phi_0 \in [0, 2\pi]$ para a mesma velocidade inicial $V_0 = 10^{-3}\epsilon$ sendo $\epsilon = 10^{-3}$.

3.9.1 Crescimento ilimitado da velocidade: uma descrição analítica

Antes de passar para próxima seção vamos primeiramente mostrar como o crescimento da velocidade pode ser caracterizado analiticamente, dando maior robustez ao resultado mostrado na Figura 3.12. Para iniciar o procedimento, considere a segunda equação do Mapeamento (3.86). Quando ambos os lados são elevados ao quadrado, temos que

$$V_{n+1}^2 = V_n^2 - 4\epsilon V_n \sin(\phi_{n+1}) + 4\epsilon^2 \sin^2(\phi_{n+1}). \tag{3.87}$$

Ao se considerar uma média sobre o ensemble de $\phi \in [0, 2\pi]$, obtemos

$$\overline{V^2}_{n+1} = \overline{V^2}_n + 2\epsilon^2, \tag{3.88}$$

uma vez que os termos

$$\overline{\sin(\phi)} = \frac{1}{2\pi} \int_0^{2\pi} \sin(\phi) d\phi = 0, \tag{3.89}$$

e também
$$\overline{\sin^2(\phi)} = \frac{1}{2\pi}\int_0^{2\pi} \sin^2(\phi)d\phi = \frac{1}{2}. \tag{3.90}$$

Atividade 20 – *Efetue as Integrais (3.89) e (3.90) e confirme os resultados acima.*

Com isso, podemos reagrupar mais propriamente os termos da Equação (3.88) e chegar a
$$\overline{V^2}_{n+1} - \overline{V^2}_n = 2\epsilon^2. \tag{3.91}$$
Por outro lado, podemos considerar que
$$\overline{V^2}_{n+1} - \overline{V^2}_n = \frac{\overline{V^2}_{n+1} - \overline{V^2}_n}{(n+1)-n} \cong \frac{d\overline{V^2}}{dn} = 2\epsilon^2. \tag{3.92}$$

A Equação (3.92) pode ser aproximada por uma equação diferencial de primeira ordem, levando a concluir que $d\overline{V^2} = 2\epsilon^2 dn$. Integrando nos limites apropriados podemos concluir que
$$\overline{V^2} = V_0^2 + 2n\epsilon^2. \tag{3.93}$$

Atividade 21 – *Faça a integração da Equação (3.92) e obtenha o resultado mostrado na Equação (3.93).*

Quando a raiz quadrada é extraída da Equação (3.93), obtemos a seguinte expressão
$$< V_{\text{eff}} > = \sqrt{V_0^2 + 2n\epsilon^2}, \tag{3.94}$$
corroborando assim para uma confirmação clara de que a velocidade média calculada por meio de uma média no ensemble de $\phi \in [0, 2\pi]$ cresce com $\sqrt{n}$.

3.9.2 Perturbação aleatória com memória

Parte dos resultados discutidos nesta seção foi publicada no periódico *Physica A* em 2009 em colaboração com Eraldo Pereira Marinho[25] (LEONEL; MARINHO, 2009).

---

[25] Eraldo Pereira Marinho possui bacharelado em Física pela Universidade Federal da Bahia (1987), mestrado em Astrofísica pelo Instituto Nacional de Pesquisas Espaciais

Consideraremos, nesta seção, que a função aleatória Z_n que aparece na expressão do Mapeamento (3.86) agora tem uma memória temporal que denotaremos por $\tilde{M}$. Isso implica que o termo aleatório Z_n tem influência de Z_{n-1}, Z_{n-2}, ... até $Z_{n-\tilde{M}}$. Utilizaremos a seguinte forma matemática para obter Z_n

$$Z_n = \begin{cases} \frac{\xi_n + P_\lambda \overline{Z_{n-1}}}{1+P_\lambda} & \text{se } n > 0 \\ \xi_0 & \text{se } n = 0 \end{cases}, \quad (3.95)$$

onde ξ_0 é um número aleatório inicial e ξ_n é escolhido aleatoriamente entre $\xi_n \in [0, 2\pi]$ ao passo que $\overline{Z_{n-1}}$ é obtido de

$$\overline{Z_{n-1}} = \begin{cases} \frac{1}{\tilde{M}} \sum_{i=1}^{\tilde{M}} Z_{n-i} & \text{se } n \geq \tilde{M} \\ \frac{1}{n-1} \sum_{i=1}^{\tilde{M}} Z_{n-i} & \text{se } n < \tilde{M} \end{cases}. \quad (3.96)$$

O termo P_λ é chamado de fator de persistência e adotamos como sendo $P_\lambda = 1$. Se fizermos $P_\lambda = 0$, recuperamos os resultados discutidos na seção anterior para uma série totalmente aleatória e sem memória.

Para investigar o efeito da memória das séries aleatórias no comportamento da velocidade média, consideramos um conjunto de 5.000 condições iniciais com mesma velocidade inicial $V_0 = 2,1\epsilon$ e diferentes fases iniciais escolhidas uniformemente distribuídas no intervalo $\phi_0 \in [0, 2\pi]$. Também consideramos diversos valores de $\tilde{M}$ nas simulações. A Figura 3.13 ilustra o comportamento da velocidade média, obtido como função do número de colisões.

Se $\tilde{M} = 0$, temos o problema sem memória, o que leva à recuperação dos resultados discutidos anteriormente. Para $\tilde{M} > 1$ o comportamento é bem diferente e pode ser descrito pela combinação de três partes: (1) para pequenos n, a velocidade média cresce com expoente $\beta_1 \cong 3/4$. A velocidade média então muda de regime ao atingir n_{x1} e (2) passa a crescer com expoente $\beta_2 \cong 1$ até atingir n_{x2} e mudar novamente de regime de

---

(1990) e doutorado em Astronomia pela Universidade de São Paulo (1997). É professor da Universidade Estadual Paulista Júlio de Mesquita Filho, em Rio Claro.

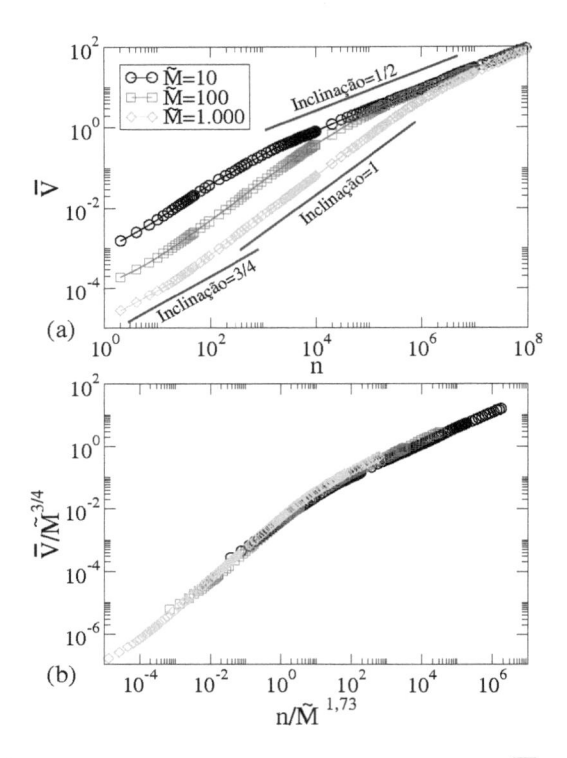

Figura 3.13 – (a) Comportamento da velocidade média $\overline{V}$ como função do número de colisões n com a parede. (b) Após uma reescala nos eixos, temos a sobreposição das curvas mostradas em (a) em uma única curva universal.

crescimento, passando agora a (3) $\beta_3 \cong 1/2$. A velocidade média pode ser descrita como

$$\overline{V} \propto \begin{cases} n^{\beta_1} & \text{se } n \ll n_{x1} \\ n^{\beta_2} & \text{se } n_{x1} \ll n \ll n_{x2} \\ n^{\beta_3} & \text{se } n \gg n_{x2} \end{cases}. \tag{3.97}$$

O número de colisões n_{x1}, onde a velocidade média mudou de regime pela primeira vez, foi sempre observado como sendo $n_{x1} < 100$ para os parâmetros de controle e memória considerados. O segundo regime de mudança é dado por

$$n_{x2} \propto \tilde{M}^{z_2}, \tag{3.98}$$

onde z_2 é um expoente a ser determinado. O número de colisões que marca a mudança de regime de crescimento com expoente $\beta_2 \cong 1$ para expoente $\beta_3 \cong 1/2$ pode ser obtido numericamente como sendo o ponto de cruzamento das curvas com expoentes β_2 e β_3. Obtivemos o ponto de cruzamento para diversos valores de $\tilde{M}$, conforme é mostrado na Figura 3.14.

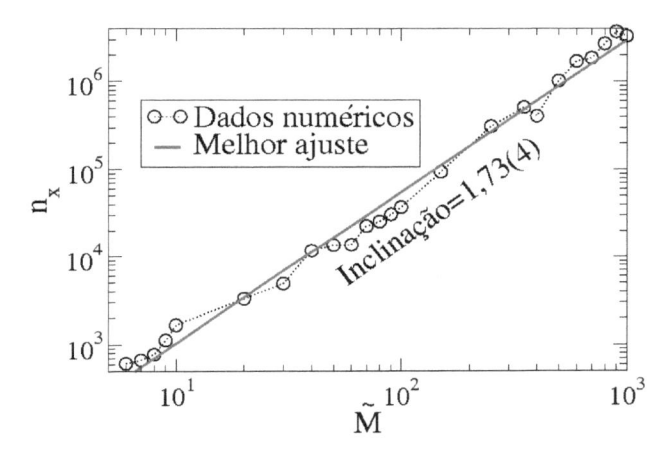

Figura 3.14 – Comportamento de $n_{x2} \times \tilde{M}$. O ajuste em lei de potência forneceu o expoente $z_2 = 1,73(4)$.

A obtenção do expoente z_2 permite agora que o eixo horizontal da Figura 3.13(a) seja reescalado para $n \to n/\tilde{M}^{z_2}$ ao passo que a reescala do eixo das velocidades é dada por $\overline{V} \to \overline{V}/\tilde{M}^{3/4}$. Com essas duas transformações, as curvas de velocidade média obtidas para diferentes valores de $\tilde{M}$, conforme mostradas na Figura 3.13(a), são sobrepostas em uma única curva aparentemente universal, conforme mostrado na Figura 3.13(b).

A informação importante que podemos extrair do comportamento da velocidade média, conforme mostrado na Figura 3.13(b), é que a memória da série temporal aleatória afeta o regime de crescimento da velocidade média para tempos (número de colisões) curtos e médios com a parede. Entretanto para números elevados de colisões, $n \gg n_{x2}$, o expoente $1/2$ obtido da caminhada aleatória é recuperado o que leva a uma aplicação do teorema do limite central.

3.10 Resumo

Neste capítulo discutimos a problema da caminhada aleatória unidimensional. Apresentamos uma forma de se obter observáveis médios no problema usando variáveis discretas e contínuas. Mostramos que a dispersão cresce com um envelope descrito por $\sqrt{n}$. Para n suficientemente grande a distribuição de probabilidade é descrita por uma função gaussiana.

Apresentamos o enunciado do teorema do limite central que diz que a distribuição de probabilidade é descrita por uma função gaussiana para tempos suficientemente longos desde que os sorteios dos números aleatórios sejam independentes (ou pelo menos fracamente dependentes) de n.

Discutimos três sistemas dinâmicos aplicados que envolvem difusão: (1) o modelo Fermi-Ulam determinístico; (2) Modelo Fermi-Ulam totalmente aleatório e; (3) Modelo Fermi-Ulam com perturbação aleatória com memória temporal. Para o caso (1), mostramos que a velocidade média de um ensemble de partículas cresce, a partir de uma velocidade inicial bem pequena, com $\sqrt{n}$, até convergir para um platô constante. A mudança de crescimento para convergência para um platô se deve à existência de curvas invariantes *spanning* no espaço de fases. No caso (2), a velocidade média no ensemble cresce sem limites com $\sqrt{n}$, levando a uma difusão sem limites na velocidade. Finalmente, para o caso (3), três regimes de crescimento são observados. Entretanto, para tempos suficientemente longos, a velocidade média do ensemble de partículas também cresce com $\sqrt{n}$, de acordo com o teorema do limite central.

3.11 Exercícios propostos

1. Determine a forma da distribuição de probabilidades para o problema da caminhada aleatória considerando $N = 20$ e interprete os resultados para:

    (a) $p = q = 1/2$;

    (b) $p = 0,6$ e $q = 0,4$.

    Dica: Faça o cálculo das probabilidades usando uma rotina numérica e apresente seus resultados em forma de gráfico.

2. Considere o problema da caminhada aleatória com $p = q = 0,5$ e permita que $m = n_1 - n_2$ represente o deslocamento efetivo ao longo da rede. Depois que o caminhante tiver dado um total de N passos, determine uma expressão para as seguintes grandezas médias:

    (a) $\overline{m}$;

    (b) $\overline{m^2}$;

    (c) $\overline{m^3}$;

    (d) $\overline{m^4}$.

3. Na distribuição gaussiana, temos que a probabilidade é dada por

$$\wp(x) = \frac{1}{\sqrt{2\pi\sigma^2}} e^{-\frac{(x-x_0)^2}{2\sigma^2}}. \tag{3.99}$$

   Determine os seguintes observáveis:

    (a) $\overline{x}$;

    (b) $\overline{x^2}$;

    (c) $\overline{x^3}$;

    (d) $\overline{(x - \overline{x})^3}$.

4. Considere que uma variável aleatória tenha uma distribuição de probabilidades dada por
$$\wp(x) = ce^{-\frac{x}{2}}, \qquad (3.100)$$
com $x \in [0, \infty)$.

   (a) Determine a constante de normalização c;

   (b) Determine o valor médio $\overline{x}$;

   (c) Encontre o valor quadrado médio $\overline{x^2}$.

5. Considere agora a distribuição de probabilidades dada para uma variável aleatória x dada por
$$\wp(x) = \frac{1}{\sigma\sqrt{2\pi}} e^{-\frac{(x-\mu)^2}{2\sigma^2}}. \qquad (3.101)$$

   (a) Verifique a condição de normalização;

   (b) Obtenha $\overline{x}$;

   (c) Obtenha $\overline{x^2}$.

6. Considere a dinâmica de uma partícula no modelo Fermi-Ulam na presença de dissipação dada por choques inelásticos e na presença de uma perturbação externa aleatória. O mapeamento que fornece a dinâmica do modelo é dado por
$$\begin{cases} \phi_{n+1} = \left[\phi_n + \frac{2}{V_n} + 2\pi Z(n)\right] \bmod (2\pi) \\ V_{n+1} = \gamma V_n - (1+\gamma)\epsilon \sin(\phi_{n+1}) \end{cases}, \qquad (3.102)$$
onde $Z(n)$ fornece números aleatórios entre o intervalo $[0, 1]$.

   (a) Obtenha uma expressão para $\overline{V^2}_{n+1}$;

   (b) Considere agora que
$$\overline{V^2}_{n+1} - \overline{V^2}_n \cong \frac{d\overline{V^2}}{dn}. \qquad (3.103)$$

Obtenha uma expressão de $\overline{V^2}$ em função de n;

(c) Mostre que, para o estado estacionário,

$$\overline{V^2} = \frac{(1+\gamma)^2}{2}\frac{\epsilon^2}{(1-\gamma^2)}; \qquad (3.104)$$

(d) Fatorando a equação anterior e tirando a raiz quadrada mostre que

$$V_{\text{EFF}} = \sqrt{\overline{V^2}} = \sqrt{\frac{(1+\gamma)}{2}}\frac{\epsilon}{(1-\gamma)^{\frac{1}{2}}}. \qquad (3.105)$$

7. Escreva um algoritmo e faça a simulação numérica para obter o comportamento da velocidade média para um ensemble de partículas no modelo Fermi-Ulam e recupere o resultado mostrado na Figura 3.10. Para evitar o cálculo do instante das colisões obtidos como soluções das Equações (3.83) e (3.84) considere a versão simplificada a seguir

$$\begin{cases} \phi_{n+1} = \left[\phi_n + \frac{2}{V_n}\right] \bmod (2\pi) \\ V_{n+1} = V_n - 2\epsilon \sin(\phi_{n+1}) \end{cases}, \qquad (3.106)$$

8. Considere agora que a dinâmica de um ensemble de partículas não interagentes é dada pelo seguinte mapeamento discreto bidimensional

$$\begin{cases} I_{n+1} = I_n + K\sin(\theta_n) \\ \theta_{n+1} = [\theta_n + I_{n+1}] \bmod (2\pi) \end{cases}. \qquad (3.107)$$

Construa o espaço de fases para este mapeamento considerando:

(a) $K = 0,5$;

(b) $K = 0,9715$;

(c) $K = 5$;

(d) Encontre uma expressão para $\overline{I^2}_{n+1}$;

(e) Para $K > 0,9716$ mostre que $\overline{I^2}$ cresce com n ou de forma equivalente que $I_{\text{EFF}} = \sqrt{\overline{I^2}} \propto \sqrt{n}$.

Referências Bibliográficas

FERMI, E. On the origin of the cosmic radiation. **Physical Review**, College Park, v. 75, n. 8, p. 1169-1174, 1949.

KARLIS, A. K. et al. Hyperacceleration in a stochastic Fermi-Ulam model. **Physical Review Letters**, Woodbury, v. 97, p. 194102, 2006.

LEONEL, E. D. Breaking down the Fermi acceleration with inelastic collisions. **Journal of Physics A: Mathematical and Theoretical**, Bristol, v. 40, n. 50, p. F1077-F1083, 2007.

LEONEL, E. D.; MARINHO, E. P. Fermi acceleration with memory-dependent excitation. **Physica A: Statistical Mechanics and its Applications**, Amsterdam, v. 388, n. 24, p. 4927-4935, 2009.

LEONEL, E. D.; McCLINTOCK, P. V. E. A hybrid Fermi-Ulam-bouncer model. **Journal of Physics A: Mathematical and General**, London, v. 38, n. 4, p. 823-839, 2005.

LEONEL, E. D.; McCLINTOCK, P. V. E.; SILVA, J. K. L. Fermi-Ulam model under scaling analysis. **Physical Review Letters**, Woodbury, v. 93, n. 1, p. 014101, 2004.

REICHL, L. E. **A modern course in statistical physics**. Weinheim: Wiley-VCH, 2009.

REIF, F. **Fundamentals of statistical and thermal physics**. New York: McGraw-Hill, 1965.

SALINAS, S. R. A. **Introdução à física estatística**. São Paulo: Edusp, 1997.

SCHWABL, F. **Statistical mechanics**. Heidelberg: Springer-Verlag, 2006.

SILVA, M. R.; COSTA, D. R.; LEONEL, E. D. Characterization of multiple reflections and phase space properties for a periodically corrugated waveguide. **Journal of Physics A: Mathematical and Theoretical**, Bristol, v. 45, n. 26, p. 1-11, 2012.

Capítulo 4

Estados microscópicos e ensemble microcanônico

4.1 Objetivos

Neste capítulo, discutiremos e exemplificaremos os possíveis estados microscópicos de alguns sistemas físicos que envolvem tanto estados discretos de energia com níveis quânticos quanto problemas clássicos com estados de energia contínua. O foco principal deste capítulo é, portanto, determinar o número de estados acessíveis ao sistema com determinada energia. Após essa discussão de estados, estabeleceremos a conexão com a termodinâmica e discutiremos aplicações do ensemble microcanônico.

4.2 Introdução

Já discutimos, no Capítulo 1, que uma determinada grandeza termodinâmica pode ser obtida a partir do conhecimento da energia interna do sistema, que é escrita em termos da entropia S, do volume V e do número de partículas N, ou seja, $U = U(S, V, N)$. Outra forma é obter a inversão da função U para S e escrever a entropia como $S = S(U, V, N)$. Vimos também que um sistema termodinâmico é dependente de vínculos internos, que representaremos por X_i, e que juntamente com as demais variáveis termodinâmicas se combinam de forma a determinar o número de microestados do sistema $\Omega = \Omega(U, V, N, X_i)$. A probabilidade de se observar um determinado estado, por sua vez, é proporcional a Ω, ou seja,

$$\wp(U, V, N, X_i) \propto \Omega(U, V, N, X_i). \tag{4.1}$$

As conexões com a termodinâmica podem por sua vez ser feitas via cálculo da entropia. De acordo com a definição de Boltzmann, a entropia é determinada por

$$S(U, V, N) = K_B \ln \Omega(U, V, N). \tag{4.2}$$

Essa equação só tem validade nos limites em que N (número de partículas) se torna suficientemente grande, ou seja, $N \to \infty$ com a razão $u = U/N$ finita. Nesse limite, podemos encontrar a entropia por partícula como

$$s = \lim_{N \to \infty} \frac{S}{N}. \tag{4.3}$$

Uma importante consequência que surgiu do teorema de Liouville, conforme discutido na Seção 2.5, foi a utilização de um postulado que leva a definição de ensemble microcanônico. Tal postulado diz basicamente que em um sistema fechado com energia constante, todos os eventos tem iguais probabilidades de serem observados. Dessa forma, a descrição de um sistema físico em equilíbrio termodinâmico será feita a partir de três estágios: (1) conhecimento dos estados microscópicos do sistema; (2) utilização do postulado de igualdade de probabilidade; e (3) estabelecer a conexão com a termodinâmica por intermédio da entropia S.

4.3 Especificação de estados microscópicos

Do conhecimento das equações de Hamilton, sabemos que a descrição de um sistema clássico determinístico fica completamente especificada pelo conhecimento dos pares (q_i, p_i), $i = 1, 2, 3 \ldots, n$ no espaço de fases. Para o caso simples de uma partícula no espaço $\Re^3$, devemos naturalmente conhecer os pares: (x, p_x), (y, p_y), (z, p_z), o que caracteriza um sistema com três graus de liberdade[1]. A Figura 4.1 mostra uma órbita no espaço de fases. A curva contínua representa o conjunto dos microestados associados àquela órbita.

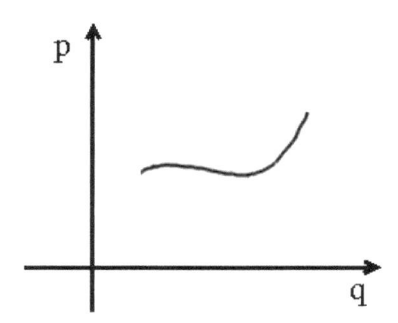

Figura 4.1 − Ilustração dos possíveis microestados de um sistema clássico.

4.3.1 Partícula confinada a uma caixa: o caso clássico

Considere agora que temos uma partícula clássica confinada a se mover no interior de uma caixa quadrada de lado L, conforme mostra a Figura 4.2.

A partícula fica confinada a se mover (por simplicidade assumiremos que o movimento se dá ao longo do eixo x) entre $0 \leq x \leq L$. Como não existe nenhuma força externa atuando sobre a partícula, sua energia mecânica é preservada e dada por

$$E = \frac{p^2}{2m}, \qquad (4.4)$$

onde p representa o momentum e m a massa. Com isso, as duas expressões para o momento linear são: (i) $p_+ = \sqrt{2mE}$ e (ii) $p_- = -\sqrt{2mE}$. A partir do conhecimento das expressões de momentum, podemos esboçar o espaço de fases do sistema com energia E, conforme mostrado na Figura 4.3(a).

---
[1] Denotamos por grau de liberdade o par associado posição e momentum ($\vec{p} = m\vec{v}$).

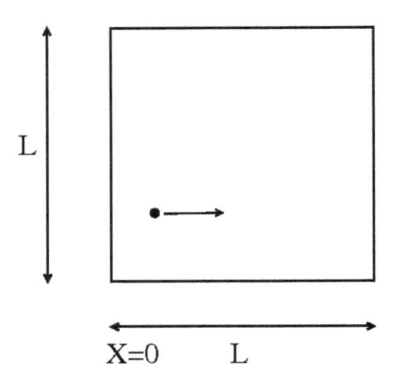

Figura 4.2 – Ilustração de uma partícula clássica no interior de uma caixa quadrada de lado L.

Como vemos, o espaço de fases mostrado na Figura 4.3(a) é bidimensional ao passo que a curva definindo os estados microscópicos acessíveis ao sistema com energia $E = p^2/(2m)$ está disposta ao longo de apenas uma dimensão. Para que a curva que define os estados acessíveis tenha a mesma dimensão do espaço de fases, em vez de considerar a energia da partícula como sendo fixa em E, consideraremos que ela está confinada entre E e $E+\delta E$, onde δE representa uma pequena flutuação macroscópica da energia. Da relação da energia, tiramos que $p = \sqrt{2mE}$ que, ao ser diferenciado, resulta em

$$\delta p = \frac{1}{2}\sqrt{\frac{2m}{E}}\delta E. \tag{4.5}$$

Com isso a área do espaço de fases acessível ao sistema com energia entre E e $E + \delta E$ é dada por $\Omega(E, L, \delta E) = 2L\delta p$ ou então

$$\Omega(E, L, \delta E) = \sqrt{\frac{2m}{E}}L\delta E. \tag{4.6}$$

Essa área é representada pela região marcada na Figura 4.3(b) e denota os microestados acessíveis ao sistema com energia entre E e $E + \delta E$.

Estados microscópicos e ensemble microcanônico   123

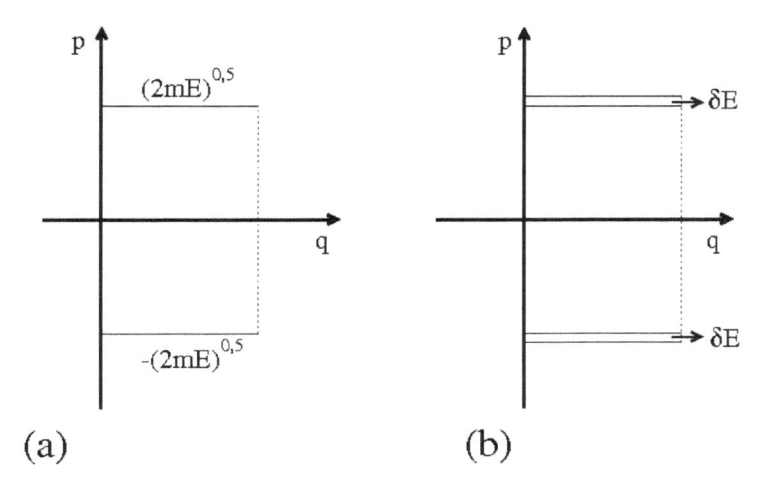

Figura 4.3 – (a) Espaço de fases para uma partícula clássica com energia $E = p^2/(2m)$. (b) Espaço de fases para uma partícula clássica com energia entre E e $E + \delta E$.

4.3.2 Partícula confinada em uma caixa: o caso quântico

Consideraremos agora o caso de uma partícula quântica, dentro de uma caixa de potencial infinito nos extremos e que tenha largura L, conforme mostrado na Figura 4.4.

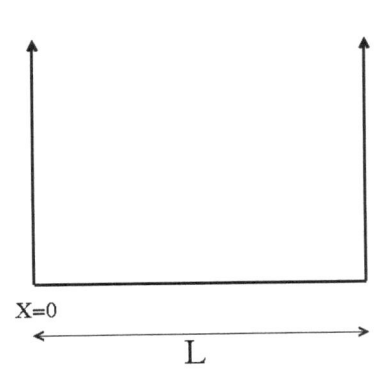

Figura 4.4 – Ilustração de uma caixa de potencial infinito de largura L.

O hamiltoniano que descreve o sistema é dado por

$$H = \frac{p_x^2}{2m} + V(x), \tag{4.7}$$

onde p_x é o operador momentum $p = -i\hbar \frac{\partial}{\partial x}$ e $\hbar = h/(2\pi)$, com h a constante[2] de Planck[3], e o potencial $V(x)$ é dado por

$$V(x) = \begin{cases} \infty, \text{ se } x \leq 0 \text{ ou } x \geq L \\ 0, \text{ se } 0 < x < L \end{cases}. \tag{4.8}$$

Na forma de operador quântico o hamiltoniano é dado por

$$H = -\frac{\hbar^2}{2m}\left(\frac{d}{dx}\right)^2, \tag{4.9}$$

o que leva a seguinte equação[4] de Schroedinger[5]

$$-\frac{\hbar}{2m}\frac{d^2\Psi(x)}{dx^2} + V(x) = E(x). \tag{4.10}$$

Como se trata de uma equação diferencial de segunda ordem com coeficientes constantes, temos que a solução geral é do tipo

$$\Psi(x) = A\sin(kx) + B\cos(kx), \tag{4.11}$$

onde A e B são constantes reais e k é o número de onda.

A função de onda $\Psi(x)$ deve ser nula nas paredes da caixa, o que leva às seguintes condições de contorno $\Psi(0) = \Psi(L) = 0$. Com essas duas condições, vemos que $B = 0$, o que leva a $\Psi(x) = A\sin(k_n x)$, onde $k_n = n\pi/L$,

---

[2] O valor numérico da constante de Planck é $h = 6,626068 \times 10^{-34} m^2 kg/s$.

[3] Max Karl Ernst Ludwig Planck (1858-1947) foi um físico alemão e é considerado um dos fundadores da mecânica quântica. Foi também um dos físicos mais importantes do século XX.

[4] É uma equação de fundamental importância na mecância quântica, pois descreve a evolução de um estado quântico de um determinado sistema físico.

[5] Erwin Rudolf Josef Alexander Schroedinger (1887-1961) foi um físico austríaco que deu grandes contribuições na área da mecânica quântica.

com $n = 1, 2, 3\ldots$, onde n é um número quântico que define o estado quântico de energia. Dessa forma, define também um microestado do sistema. Assim a autoenergia é dada por

$$U_n = \frac{\hbar^2}{2m}k_n^2 = \frac{\hbar^2\pi^2}{2mL^2}n^2. \tag{4.12}$$

4.3.3 Oscilador harmônico clássico

Vamos considerar, agora, o caso de um oscilador harmônico clássico unidimensional. O hamiltoniano desse problema é escrito como

$$H(q,p) = \frac{p^2}{2m} + \frac{1}{2}kq^2, \tag{4.13}$$

onde m é a massa da partícula e k é a constante elástica da mola. O hamiltoniano define uma elipse com energia

$$E = \frac{p^2}{2m} + \frac{1}{2}kq^2, \tag{4.14}$$

onde os semieixos são

$$p_m = \sqrt{2mE}, \tag{4.15}$$

$$q_m = \sqrt{\frac{2E}{k}}. \tag{4.16}$$

Aqui o índice m indica que os valores obtidos correspondem aos máximos valores possíveis.

Utilizando argumento semelhante ao da Seção 4.3.1, podemos considerar que a energia está disposta entre E e $E + \delta E$. Isso implica que o número de estados acessíveis corresponde à área acessível ao sistema com energia entre E e $E + \delta E$, conforme mostrado na Figura 4.5.

Dessa forma, o número de estados acessíveis será dado por

$$\Omega(E, \delta E) = \text{Area}(p + \delta p, q + \delta q) - \text{Area}(p, q). \tag{4.17}$$

126 Fundamentos da Física Estatística

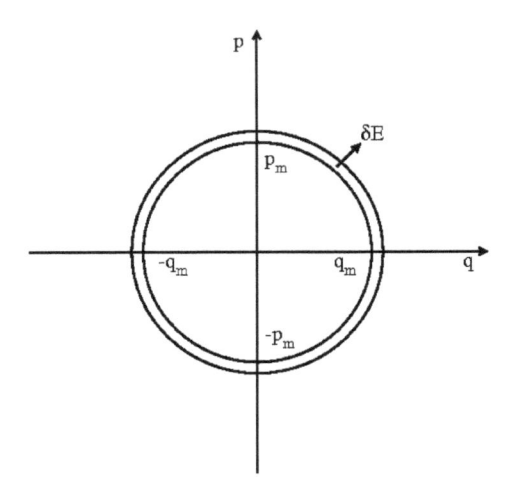

Figura 4.5 – Ilustração do espaço de fases do oscilador harmônico simples unidimensional com energia entre E e $E + \delta E$.

Sabendo que a área de uma elipse é dada pela relação $A = \pi e_1 e_2$, onde e_1 e e_2 são os semieixos da elipse, temos que

$$\Omega(E, \delta E) = \pi[(p_m + \delta p)(q_m + \delta q) - p_m q_m]. \qquad (4.18)$$

Diferenciando as Equações (4.15) e (4.16) temos que

$$\delta p = \frac{1}{2}\sqrt{\frac{2m}{E}}\delta E, \qquad (4.19)$$

$$\delta q = \frac{1}{2}\sqrt{\frac{2}{kE}}\delta E. \qquad (4.20)$$

A área acessível será então dada por

$$\begin{aligned}\Omega(E, \delta E) &\cong \pi p_m \delta q + \pi q_m \delta p, \\ &= 2\pi\sqrt{\frac{m}{k}}\delta E.\end{aligned} \qquad (4.21)$$

É importante mencionar que o produto $\delta p \delta q$ foi considerado suficientemente pequeno e, consequentemente, foi desprezado.

Atividade 1 – *Usando a Equação (4.18), e os resultados das Equações (4.19) e (4.20), faça todas as passagens matemáticas necessárias para obter a Equação (4.21).*

4.3.4 Oscilador harmônico quântico

A descrição de um oscilador harmônico quântico é diferente do caso do oscilador clássico. Considere a situação em que tenhamos um oscilador harmônico quântico que oscila com uma dada frequência angular ω. Os autoestados de energia são dados por

$$U_n = \left(n + \frac{1}{2}\right)\hbar\omega, \tag{4.22}$$

onde $n = 0, 1, 2, \ldots$ e que o estado quântico é definido pelo número quântico n. Veremos, mais adiante, que um conjunto de N osciladores harmônicos quânticos, oscilando com mesma frequência ω, leva à descrição do chamado sólido de Einstein[6].

4.4 Ensemble microcanônico

Discutiremos, nesta seção, alguns modelos físicos que podem ser descritos, usando-se o formalismo do ensemble microcanônico. Para tal, consideraremos sempre que a energia do sistema é constante e que todos os eventos possíveis são igualmente prováveis.

4.4.1 Sistema de partículas com dois níveis de energia

Considere um sistema com N partículas que podem estar nos seguintes níveis de energia: (i) $\tilde{U} = 0$ ou (ii) $\tilde{U} = \epsilon$. Do total de N partículas, podemos ter um arranjo delas de tal forma que n_1 estejam no estado de $\tilde{U} = 0$ e que n_2 partículas estejam no estado de energia $\tilde{U} = \epsilon$ onde o vínculo principal aqui é $N = n_1 + n_2$. O sistema admite apenas dois estados de energia para cada partícula, o que se assemelha em descrição ao problema da caminhada

---

[6] Albert Einstein (1879-1955) foi um físico teórico alemão que contribuiu enormemente para a física moderna tanto na área da mecância quântica, explicando o efeito fotoelétrico, quanto na termodinâmica e especialmente na relatividade geral.

aleatória. O número de microestados do sistema com energia total U é dado por (veja a Equação (3.5))

$$\Omega(n_1, N) = \frac{N}{n_1!(N-n_1)!}. \qquad (4.23)$$

A energia total é calculada como

$$\begin{aligned} U &= n_1 \cdot 0 + (N-n_1)\epsilon, \\ &= (N-n_1)\epsilon. \end{aligned} \qquad (4.24)$$

Podemos reescrever n_1 em termos de U como

$$n_1 = N - \frac{U}{\epsilon}. \qquad (4.25)$$

Levando a expressão de n_1 para a Equação (4.23), temos que

$$\Omega(U, N) = \frac{N!}{\left(N-\frac{U}{\epsilon}\right)!\left(\frac{U}{\epsilon}\right)!}. \qquad (4.26)$$

A Equação (4.26) fornece o número de microestados associados ao sistema de N partículas com apenas dois níveis de energia, sendo que o sistema tem energia total U.

A conexão com a termodinâmica é feita pela definção de entropia, ou seja, $S = K_B \ln \Omega(U, N)$. Dessa forma, temos que

$$S = K_B \ln \left[\frac{N!}{\left(N-\frac{U}{\epsilon}\right)!\left(\frac{U}{\epsilon}\right)!}\right]. \qquad (4.27)$$

Para lidar especificamente com a função ln, onde os argumentos têm fatoriais, tanto no numerador quanto no denominador, utilizaremos a expansão de Stirling[7]. O Apêndice C discute esta expansão. Dessa forma, usando algumas propriedades da função ln temos que

$$\ln \left[\frac{N!}{\left(N-\frac{U}{\epsilon}\right)!\left(\frac{U}{\epsilon}\right)!}\right] = \ln N! - \ln \left(N-\frac{U}{\epsilon}\right)! - \ln \left(\frac{U}{\epsilon}\right)!. \qquad (4.28)$$

---

[7]James Stirling (1692-1770) foi um matemático escocês que ficou conhecido na literatura por propor uma expansão para fatoriais de grandes números (expansão de Stirling).

Da expansão de Stirling temos que

$$\begin{aligned}\ln\Omega &= N\ln N - N - \left[\left(N - \frac{U}{\epsilon}\right)\ln\left[N - \frac{U}{\epsilon}\right] - \left(N - \frac{U}{\epsilon}\right)\right] - \\ &\quad - \left(\frac{U}{\epsilon}\ln\left[\frac{U}{\epsilon}\right] - \frac{U}{\epsilon}\right), \\ &= N\ln N - \left[N - \frac{U}{\epsilon}\right]\ln\left[N - \frac{U}{\epsilon}\right] - \frac{U}{\epsilon}\ln\left[\frac{U}{\epsilon}\right]. \end{aligned} \qquad (4.29)$$

Utilizando a definição de entropia, temos então que

$$S = K_B\left[N\ln N - \left(N - \frac{U}{\epsilon}\right)\ln\left(N - \frac{U}{\epsilon}\right) - \frac{U}{\epsilon}\ln\left(\frac{U}{\epsilon}\right)\right]. \qquad (4.30)$$

Podemos também definir a entropia por partícula $s = S/N$ e também a energia por partícula $u = U/N$, o que conduz a equação

$$s = -K_B\left(1 - \frac{u}{\epsilon}\right)\ln\left[1 - \frac{u}{\epsilon}\right] - K_B\frac{u}{\epsilon}\ln\left[\frac{u}{\epsilon}\right]. \qquad (4.31)$$

Atividade 2 – *Partindo da Equação (4.30) e usando as definições de s e u, faça todas as passagens matemáticas necessárias para se chegar à Equação (4.31).*

A partir do conhecimento da função entropia, a equação de estado pode ser obtida usando-se a Equação (1.18), definida no Capítulo 1, o que conduz a

$$\frac{1}{T} = \frac{K_B}{\epsilon}\ln\left[\frac{\epsilon - u}{u}\right]. \qquad (4.32)$$

Atividade 3 – *Partindo da Equação (4.31) e usando a Equação (1.18), faça todas as passagens matemáticas necessárias para se chegar à Equação (4.32).*

Tomando a exponencial da Equação (4.32) e reagrupando os termos apropriadamente, obtemos que

$$u(T) = \frac{\epsilon}{1 + e^{\epsilon/K_B T}}. \qquad (4.33)$$

Atividade 4 – *Obtenha a Equação (4.33) a partir da Equação (4.32).*

Podemos obter duas formas assintóticas muito interessantes da Equação (4.33). A primeira delas no limite em que $T \to 0$, o que leva a energia a $u(T \to 0) = 0$. Para o outro caso limite, $T \to \infty$, o que conduz a expressão $u(T \to \infty) = \epsilon/2$. Isso implica que a energia da partícula fica flutuando entre os dois possíveis estados. Assim, ora a partícula tem energia $u = 0$ ora $u = \epsilon$ e que fica mudando de estados o tempo todo. Portanto o estado de energia média seria $\epsilon/2$. A Figura 4.6 mostra o comportamento de u como função da temperatura T.

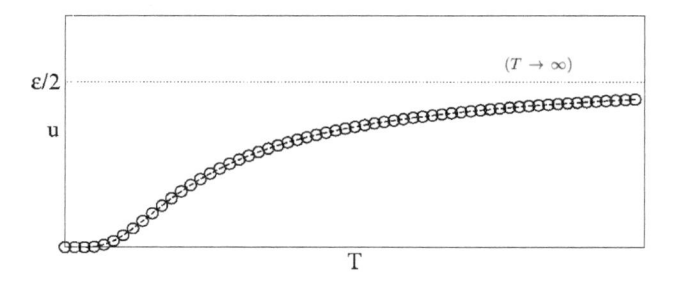

Figura 4.6 – Ilustração do comportamento da energia por partícula como função da temperatura para um sistema de dois níveis de energia.

É também comum, na literatura, utilizar-se um parâmetro auxiliar $\beta = 1/(K_B T)$. Logo, a expressão da energia dada pela Equação (4.33) pode ser escrita de forma mais conveniente como

$$u(\beta) = \frac{\epsilon e^{-\beta\epsilon}}{1 + e^{-\beta\epsilon}}. \quad (4.34)$$

Atividade 5 – *Utilizando a definição da variável β, faça as passagens matemáticas necessárias para se obter a Equação (4.34).*

Uma vez que a expressão da energia é conhecida, podemos agora obter o calor específico[8] que pode ser escrito como

$$c = \frac{\partial u}{\partial T}, \quad (4.35)$$

---

[8]O calor específico é na verdade uma grandeza física de um objeto ou sistema que define a variação térmica de determinada substância quando esta recebe uma determinada quantidade de energia por meio de um fluxo de calor. A unidade no SI é $J/(kgK)$ (joule por quilogramas e por kelvin).

o que nos leva a obter

$$c = K_B(\beta\epsilon)^2 \frac{e^{-\beta\epsilon}}{(1+e^{-\beta\epsilon})^2}. \qquad (4.36)$$

Atividade 6 – *Partindo da definição do calor específico dado pela Equação (4.35), faça as passagens matemáticas necessárias para se obter a Equação (4.36).*

O comportamento do calor específico dado pela Equação (4.36) é mostrado na Figura (4.7).

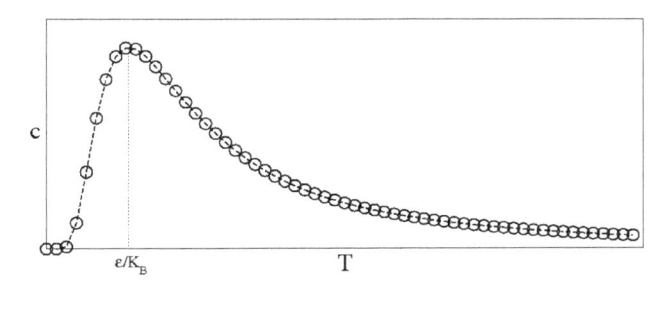

Figura 4.7 – Comportamento do calor específico em função da temperatura para um sistema de dois níveis de energia.

Podemos notar que o valor máximo do calor específico ocorre para a temperatura $T = \epsilon/K_B$.

4.4.2 Sólido de Einstein

O modelo do sólido de Einstein foi proposto no ano de 1906 como uma tentativa de explicar o calor específico dos sólidos com uma dependência da temperatura. O sistema é constituído por N osciladores harmônicos quânticos, unidimensionais e não interagentes e que tem a mesma frequência de oscilação ω. Antes de construir e obter as propriedades físicas do modelo propriamente, vamos primeiramente falar das propriedades de sistemas constituídos por um número menor de osciladores. Para um oscilador harmônico quântico, vimos que os autoestados de energia são dados pelo número quântico n, onde a energia tem a forma $U_n = (n+1/2)\hbar\omega$.

Consideremos agora um sistema constituído por dois osciladores harmônicos quânticos unidimensionais, localizados e não interagentes e que tem a mesma frequência fundamental de oscilação ω. O fato de serem independentes (não interagentes) permite que o hamiltoniano do sistema seja escrito como

$$H = H_1 + H_2, \qquad (4.37)$$

onde H_1 é o hamiltoniano do oscilador 1 e H_2 é o hamiltoniano do oscilador 2 respectivamente. Os autoestados de energia são dados por

$$\begin{aligned} U &= \left(n_1 + \frac{1}{2}\right)\hbar\omega + \left(n_2 + \frac{1}{2}\right)\hbar\omega, \\ &= (n_1 + n_2 + 1)\hbar\omega. \end{aligned} \qquad (4.38)$$

Vemos claramente que o par (n_1, n_2) especifica o autoestado de energia do sistema e, portanto, podemos ter as seguintes combinações entre eles, conforme mostrado na Tabela 4.1.

n_1	n_2	Estado	Energia (U)
0	0	(0,0)	$\hbar\omega$
1	0	(1,0)	$2\hbar\omega$
0	1	(0,1)	$2\hbar\omega$
2	0	(2,0)	$3\hbar\omega$
1	1	(1,1)	$3\hbar\omega$
0	2	(0,2)	$3\hbar\omega$
3	0	(3,0)	$4\hbar\omega$
2	1	(2,1)	$4\hbar\omega$
1	2	(1,2)	$4\hbar\omega$
0	3	(0,3)	$4\hbar\omega$

Tabela 4.1 – Possíveis combinações de números quânticos n_1 e n_2 e suas contribuições na energia final de dois osciladores harmônicos quânticos não interagentes.

Estamos agora prontos para considerar a descrição do sólido de Einstein. Consideraremos então um conjunto de N osciladores harmônicos quânticos, unidimensionais, localizados e não interagentes, e que oscilam com uma frequência fundamental de oscilação ω. Novamente, o fato de serem não interagentes permite que suas energias se somem, logo

$$H = H_1 + H_2 + H_3 + \ldots + H_N, \tag{4.39}$$

o que leva ao seguinte autoestado de energia

$$\begin{aligned} U &= \left(n_1 + \frac{1}{2}\right)\hbar\omega + \left(n_2 + \frac{1}{2}\right)\hbar\omega + \left(n_3 + \frac{1}{2}\right)\hbar\omega + \ldots \\ &+ \left(n_N + \frac{1}{2}\right)\hbar\omega, \\ &= \left(n_1 + n_2 + n_3 + \ldots + n_N + \frac{N}{2}\right)\hbar\omega. \end{aligned} \tag{4.40}$$

Um determinado autoestado de energia é dado pelo conjunto de números quânticos $(n_1, n_2, n_3 \ldots, n_N)$, com $n_j = 0, 1, 2 \ldots$. A energia total pode ser, então, reagrupada como

$$U = M_N \hbar\omega + \frac{N}{2}\hbar\omega, \tag{4.41}$$

onde $M_N = n_1 + n_2 + n_3 + \ldots + n_N$ representa o número total de quanta[9] de energia no sistema. A degenerescência desses autoestados correspondente a essa energia está relacionada com a quantidade de formas distintas de se distribuir $M = U/(\hbar\omega) - N/2$ quanta de energia em N osciladores idênticos. Essa distribuição conduz a

$$\Omega(U, N) = \frac{(M + N - 1)!}{M!(N-1)!}. \tag{4.42}$$

Reescrevendo o número de autoestados dado pela Equação (4.42), em termos da energia temos que

$$\Omega(U, N) = \frac{\left(\frac{U}{\hbar\omega} + \frac{N}{2} - 1\right)!}{\left(\frac{U}{\hbar\omega} - \frac{N}{2}\right)!(N-1)!}. \tag{4.43}$$

---

[9]Termo genérico utilizado para representar uma determinada quantidade abstrata ou concreta podendo ser inteira ou real.

Conhecendo a expressão de Ω, a conexão com a termodinâmica é novamente feita via cálculo da entropia, ou seja, $S = K_B \ln \Omega$.

O primeiro passo é utilizar a expansão de Stirling (veja o Apêndice C) para reescrever

$$\ln \Omega(U, N) = \ln \left[\frac{U}{\hbar \omega}\right]! - \ln \left[\frac{U}{\hbar \omega} - \frac{N}{2}\right]! - \ln(N-1)!, \qquad (4.44)$$

o que nos leva a obter

$$\begin{aligned} \ln \Omega(U, N) &= \left[\frac{U}{\hbar \omega} + \frac{N}{2} - 1\right] \ln \left[\frac{U}{\hbar \omega} + \frac{N}{2} - 1\right] - \\ &- \left[\frac{U}{\hbar \omega} - \frac{N}{2}\right] \ln \left[\frac{U}{\hbar \omega} - \frac{N}{2}\right] - (N-1)\ln(N-1). \end{aligned} \qquad (4.45)$$

Atividade 7 – *Partindo da Equação (4.44) e usando a expansão de Stirling, faça as passagens matemáticas necessárias para se obter a Equação (4.45).*

Podemos agora definir a entropia por oscilador como $s = S/N$ e considerar o limite em que $N \to \infty$, mantendo finitas as razões $s = S/N$ e $u = U/N$. Dessa forma, podemos concluir que

$$s(u) = K_B \left[\left(\frac{u}{\hbar \omega} + \frac{1}{2}\right) \ln \left[\frac{u}{\hbar \omega} + \frac{1}{2}\right] - \left(\frac{u}{\hbar \omega} - \frac{1}{2}\right) \ln \left[\frac{u}{\hbar \omega} - \frac{1}{2}\right]\right]. \qquad (4.46)$$

Atividade 8 – *Partindo da Equação (4.45) e considerando que $s = S/N$ e $u = U/N$ no limite em que $N \to \infty$, faça as passagens matemáticas necessárias para se obter a Equação (4.46).*

A Equação de estado é novamente obtida por meio da Equação (1.18) definida no Capítulo 1 o que nos leva a

$$\frac{1}{T} = \frac{K_B}{\hbar \omega} \left[\ln \left(\frac{u}{\hbar \omega} + \frac{1}{2}\right) - \ln \left(\frac{u}{\hbar \omega} - \frac{1}{2}\right)\right]. \qquad (4.47)$$

A partir da Equação de estado (4.47), podemos reagrupar os termos apropriadamente e isolar a expressão da energia por oscilador $u(T)$, o que nos leva a obter que

$$u(T) = \frac{1}{2}\hbar \omega + \frac{\hbar \omega}{e^{\hbar \omega / K_B T} - 1}. \qquad (4.48)$$

Atividade 9 – *Partindo da Equação (4.47) faça as passagens matemáticas necessárias para se obter a Equação (4.48).*

Podemos notar que para o limite em que $T \to 0$, a energia por oscilador $u(T \to 0) = \frac{1}{2}\hbar\omega$, o que recupera a energia do estado fundamental para temperaturas nulas. A partir da expressão da energia, podemos obter o calor específico, que é dado pela relação

$$\begin{aligned} c &= \left(\frac{\partial u}{\partial T}\right)_V, \\ &= K_B \left(\frac{\hbar\omega}{K_B T}\right)^2 \frac{e^{\hbar\omega/K_B T}}{(e^{\hbar\omega/K_B T} - 1)^2}. \end{aligned} \qquad (4.49)$$

Atividade 10 – *Derive a Equação (4.48) em relação a temperatura e obtenha a Equação (4.49).*

O gráfico do calor específico em função da temperatura é mostrado na Figura 4.8. Podemos notar que, para $T > T_E = \hbar\omega/K_B$, o calor específico desse sólido recupera os resultados obtidos por Dulong-Petit[10].

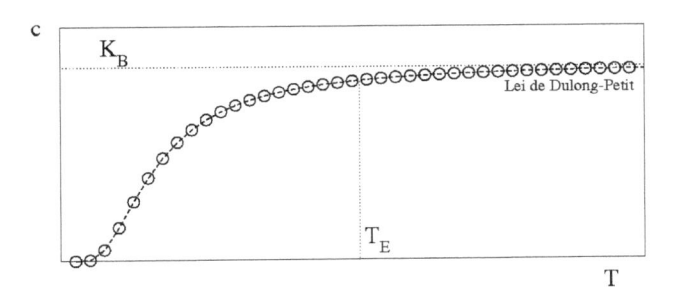

Figura 4.8 – Comportamento do calor específico em função da temperatura para o modelo do sólido de Einstein.

---

[10] A lei de Dulong-Petit foi proposta em 1819 por dois físicos franceses: (i) Pierre Louis Dulong (1785-1838) e (ii) Alexis Thérèse Petit (1791-1820). A lei diz que o calor específico molar para um sólido a altas temperaturas é constante, independe do material e aproxima-se do valor $c = K_B$.

4.4.3 Paramagneto ideal

Consideraremos, nesta seção, uma aplicação estatística para um sistema magnético. De fato, admitiremos a existência de um conjunto de spins[11] com momento magnético ou momento angular de spin dado por $\mu_0 = \hbar/2$ (veja no Apêndice D, uma discussão sobre o momento de dipolo orbital). Quando os spins são não interagentes a descrição das propriedades magnéticas se dá para um paramagneto ideal[12]. Por outro lado, a interação entre os spins pode levar a um sistema ferromagnético[13] e pode, inclusive, descrever fenômenos como ordenamento magnético, levando a magnetização espontânea.

Começaremos nossa discussão com o sistema mais simples contendo apenas uma partícula magnética localizada e com momento angular de spin dado por $\mu_0 = \hbar/2$. Na descrição da mecânica quântica, o autoestado de energia é dado pela projeção do momento magnético $\vec{\mu}$ ao longo de algum eixo de referência, geralmente aquele no qual se aponta o campo magnético $\vec{B}$, por exemplo, o eixo z. Dessa forma, o hamiltoniano que descreve o autoestado de energia é dado por

$$\begin{aligned} H &= -\vec{\mu} \cdot \vec{B}, \\ &= -\mu_z B, \end{aligned} \quad (4.50)$$

onde o termo μ_z pode assumir os seguintes valores

$$\mu_z = \begin{cases} \mu_0 \; (\uparrow), & \text{(Alinhado em favor do campo } \vec{B}) \\ -\mu_0 \; (\downarrow), & \text{(Alinhado contrário ao campo } \vec{B}) \end{cases}. \quad (4.51)$$

---

[11] O termo spin vem da mecânica quântica e está relacionado com a orientação do momento angular intrínseco da partícula.

[12] Em um material paramagnético, o surgimento de campo magnético resultante diferente de zero oriundo do material só é possível na presença de campos magnéticos externos que induzem a orientação dos spins.

[13] Em condições de baixa a moderada temperatura, o ferromagnetismo é um mecanismo por meio do qual alguns materiais podem ter magnetismo permanente.

Podemos notar claramente que existem dois autoestados de energia que são: (1) $-\mu_0$, que fornece o spin alinhado contrariamente ao campo magnético levando a uma configuração de máxima energia; e (2) μ_0, o que dá a orientação de spin no mesmo sentido do campo magnético e a uma condição de minimização de energia.

Considere agora a condição em que temos duas partículas magnéticas de spin $\mu_0 = \hbar/2$ não interagentes. O hamiltoniano será, então, dado por

$$H = -\vec{\mu}_1 \cdot \vec{B} - \vec{\mu}_2 \cdot \vec{B}, \qquad (4.52)$$

o que corresponde à soma individual da energia de cada partícula. Os correspondentes autoestados de energia são descritos na Tabela 4.2. Podemos

Partícula 1	Partícula 2	Energia Total
μ_0 (↑)	μ_0 (↑)	$-2\mu_0 B$
$-\mu_0$ (↓)	μ_0 (↑)	0
μ_0 (↑)	$-\mu_0$ (↓)	0
$-\mu_0$ (↓)	$-\mu_0$ (↓)	$2\mu_0 B$

Tabela 4.2 – Possíveis orientações dos spins e a energia total para um sistema de duas partículas magnéticas de spin $\mu_0 = \hbar/2$, não interagentes.

notar que existem situações em que a energia total do sistema se anula. Esses casos só podem ocorrer quando temos um número par de partículas. Em tais condições há um balanço de energia das partículas alinhadas em favor do campo magnético com aquelas que estão alinhadas contrariamente ao campo.

Vamos agora considerar a situação em que temos três partículas de spin com momento magnético $\mu_0 = \hbar/2$ que não interagem entre si. O hamiltoniano que descreve esse sistema é dado por

$$H = -\vec{\mu}_1 \cdot \vec{B} - \vec{\mu}_2 \cdot \vec{B} - \vec{\mu}_3 \cdot \vec{B}. \qquad (4.53)$$

Uma vez que as partículas são não interagentes, esse hamiltoniano representa a soma individual de energia de cada partícula. Os autoestados de energia permitidos para esse sistema estão mostrados na Tabela 4.3.

Partícula 1	Partícula 2	Partícula 3	Energia Total
μ_0 ($\uparrow$)	μ_0 ($\uparrow$)	μ_0 ($\uparrow$)	$-3\mu_0 B$
μ_0 ($\uparrow$)	μ_0 ($\uparrow$)	$-\mu_0$ ($\downarrow$)	$-\mu_0 B$
μ_0 ($\uparrow$)	$-\mu_0$ ($\downarrow$)	μ_0 ($\uparrow$)	$-\mu_0 B$
$-\mu_0$ ($\downarrow$)	μ_0 ($\uparrow$)	μ_0 ($\uparrow$)	$-\mu_0 B$
μ_0 ($\uparrow$)	$-\mu_0$ ($\downarrow$)	$-\mu_0$ ($\downarrow$)	$\mu_0 B$
$-\mu_0$ ($\downarrow$)	μ_0 ($\uparrow$)	$-\mu_0$ ($\downarrow$)	$\mu_0 B$
$-\mu_0$ ($\downarrow$)	$-\mu_0$ ($\downarrow$)	μ_0 ($\uparrow$)	$\mu_0 B$
$-\mu_0$ ($\downarrow$)	$-\mu_0$ ($\downarrow$)	$-\mu_0$ ($\downarrow$)	$3\mu_0 B$

Tabela 4.3 – Possíveis orientações dos spins e a energia total para um sistema de três partículas magnéticas de spin $\mu_0 = \hbar/2$, não interagentes.

Podemos notar que os casos que levam a energias finais $-\mu_0 B$ e $\mu_0 B$ são triplamente degenerados. Isso implica que, do ponto de vista energético para o caso $-\mu_0 B$, não existe diferença entre os estados $\uparrow\uparrow\downarrow$, $\uparrow\downarrow\uparrow$ ou $\downarrow\uparrow\uparrow$. O fato também de cada spin só poder se orientar de duas formas possíveis, leva a um total de 2^N autoestados onde N identifica, aqui, o número de partículas magnéticas.

Já temos agora uma base para discutir um sistema de muitas partículas. Considere a situação em que se tenha um conjunto de N partículas magnéticas, localizadas, independentes e não interagentes, configurando portanto uma rede (em princípio bem grande) de spins não interagentes e descrevendo as propriedades magnéticas de um paramagneto ideal. Quando existe interação entre os spins, pode-se ter a descrição de um sistema ferromagnético, onde é possível, inclusive, descrever fenômenos como ordenamento magnético e magnetização espontânea. Pode-se ter também uma outra classe de sistemas chamados de antiferromagnéticos. Veremos mais adiante no Capítulo 12 a aplicação de um sistema ferromagnético em que cada spin pode assumir quatro possíves estados sendo eles ↑→↓← e cada spin tem um termo de acoplamento com o seu vizinho (por simplicidade apenas os quatro primeiros). Assim, mostraremos que esse modelo apresenta uma transição de fases em uma temperatura crítica, exibindo inclusive magnetização espontânea. Esse modelo é chamado de modelo Clock-4 estados, ou simplesmente modelo Clock-4.

Vamos agora voltar à discussão do sistema de partículas magnéticas não interagentes. Cada uma dessas partículas tem momento magnético dado por $\mu_0 = \hbar/2$. Como são independentes e não interagem entre si, o hamiltoniano do sistema é dado por

$$H = -\sum_{i=1}^{N} \vec{\mu}_i \cdot \vec{B} = -\mu_0 B \sum_{i=1}^{N} \sigma_i, \qquad (4.54)$$

com σ_i, $i = 1, 2, 3 \ldots, N$ podendo assumir os valores

$$\sigma_i = \begin{cases} +1 \text{ (Alinhado em favor do campo)} \\ -1 \text{ (Alinhado contrário ao campo)} \end{cases}. \qquad (4.55)$$

Para cada energia específica do sistema U, existe uma degenerescência elevada. Nesse caso, a energia é especificada pelo número de spins com orientações no mesmo sentido do campo $\vec{B}$, N_1 que tem orientação ↑, e pelo número de spins orientados contrariamente ao campo, ou seja, ↓, com número total N_2, satisfazendo ainda a condição de que $N = N_1 + N_2$. Com base nessa equação, a energia do sistema é escrita como

$$\begin{aligned} U &= -\mu_0 N_1 B + \mu_0 N_2 B, \\ &= -2\mu_0 B N_1 + \mu_0 B N. \end{aligned} \qquad (4.56)$$

A partir da Equação (4.56) podemos isolar N_1, o que fornece

$$N_1 = \frac{N}{2} - \frac{U}{2\mu_0 B}. \qquad (4.57)$$

Usando essa expressão para obter N_2, temos que

$$N_2 = \frac{N}{2} + \frac{U}{2\mu_0 B}. \qquad (4.58)$$

Podemos notar que o sistema é composto de um número elevado de partículas mas que, cada partícula pode individualmente assumir apenas duas orientações. Esse sistema pode ser descrito usando-se a mesma teoria do problema da caminhada aleatória. Dessa forma, o número de estados acessíves com energia U é dado por

$$\begin{aligned}\Omega(U, N) &= \frac{N!}{N_1! N_2!}, \\ &= \frac{N!}{\frac{1}{2}\left[N - \frac{U}{\mu_0 B}\right]! \frac{1}{2}\left[N + \frac{U}{\mu_0 B}\right]!}.\end{aligned} \qquad (4.59)$$

A conexão com a termodinâmica é feita a partir da expressão da entropia $S = K_B \ln \Omega$. Devemos entretanto reescrever, de forma tratável, os fatoriais que aparecem na Equação (4.59). Aplicando ln de ambos os lados temos

$$\ln \Omega = \ln N! - \ln\left[\frac{1}{2}\left(N - \frac{U}{\mu_0 B}\right)!\right] - \ln\left[\frac{1}{2}\left(N + \frac{U}{\mu_0 B}\right)!\right]. \qquad (4.60)$$

Utilizando a expansão de Stirling, conforme discutido no Apêndice C, e reagrupando os termos apropriadamente, temos que

$$\begin{aligned}\ln \Omega =\; & N \ln N - \frac{1}{2}\left(N - \frac{U}{\mu_0 B}\right) \ln\left[\frac{1}{2}\left(N - \frac{U}{\mu_0 B}\right)\right] - \\ & - \frac{1}{2}\left(N + \frac{U}{\mu_0 B}\right) \ln\left[\frac{1}{2}\left(N + \frac{U}{\mu_0 B}\right)\right].\end{aligned} \qquad (4.61)$$

Considerando o limite em que $N \to \infty$, mantendo a energia $u = U/N$ fixa, podemos concluir, a partir da Equação (4.61) e da relação da entropia por oscilador $s = S/N$, que

$$\begin{aligned}s(u) =\; & K_B \ln 2 - \frac{K_B}{2}\left(1 - \frac{u}{\mu_0 B}\right) \ln\left[\left(1 - \frac{u}{\mu_0 B}\right)\right] - \\ & - \frac{K_B}{2}\left(1 + \frac{u}{\mu_0 B}\right) \ln\left[\left(1 + \frac{u}{\mu_0 B}\right)\right].\end{aligned} \qquad (4.62)$$

Estados microscópicos e ensemble microcanônico   141

Atividade 11 – *A partir da Equação (4.61) e considerando o limite em que $N \to \infty$ mantendo $u = U/N$ finito, faça todas as passagens matemáticas necessárias para obter a Equação (4.62).*

Conhecendo a expressão da entropia, podemos agora obter outras propriedades importantes, como a energia por partícula, a magnetização por partícula e a susceptibilidade magnética. A temperatura pode ser obtida como

$$\begin{aligned}\frac{1}{T} &= \frac{\partial s}{\partial u}, \\ &= \frac{K_B}{2\mu_0 B} \ln\left[1 - \frac{u}{\mu_0 B}\right] + \frac{K_B}{2\mu_0 B} \ln\left[1 + \frac{u}{\mu_0 B}\right]. \end{aligned} \quad (4.63)$$

Atividade 12 – *Obtenha a Equação (4.63) a partir da expressão da entropia dada pela Equação (4.62).*

Isolando a energia da Equação (4.63), podemos concluir que

$$u(T) = \mu_0 B \left[\frac{1 - e^{2\mu_0 B/K_B T}}{1 + e^{2\mu_0 B/K_B T}}\right]. \quad (4.64)$$

Atividade 13 – *Isole a energia da Equação (4.63) e obtenha a Equação (4.64).*

A energia pode ainda ser escrita de forma mais conveniente utilizando funções hiperbólicas como

$$\begin{aligned} u(T) &= -\mu_0 B \left[\frac{e^{\mu_0 B/K_B T} - e^{-\mu_0 B/K_B T}}{e^{\mu_0 B/K_B T} + e^{-\mu_0 B/K_B T}}\right], \\ &= -\mu_0 B \tanh\left[\frac{\mu_0 B}{K_B T}\right]. \end{aligned} \quad (4.65)$$

Atividade 14 – *Partindo da Equação (4.64), obtenha a Equação (4.65).*

Vamos agora discutir o processo para o cálculo da magnetização do sistema por partícula. Em sequência, obteremos a susceptibilidade. A magnetização do sistema é calculada como

$$M = \mu_0 N_1 - \mu_0 N_2, \quad (4.66)$$

o que fornece uma magnetização por partícula como

$$\tilde{m} = \frac{M}{N},$$
$$= \frac{\mu_0 N_1 - \mu_0 N_2}{N}. \quad (4.67)$$

Considerando que a energia total U é dada por $U = -\mu_0 B N_1 + \mu_0 B N_2$, podemos concluir que

$$\tilde{m} = -\frac{U}{BN},$$
$$= -\frac{u}{B}, \quad (4.68)$$

o que leva a escrever a magnetização como

$$\tilde{m} = \mu_0 \tanh\left[\frac{\mu_0 B}{K_B T}\right]. \quad (4.69)$$

A Figura 4.9 ilustra o comportamento da curva da magnetização por partícula.

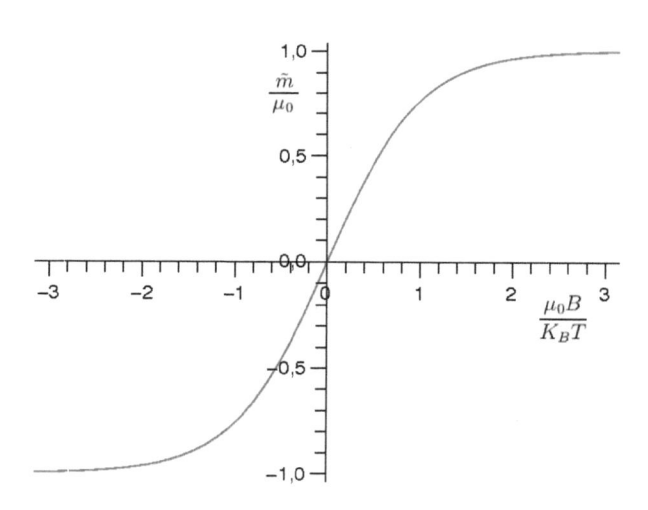

Figura 4.9 – Ilustração do comportamento da magnetização por partícula $\tilde{m}$ como função de $\mu_0 B / K_B T$.

Uma vez conhecida a magnetização por partícula, podemos determinar o comportamento da susceptibilidade magnética. Ela representa a variação da magnetização perante a variação do campo magnético, portanto uma resposta da magnetização a uma variação do campo magnético. A susceptibilidade magnética é dada por

$$\begin{aligned}\chi(T,B) &= \left(\frac{\partial \tilde{m}}{\partial B}\right)_T, \\ &= \frac{\mu_0^2}{K_B T} \frac{1}{\cosh^2\left(\frac{\mu_0 B}{K_B T}\right)}.\end{aligned} \qquad (4.70)$$

Atividade 15 – *Faça as passagens matemáticas necessárias para se obter a Equação (4.70).*

Para campo magnético $B = 0$, a expressão da susceptibilidade fornece

$$\chi(T) = \frac{\mu_0^2}{K_B T}. \qquad (4.71)$$

4.5 Equilíbrio termodinâmico entre sistemas

Vamos discutir nesta seção os procedimentos para se obter as condições de equilíbrio térmico e mecânico entre dois sistemas em contato entre si e isolados do ambiente. No Capítulo 1, para obter as condições de equilíbrio, utilizamos a propriedade de extensividade da entropia e o fato de a energia ser constante. Nesta seção, utilizaremos o número de estados acessíveis, o que leva à definição de probabilidade. Na condição de equilíbrio, veremos que ocorre uma maximização da probabilidade, o que leva também à maximização da entropia.

4.5.1 Equilíbrio térmico

Consideraremos um sistema composto por dois subsistemas conforme mostra a Figura 4.10. O vínculo interno que separa o sistema 1, que tem energia U_1, volume V_1 e número de partículas N_1 do sistema 2 com energia U_2, volume V_2 e número de partículas N_2 é uma parede adiabática que está

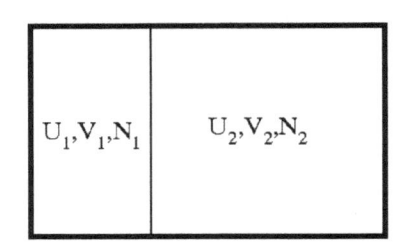

Figura 4.10 – Ilustração de um sistema termodinâmico constituído por dois subsistemas separados por uma parede adiabática.

fixa, é rígida e impenetrável. O número de microestados do sistema 1 é dado por $\Omega_1 = \Omega_1(U_1, V_1, N_1)$ ao passo que do sistema 2 é $\Omega_2 = \Omega_2(U_2, V_2, N_2)$. Considerando que os sistemas são independentes, o número total de microestados do sistema composto será dado por $\Omega = \Omega_1 \Omega_2$.

Para permitir uma troca de energia entre os sistemas, que irá ocorrer via fluxo de calor, vamos admitir que o vínculo interno agora permite a troca de calor. Entretanto, a parede continua fixa e rígida sendo que não há troca de partículas entre os sistemas e os volumes de cada sistema permanecem fixos. Durante as trocas de energia, as energias de cada sistema podem variar contanto que se mantenha a condição

$$U = U_1 + U_2. \tag{4.72}$$

Podemos isolar U_2 da Equação (4.72) e obter $U_2 = U - U_1$ o que permite reescrever a expressão do número de microestados como

$$\Omega(U_1, U) = \Omega_1(U_1)\Omega_2(U - U_1). \tag{4.73}$$

A Expressão do número de microestados (4.73) permite escrever a probabilidade de se observar o sistema 1 que está em um autoestado de energia U_1 como

$$\wp(U_1) = C\Omega_1(U_1)\Omega_2(U - U_1), \tag{4.74}$$

onde C é uma constante $\in \Re$ e é tal que satisfaz a condição de normalização de $\wp(U_1)$, ou seja,

$$\frac{1}{C} = \sum_{U_1=0}^{U} \Omega_1(U_1)\Omega_2(U - U_1). \tag{4.75}$$

O número total de estados microscópicos do sistema 1 aumenta à medida que se aumenta a energia U_1, ao passo que ocorre o oposto no sistema 2. Na condição de equilíbrio, devemos ter que a probabilidade de se observar o sistema 1 com energia U_1 seja máxima. Essa condição leva a concluir que

$$\frac{\partial \wp(U_1)}{\partial U_1} = 0, \tag{4.76}$$

ou de forma equivalente

$$\frac{\partial \ln(\wp(U_1))}{\partial U_1} = 0. \tag{4.77}$$

Isso implica que

$$\begin{aligned}\frac{\partial}{\partial U_1} \ln \wp(U_1) &= \frac{\partial}{\partial U_1}[\ln(C\Omega_1(U_1)\Omega_2(U - U_1))], \\ &= \frac{\partial}{\partial U_1} \ln(\Omega_1(U_1)) - \frac{\partial}{\partial U_1} \ln(\Omega_2(U - U_1)). \end{aligned} \tag{4.78}$$

Considerando a definição de entropia $S = K_B \ln \Omega$, podemos reescrever a Equação (4.78) como

$$\frac{\partial}{\partial U_1}\wp(U_1) = \frac{\partial}{\partial U_1}\left(\frac{S(U_1)}{K_B}\right) - \frac{\partial}{\partial U_1}\left(\frac{S(U - U_1)}{K_B}\right). \tag{4.79}$$

Entretanto, considerando a Equação (1.18) temos que

$$\frac{\partial}{\partial U_1} \ln \wp(U_1) = \frac{1}{K_B}\left[\frac{1}{T_1} - \frac{1}{T_2}\right]. \tag{4.80}$$

Considerando que no ponto de máximo a derivada se anula, podemos então considerar que

$$\frac{1}{T_1} = \frac{1}{T_2} \longrightarrow T_1 = T_2. \tag{4.81}$$

O resultado mostrado pela Equação (4.81) leva à obtenção do equilíbrio térmico entre os sistemas. Podemos concluir também que a maximização da entropia leva à maximização da probabilidade.

4.5.2 Equilíbrio térmico e mecânico

Consideraremos a situação em que o vínculo interno da Figura 4.10 agora permita a troca de energia mas que seja também móvel. Isso permite que ocorra mudança no volume de cada subsistema. A única restrição é que o número de partículas deve ser considerado fixo em cada subsistema. Os dois vínculos que teremos do sistema composto são

$$U = U_1 + U_2 \longrightarrow dU_2 = -dU_1, \quad (4.82)$$
$$V = V_1 + V_2 \longrightarrow dV_2 = -dV_1. \quad (4.83)$$

Da expressão do número de microestados do sistema composto, temos que

$$\Omega = \Omega_1(U_1, V_1)\Omega_2(U_2, V_2), \quad (4.84)$$

o que conduz à seguinte relação de probabilidade

$$\wp(U_1, V_1, U, V) = C\Omega_1(U_1, V_1)\Omega_2(U - U_1, V - V_1), \quad (4.85)$$

onde a constante de normalização C é obtida por

$$\frac{1}{C} = \sum_{U_1=0}^{U} \sum_{V_1=0}^{V} \Omega_1(U_1, V_1)\Omega_2(U - U_1, V - V_1). \quad (4.86)$$

Aplicando ln na Equação (4.86) e tomando sua diferencial temos

$$\begin{aligned} d\ln\Omega &= \frac{\partial}{\partial U_1}\ln\Omega_1(U_1, V_1)dU_1 + \frac{\partial}{\partial V_1}\ln\Omega_1(U_1, V_1)dV_1 + \quad (4.87) \\ &+ \frac{\partial}{\partial U_2}\ln\Omega_2(U_2, V_2)dU_2 + \frac{\partial}{\partial U_2}\ln\Omega_2(U_2, V_2)dV_2. \end{aligned}$$

Da definição de entropia $S = K_B \ln \Omega$ e das Equações (4.82) e (4.83) obtemos que

$$d\ln\Omega = \frac{\partial}{\partial U_1}\left[\frac{S_1}{K_B} - \frac{S_2}{K_B}\right]dU_1 + \frac{\partial}{\partial V_1}\left[\frac{S_1}{K_B} - \frac{S_2}{K_B}\right]dV_1. \quad (4.88)$$

Utilizando agora as Equações (1.18) e (1.19) definidas no Capítulo 1 e considerando que, no estado de equilíbrio, a probabilidade passa por um máximo, temos que

$$\frac{1}{K_B T_1} - \frac{1}{K_B T_2} = 0 \longrightarrow T_1 = T_2, \qquad (4.89)$$

$$\frac{P_1}{K_B T_1} - \frac{P_2}{K_B T_2} = 0 \longrightarrow P_1 = P_2. \qquad (4.90)$$

Das Equações (4.89) e (4.90) podemos concluir que o sistema atingiu tanto o equilíbrio térmico quanto o equilíbrio mecânico.

A utilização do formalismo de probabilidade para obtenção do equilíbrio químico é proposta como exercício.

4.6 Resumo

Neste capítulo, discutimos o conceito de ensemble microcanônico. Foram feitas aplicações envolvendo sistemas contínuos e discretos (quânticos) incluindo, partícula confinada em uma caixa, assim como oscilador harmônico simples.

Foram também discutidos sistemas estatísticos como um conjunto de partículas com apenas dois níveis de energia, o paramagneto ideal assim como o sólido de Einstein. Por fim, foi também discutido como obter as condições de equilíbrio, considerando o formalismo de estados acessíveis, conduzindo necessariamente à definição de probabilidade. De fato, na condição de equilíbrio, foi mostrado que a maximização da probabilidade conduz também à maximização da entropia.

4.7 Exercícios propostos

1. Considere o seguinte hamiltoniano

$$H(q,p) = \frac{p^2}{2m} + mgq, \qquad (4.91)$$

onde m é a massa de uma partícula e g é o campo gravitacional constante. Em $q = 0$ existe uma plataforma fixa onde a partícula colide elasticamente e é refletida. Esse hamiltoniano descreve uma partícula imersa em um campo gravitacional constante e que tem contribuição de dois tipos de energia na energia total, sendo elas a energia cinética e energia potencial gravitacional. Encontre a expressão do número de estados acessíveis ao sistema $\Omega(E, \Delta E)$ com energia entre E e $E+\Delta E$.

2. Considere o oscilador harmônico clássico cuja energia é escrita como

$$E = \frac{p^2}{2m} + \frac{1}{2}kq^2, \qquad (4.92)$$

onde m é a massa da partícula e k é a constante elástica. Mostre que o número de microestados do sistema com energia entre E e $E + \delta E$ dado pela Equação (4.21) está correto à exceção do termo

$$\frac{\pi}{2E}\sqrt{\frac{m}{k}}(\delta E)^2. \qquad (4.93)$$

3. Considere o hamiltoniano do pêndulo simples

$$H(p_\theta, \theta) = \frac{p_\theta^2}{2I} - mgl\cos(\theta), \qquad (4.94)$$

onde $I = ml^2$ é o momento de inércia do pêndulo simples. O sistema é ilustrado na Figura 4.11. Considere que a energia do pêndulo seja $E < mgl$.

(a) Determine o número de estados microscópicos do pêndulo com energia entre E e $E + \delta E$. Por simplicidade, considere que o ângulo de oscilação seja pequeno, podendo se aproximar de $\cos(\theta) \cong 1 - \theta^2/2$.

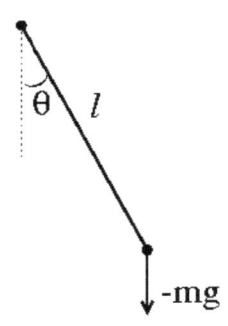

Figura 4.11 – Ilustração do pêndulo simples.

4. Considere um sistema composto por N partículas sendo que cada uma delas só pode ocupar dois possíveis níveis de energia: (i) $\tilde{U} = 0$ e; (ii) $\tilde{U} = \epsilon$. A energia total do sistema é dada por U.

   (a) Obtenha a expressão da entropia do sistema;

   (b) Encontre uma expressão da temperatura do sistema como uma função da energia U.

5. Considere um conjunto de N osciladores harmônicos quânticos, unidimensionais, localizados e não interagentes. O hamiltoniano que descreve o sistema é dado por

$$H = \sum_{i=1}^{N} H_i, \tag{4.95}$$

onde

$$H_i = \left(n_i + \frac{1}{2}\right)\hbar\omega. \tag{4.96}$$

   (a) Mostre que a energia por oscilador é escrita como

$$U(T) = \frac{1}{2}\hbar\omega + \frac{\hbar\omega}{e^{\frac{\hbar\omega}{K_B T}} - 1}; \tag{4.97}$$

   (b) Mostre que para temperatura muito altas, o calor específico $c = \partial U/\partial T$ converge para

$$c(T \to \infty) = K_B, \tag{4.98}$$

recuperando assim a lei de Dulong-Petit.

6. Considere um sistema composto por N partículas magnéticas, sendo que cada uma delas pode ter apenas três possíveis valores de spin, ou seja, $s = -1, 0, 1$. O hamiltoniano que descreve o sistema é dado por

$$H = \mu \sum_{i=1}^{N} S_i^2. \qquad (4.99)$$

Considerando que a energia do sistema seja E, obtenha:

(a) O número de microestados do sistema com energia E;

(b) A entropia do sistema;

(c) A energia por partícula.

7. Considere um sistema composto por dois subsistemas, conforme mostrado na Figura 4.10. As energias internas, o volume e o número de partículas de cada subsistema são, respectivamente, U_i, V_i, N_i, com $i = 1, 2$. Suponha que a parede interna que separa os dois subsistemas permita a troca de energia, uma mudança de volume assim como troca de partículas. Usando o formalismo de probabilidades discutido na Seção 4.5, obtenha as condições que levem, respectivamente, ao equilíbrio térmico, mecânico e químico do sistema.

8. O número de microestados para um sistema de N partículas distribuídas em V células com $N < V$ é dado por

$$\Omega(N, V) = \frac{V!}{N!(V-N)!}. \qquad (4.100)$$

(a) Encontre uma expressão para a entropia por partícula;

(b) Obtenha a equação de estado P/T;

(c) Encontre também a equação de estado μ/T;

(d) Discuta os resultados obtidos em (b) e (c) quando $\rho = 1/v \to 0$.

9. Considere uma partícula clássica de massa m que se move sob a ação de um potencial
$$V(r) = \frac{a}{r} - \frac{b}{r^2}, \quad (4.101)$$
com $a > 0$ e $b > 0$. O hamiltoniano que descreve o sistema é dado por
$$H(p,r) = \frac{p^2}{2m} + \frac{a}{r} - \frac{b}{r^2}. \quad (4.102)$$
O ponto de máxima energia cinética ocorre quando $r = b/a$.

(a) Determine uma expressão para o número de estados microscópicos do sistema com energia entre E e $E + \delta E$.

10. Considere a função homogênea generalizada escrita como
$$f(\lambda^{\theta_1} x_1, \lambda^{\theta_2} x_2, \lambda^{\theta_3} x_3, \ldots, \lambda^{\theta_n} x_n) = \lambda f(x_1, x_2, x_3, \ldots, x_n), \quad (4.103)$$
onde f é uma função de escala, λ é o fator de escala, θ_i, com $i = 1, 2, 3, \ldots, n$ são os expoentes críticos e x_i são as variáveis de escala. Mostre que
$$\begin{aligned} \theta_1 \; & x_1 \left(\frac{\partial f}{\partial x_1}\right)_{(x_2, x_3, \ldots, x_n)} + \theta_2 x_2 \left(\frac{\partial f}{\partial x_2}\right)_{(x_1, x_3, \ldots, x_n)} + \\ + \; & \theta_3 x_3 \left(\frac{\partial f}{\partial x_3}\right)_{(x_1, x_2, \ldots, x_n)} + \ldots + \theta_n x_n \left(\frac{\partial f}{\partial x_n}\right)_{(x_1, x_2, \ldots, x_{n-1})} = \\ = \; & f(x_1, x_2, x_3, \ldots, x_n). \end{aligned} \quad (4.104)$$

Este resultado é uma generalização da relação de Euler.

Referências Bibliográficas

EISBERG, R.; RESNICK, R. **Física quântica**. Rio de Janeiro: Editora Campus, 1994.

HUANG, K. **Statistical mechanics**. New York: John Wiley & Sons, 1963.

REIF, F. **Fundamentals of statistical and thermal physics**. New York: McGraw-Hill, 1965.

SALINAS, S. R. A. **Introdução à física estatística**. São Paulo: Edusp, 1997.

SCHWABL, F. **Statistical mechanics**. Heidelberg: Springer-Verlag, 2006.

Capítulo 5

Ensembles: canônico, grande canônico e de pressões

5.1 Objetivos

Neste capítulo, discutiremos os procedimentos para obtenção e discussão de observáveis físicos, usando três tipos diferentes de ensembles. O primeiro deles é o ensemble canônico, no qual apenas energia pode ser trocada entre dois sistemas. O segundo é o ensemble grande canônico, no qual podem-se trocar energia e partículas. Por fim, o último caso a ser estudado é o ensemble de pressões, no qual pode-se trocar energia ao mesmo tempo em que o volume pode variar. As conexões com a termodinâmica serão feitas por meio da função de partição e pelas relações de energia livre de Helmholtz e Gibbs, dentre outras.

5.2 Introdução

No Capítulo 3, quando consideramos as nossas discussões sobre o ensemble microcanônico, a energia total do sistema composto pelos subsistemas 1 e 2 era considerada constante e o sistema estava isolado do ambiente. Ao permitir uma troca de energia entre os dois sistemas, mostramos que ocorria um fluxo de calor do sistema com temperatura mais alta para o de menor temperatura. O fluxo de calor resultante era interrompido no momento em que as temperaturas se igualavam. O procedimento utilizado para demonstração foi o de que a probabilidade de se observar o sistema no estado de equilíbrio era máxima. A definição de probabilidade leva à definição do número de microestados acessíveis ao sistema em uma dada temperatura que, por sua vez, leva à definição de entropia, que é uma das grandezas utilizadas para se estabelecer a conexão com a termodinâmica.

5.3 Ensemble canônico

Consideraremos nesta seção um sistema físico composto por um reservatório térmico A que assumiremos ser suficientemente maior que o sistema menor B. Dessa forma, a temperatura de A é constante, ao passo que o sistema B pode trocar energia (via fluxo de calor) com A através de uma parede diatérmica. A Figura 5.1 ilustra o sistema em questão.

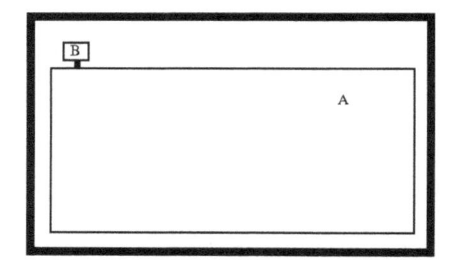

Figura 5.1 – Ilustração de um sistema que descreve o ensemble canônico.

Uma vez que o conjunto dos dois subsistemas está isolado do ambiente, podemos atribuir ao sistema A uma determinada energia U_0. Poderá ocorrer uma pequena troca de calor entre B e A de tal forma que B esteja com energia U_i, onde i representa um determinado autoestado de energia. A questão de fato é determinar a probabilidade $\wp$ de se encontrar o sistema B

com energia U_i. Como não poderia deixar de ser, o número de microestados do sistema B depende de sua energia de modo que podemos escrever que

$$\wp_i = C\Omega_A(U_0 - U_i), \tag{5.1}$$

onde Ω_A identifica o número de estados microscópicos do sistema A com energia $U_0 - U_i$. Como as dimensões do reservatório A são suficientemente maiores do que as dimensões do sistema B, podemos assumir que $U_i \ll U_0$. Da mesma forma como fizemos no Capítulo 4, vamos aplicar a função ln na Equação (5.1), o que leva a

$$\ln \wp_i = \ln C + \ln \Omega_A(U_0 - U_i), \tag{5.2}$$

e, em sequência, vamos expandir o termo à direita da igualdade em série de Taylor, em torno da condição de equilíbrio, o que leva a

$$\ln \wp_i = \ln C + \ln \Omega_A(U_0) + \frac{\partial}{\partial U}\ln\Omega_A(-U_i) + \frac{1}{2}\frac{\partial^2}{\partial U^2}\ln\Omega_A(U_0)(-U_i)^2 + \bigcirc(-U_i^3). \tag{5.3}$$

Da definição de entropia, temos que $S = K_B \ln \Omega$, e, da Equação (1.18) do Capítulo 1, temos que

$$\frac{\partial S}{\partial U} = K_B \frac{\partial}{\partial U}\ln\Omega_A(U_0), \tag{5.4}$$

o que nos leva a obter

$$\frac{\partial \ln \Omega_A(U_0)}{\partial U} = \frac{1}{K_B T}. \tag{5.5}$$

Se as dimensões do reservatório A forem suficientemente grandes, podemos considerar, de fato, que a temperatrua não é afetada. Assim, a segunda derivada é dada por

$$\begin{aligned}\frac{\partial^2}{\partial U^2}\ln\Omega_A &= \frac{\partial}{\partial U}\left[\frac{\partial}{\partial U}\ln\Omega_A\right], \\ &= \frac{\partial}{\partial U}\left[\frac{1}{K_B T}\right] \cong 0.\end{aligned} \tag{5.6}$$

Tendo em mãos as Equações (5.5) e (5.6) podemos escrever a Equação (5.3) como

$$\ln \wp_i = \tilde{C} - \frac{U_i}{K_B T}, \tag{5.7}$$

onde $\tilde{C} = \ln C + \ln \Omega_A(U_0)$ é uma constante. Tomando a exponencial dos dois lados da Equação (5.7) e reagrupando os termos apropriadamente temos que

$$\wp_i = Z^{-1} e^{-\frac{U_i}{K_B T}}, \tag{5.8}$$

onde Z é a constante de normalização da probabilidade e é dada por

$$Z = \sum_{j=1}^{N} e^{-\frac{U_j}{K_B T}}, \tag{5.9}$$

e é chamada de função de partição canônica e o somatório percorre todos os estados de energia.

Uma vez que a função de partição está escrita em termos de uma determinada energia, pode existir um número elevado de diferentes microestados com mesma energia. Esse fator de degenerescência deve ser considerado, o que nos leva a escrever a função de partição como

$$\begin{aligned} Z &= \sum_{j=1}^{N} e^{\frac{-U_j}{K_B T}}, \\ &= \sum_{U=0}^{U_0} \Omega(U) e^{\frac{-U}{K_B T}}, \end{aligned} \tag{5.10}$$

onde $\Omega(U)$ representa o número de microestados do sistema A com energia U.

Podemos, entretanto, reescrever a função de partição de forma mais conveniente como

$$\begin{aligned} Z &= \sum_{U=0}^{U_0} e^{\ln \Omega(U) - \frac{U}{K_B T}}, \\ &= \sum_{U=0}^{U_0} e^{-\frac{1}{K_B T}[U - K_B T \ln \Omega(U)]}. \end{aligned} \tag{5.11}$$

Atividade 1 – *Faça todas as passagens matemáticas necessáriass para obter a Equação (5.11) a partir da Equação (5.10).*

Da definição de entropia $S = K_B \ln \Omega$, podemos escrever a função de partição como

$$Z = \sum_{U=0}^{U_0} e^{-\frac{1}{K_B T}[U-TS]}. \tag{5.12}$$

Sabemos entretanto pela transformação de Legendre que $F = U - TS$, onde F é a energia livre de Helmholtz. Da mesma forma que ocorre para a energia livre U, as probabilidades de se observar o sistema afastado do equilíbrio decaem muito rapidamente para valores distantes da energia do equilíbrio. Podemos, então, considerar a função de partição no ponto de maior probabilidade como sendo representativo da Equação (5.12). Essa aproximação, além de evitar a realização do somatório em energias, permite escrever a função de partição como

$$Z \cong e^{-\frac{F}{K_B T}}. \tag{5.13}$$

Portanto, vemos que a conexão com a termodinâmica é realizada via energia livre de Helmholtz, ou seja,

$$\begin{aligned} F &= -K_B T \ln Z, \\ &= -\frac{1}{\beta} \ln Z. \end{aligned} \tag{5.14}$$

Nas próximas seções, faremos uma série de exemplos que ilustram a aplicação do formalismo do ensemble canônico.

5.3.1 Cálculo da energia média

Antes de passar à seção de aplicações, vamos primeiramente discutir um procedimento útil para se obter a energia média de um sistema a partir da função de partição. De fato, a energia média é definida como

$$\begin{aligned} \overline{U} &= \frac{\sum_{\{j\}} U_j \wp(U_j)}{\sum_{\{j\}} \wp(U_j)}, \\ &= \frac{\sum_{\{j\}} U_j e^{-\beta U_j}}{\sum_{\{j\}} e^{-\beta U_j}}. \end{aligned} \qquad (5.15)$$

Podemos reescrever o numerador de uma outra forma como

$$\begin{aligned} \frac{\sum_{\{j\}} U_j \wp(U_j)}{\sum_{\{j\}} \wp(U_j)} &= -\sum_{\{j\}} \frac{\partial}{\partial \beta} e^{-\beta U_j}, \\ &= -\frac{\partial}{\partial \beta} \sum_{\{j\}} e^{-\beta U_j}, \\ &= -\frac{\partial}{\partial \beta} Z. \end{aligned} \qquad (5.16)$$

Com isso, a energia média pode ser dada por

$$\begin{aligned} \overline{U} &= -\frac{1}{Z} \frac{\partial}{\partial \beta} Z, \\ &= -\frac{\partial}{\partial \beta} \ln Z. \end{aligned} \qquad (5.17)$$

5.3.2 Sistema de partículas com dois níveis

Para ilustrar a aplicabilidade do formalismo, vamos começar com o exemplo mais simples possível, ou seja, um sistema que consiste de um conjunto de N partículas, sendo que cada uma delas só pode ter dois níveis possíveis de energia, que são: (i) $\tilde{U} = 0$ ou (ii) $\tilde{U} = \epsilon > 0$. Na descrição do ensemble canônico, a temperatura do sistema deve permanecer constante ao passo que o sistema pode se rearranjar energeticamente. Na verdade, o estado do sistema depende das configurações microscópicas de cada variável.

As partículas são consideradas não interagentes entre si, de forma que o hamiltoniano é dado por

$$H = H_1 + H_2 + H_3 + \ldots + H_N, \qquad (5.18)$$

onde H_i com $i = 1, 2 \ldots N$ denota a contribuição energética ao sistema, devida a cada partícula. O hamiltoniano de cada partícula é escrito como $H_i = \epsilon t_i$, onde $t_i = 0$ para o estado de energia nula e $t_i = 1$ para o estado de energia ϵ. Com isso, a função de partição pode ser escrita como

$$\begin{aligned} Z &= e^{-\beta H}, \\ &= e^{-\beta(H_1 + H_2 + \ldots + H_N)}, \\ &= e^{-\beta H_1} e^{-\beta H_2} \ldots e^{-\beta H_N}. \end{aligned} \quad (5.19)$$

Como o hamiltoniano de uma partícula é idêntico ao de qualquer outra do sistema e pelo fato de que as partículas têm probabilidades iguais de estarem em diferentes estados, independentemente da partícula, a função de partição pode ainda ser escrita como

$$\begin{aligned} Z &= Z_1 Z_2 \ldots Z_N, \\ &= Z_1^N, \end{aligned} \quad (5.20)$$

onde Z_i representa a função de partição da partícula i. Portanto o problema se resume em obter a função de partição de uma única partícula como

$$\begin{aligned} Z_1 &= \sum_{\{t\}} e^{-\beta \epsilon t}, \\ &= e^0 + e^{-\beta \epsilon}, \end{aligned} \quad (5.21)$$

onde o somatório em $\{t\}$ é percorrido sobre todos os possíveis estados, ou seja, $t = 0$ e $t = 1$. Esse resultado leva à função de partição canônica do sistema com

$$Z = [1 + e^{-\beta \epsilon}]^N. \quad (5.22)$$

A partir da função de partição total, podemos obter a energia livre de Helmholtz por partícula $f = F/N$, o que nos fornece

$$f = -K_B T \ln[1 + e^{\frac{-\epsilon}{K_B T}}]. \quad (5.23)$$

Podemos agora obter a expressão da entropia por partícula s, ou seja,

$$s = -\frac{\partial f}{\partial T},$$

$$= K_B \ln[1 + e^{\frac{-\epsilon}{K_B T}}] + \frac{K_B \epsilon}{K_B T} \frac{e^{\frac{-\epsilon}{K_B T}}}{1 + e^{\frac{-\epsilon}{K_B T}}}. \quad (5.24)$$

Atividade 2 – *Faça as passagens matemáticas necessárias e obtenha a Equação (5.24).*

Podemos também obter a expressão da energia por partícula. Pela transformação de Legendre temos que $f = u - Ts$. Dessa forma, concluímos que

$$u = f + Ts,$$

$$= \frac{\epsilon e^{-\frac{\epsilon}{K_B T}}}{1 + e^{-\frac{\epsilon}{K_B T}}}. \quad (5.25)$$

Atividade 3 – *Faça as passagens matemáticas necessárias e obtenha a Equação (5.25).*

Podemos concluir da Equação (5.25) que, no limite $T \to 0$, $u(T \to 0) = 0$. Esse limite leva à energia do estado fundamental do sistema, conforme já discutido na Seção 4.4.1 do ensemble microcanônico.

5.3.3 Sólido de Einstein

Discutiremos novamente, nesta seção, o modelo do sólido de Einstein. O sistema consiste de um conjunto de N osciladores harmônicos unidimensionais não interagentes, sendo que cada um deles oscila com a mesma frequência ω. Na descrição do ensemble canônico, o sistema está em contato térmico com um reservatório de calor à temperatura T. É sabido que os estados microscópicos desse sistema são descritos e caracterizados pelos autoestados de energia de cada oscilador que compõe o sistema. O fato de serem osciladores não interagentes permite que o hamiltoniano do sistema seja escrito como

$$H = H_1 + H_2 + \ldots H_N, \quad (5.26)$$

sendo que $H_i = (n_i + 1/2)\hbar\omega$ é o hamiltoniano de cada oscilador onde o estado quântico é dado por $n_i = 0, 1, 2 \ldots$. A função de partição é escrita como

$$\begin{aligned} Z &= e^{-\beta H}, \\ &= e^{-\beta[H_1+H_2+\ldots H_N]}, \quad &(5.27)\\ &= e^{-\beta H_1}e^{-\beta H_2}\ldots e^{-\beta H_N}. \quad &(5.28) \end{aligned}$$

Como a expressão do hamiltoniano das partículas é idêntico, temos que

$$\begin{aligned} Z &= Z_1 Z_2 \ldots Z_N, \\ &= Z_1^N, \quad &(5.29) \end{aligned}$$

onde Z_i representa a função de partição do oscilador i. Dessa forma, temos que

$$Z_1 = \sum_{n=0}^{\infty} e^{-\beta(n+1/2)\hbar\omega}. \quad (5.30)$$

Desenvolvendo a expressão do somatório obtemos

$$\begin{aligned} Z_1 &= e^{-\beta\frac{1}{2}\hbar\omega} + e^{-\beta\frac{3}{2}\hbar\omega} + e^{-\beta\frac{5}{2}\hbar\omega} + \ldots, \\ &= e^{-\beta\hbar\omega/2}[1 + e^{-\beta\hbar\omega} + e^{-2\beta\hbar\omega} + \ldots]. \quad (5.31) \end{aligned}$$

O problema, então, é verificar se o somatório de termos entre os colchetes converge ou não. Vamos, então, definir

$$A = 1 + e^{-\beta\hbar\omega} + e^{-2\beta\hbar\omega} + e^{-3\beta\hbar\omega} + \ldots. \quad (5.32)$$

Multiplicando A pelo fator $e^{-\beta\hbar\omega}$ temos que

$$e^{-\beta\hbar\omega}A = e^{-\beta\hbar\omega} + e^{-2\beta\hbar\omega} + e^{-3\beta\hbar\omega} + \ldots. \quad (5.33)$$

Subtraindo agora a Equação (5.33) de (5.32) obtemos

$$A - e^{-\beta\hbar\omega}A = (1 + e^{-\beta\hbar\omega} + e^{-2\beta\hbar\omega} + e^{-3\beta\hbar\omega} + \ldots) - (e^{-\beta\hbar\omega} + e^{-2\beta\hbar\omega} + e^{-3\beta\hbar\omega} + \ldots), \quad (5.34)$$

o que leva a

$$\begin{aligned} A &= \lim_{n\to\infty} \frac{1 - e^{-n\beta\hbar\omega}}{1 - e^{-\beta\hbar\omega}}, \\ &= \frac{1}{1 - e^{-\beta\hbar\omega}}. \end{aligned} \qquad (5.35)$$

Atividade 4 – *Faça as passagens matemáticas necessárias para obter a Equação (5.35) a partir da Equação (5.34).*

Dessa forma, a função de partição por partícula é dada como

$$Z_1 = \frac{e^{-\beta\hbar\omega/2}}{1 - e^{-\beta\hbar\omega}}, \qquad (5.36)$$

e a função de partição total é escrita como

$$\begin{aligned} Z &= Z_1^N, \\ &= \left[\frac{e^{-\beta\hbar\omega/2}}{1 - e^{-\beta\hbar\omega}}\right]^N. \end{aligned} \qquad (5.37)$$

Conhecendo a função de partição podemos obter a energia livre de Helmholtz por partícula como $f = F/N$, logo

$$\begin{aligned} f &= -\frac{1}{\beta}\ln\left[\frac{e^{-\beta\hbar\omega/2}}{1 - e^{-\beta\hbar\omega}}\right], \\ &= -\frac{1}{\beta}\left[-\frac{\beta\hbar\omega}{2} - \ln(1 - e^{-\beta\hbar\omega})\right], \\ &= \frac{\hbar\omega}{2} + K_B T \ln(1 - e^{-\beta\hbar\omega}). \end{aligned} \qquad (5.38)$$

Com isso, a entropia por partícula é dada por

$$\begin{aligned} s &= -\frac{\partial f}{\partial T}, \\ &= -K_B \ln(1 - e^{\frac{-\hbar\omega}{K_B T}}) + \frac{\hbar\omega}{T}\frac{e^{\frac{-\hbar\omega}{K_B T}}}{1 - e^{\frac{-\hbar\omega}{K_B T}}}. \end{aligned} \qquad (5.39)$$

Atividade 5 – *Obtenha a Equação (5.39) a partir da derivação da Equação (5.38).*

Conhecendo a expressão da entropia, podemos também obter o calor específico como

$$\frac{c}{T} = \left(\frac{\partial s}{\partial T}\right)_V, \tag{5.40}$$

o que nos leva a concluir que

$$c = K_B \left(\frac{\hbar\omega}{K_B T}\right) \frac{e^{\frac{\hbar\omega}{K_B T}}}{e^{\frac{\hbar\omega}{K_B T}} - 1}. \tag{5.41}$$

Atividade 6 – *Partindo da Equação (5.40) e da relação obtida para a entropia, faça todas as passagens matemáticas para obter a Equação (5.41).*

A partir do conhecimento da função de partição também podemos determinar a energia média por oscilador como

$$\begin{aligned}
\overline{u} &= -\frac{1}{N}\frac{\partial}{\partial \beta}\ln Z, \\
&= -\frac{1}{N}\frac{\partial}{\partial \beta}\ln\left[\left(\frac{e^{-\beta\hbar\omega/2}}{1-e^{\beta\hbar\omega}}\right)^N\right], \\
&= -\frac{\partial}{\partial \beta}\left[-\frac{\beta\hbar\omega}{2} - \ln(1-e^{-\beta\hbar\omega})\right], \\
&= \frac{\hbar\omega}{2} + \frac{\hbar\omega}{e^{\beta\hbar\omega}-1}.
\end{aligned} \tag{5.42}$$

Atividade 7 – *Faça as passagens matemáticas necessárias para obter a Equação (5.42).*

5.3.4 Paramagneto ideal

Nesta seção, consideraremos novamente o modelo do paramagneto ideal. O sistema consiste de N partículas magnéticas não interagentes, localizadas, e que podem se orientar ou não frente a um campo magnético externo. O hamiltoniano do sistema é escrito como

$$H = H_1 + H_2 + \ldots + H_N, \tag{5.43}$$

onde
$$H_i = -\vec{\mu}_0 \cdot \vec{B},$$
$$= -\sigma_i \mu_0 B, \qquad (5.44)$$

com $i = 1, 2, 3 \ldots N$ sendo

$$\sigma_0 = \begin{cases} 1 \to & \text{(spin alinhado paralelamente ao campo)} \\ -1 \to & \text{(spin alinhado antiparalelamente ao campo)} \end{cases}. \qquad (5.45)$$

A função de partição é escrita como

$$\begin{aligned} Z &= e^{-\beta H}, \\ &= e^{-\beta(H_1+H_2+\ldots+H_N)}, \\ &= e^{-\beta H_1} e^{-\beta H_2} \ldots e^{-\beta H_N}, \\ &= Z_1 Z_2 \ldots Z_n, \\ &= Z_1^N. \end{aligned} \qquad (5.46)$$

O problema novamente se resume em obter a função de partição de uma única partícula. Logo temos que

$$\begin{aligned} Z_1 &= \sum_{\{\sigma\}} e^{-\beta \sigma \mu_0 B}, \\ &= e^{-\beta \mu_0 B} + e^{\beta \mu_0 B}. \end{aligned} \qquad (5.47)$$

Utilizando a definição da função cosh, podemos escrever a função de partição como

$$Z_1 = 2\cosh(\beta \mu_0 B). \qquad (5.48)$$

Com isso, a função de partição total será dada por

$$Z = [2\cosh(\beta \mu_0 B)]^N. \qquad (5.49)$$

A partir do conhecimento da função de partição Z, podemos obter a energia livre de Helmholtz por partícula como $f = F/N$,

$$\begin{aligned} f &= -\frac{1}{\beta N} \ln Z^N, \\ &= -K_B T \ln\left[2\cosh\left(\frac{\mu_0 B}{K_B T}\right)\right]. \end{aligned} \qquad (5.50)$$

Ensembles: canônico, grande canônico e de pressões

Conhecendo a energia livre, podemos determinar a entropia por partícula como

$$s(T,B) = -\frac{\partial f}{\partial T},$$
$$= K_B \ln\left[2\cosh\left(\frac{\mu_0 B}{K_B T}\right)\right] -$$
$$- K_B \left(\frac{\mu_0 B}{K_B T}\right) \tanh\left(\frac{\mu_0 B}{K_B T}\right). \tag{5.51}$$

Atividade 8 – *Faça as passagens matemáticas necessárias para obter a Equação (5.51).*

A magnetização por partícula pode ser também obtida a partir do conhecimento de f, ou seja,

$$m(T,B) = -\frac{\partial f}{\partial B},$$
$$= \mu_0 \tanh\left[\frac{\mu_0 B}{K_B T}\right]. \tag{5.52}$$

Atividade 9 – *Faça as passagens matemáticas necessárias para obter a Equação (5.52).*

A partir do conhecimento da magnetização, podemos obter a susceptibilidade magnética como

$$\chi(T,B) = \frac{\mu_0^2}{K_B T} \frac{1}{\cosh^2\left(\frac{\mu_0 B}{K_B T}\right)}. \tag{5.53}$$

Atividade 10 – *Faça as passagens matemáticas necessárias para obter a Equação (5.53).*

Novamente, aqui, no limite em que $B \to 0$, concluímos que

$$\chi(T,B) = \frac{\mu_0^2}{K_B T}. \tag{5.54}$$

5.3.5 Partículas magnéticas fracamente interagentes

Nesta seção, vamos discutir um sistema constituído por N partículas magnéticas que interagem fracamente entre si e que também interagem com um campo magnético externo. O hamiltoniano que descreve o sistema é dado por

$$H = -\tilde{J} \sum_{i=1,3,5...N-1}^{N} \sigma_i \sigma_{i+1} - \mu_0 B \sum_{i=1}^{N} \sigma_i, \qquad (5.55)$$

onde assumimos que N seja um número grande porém par. $\tilde{J}$ é uma constante e corresponde ao termo de acoplamento entre spins. Esse modelo é bem artificial porque o spin 1 interage com o spin 2, o spin 3 interage com o spin 4 mas o spin 2 não interage com o spin 3. Entretanto, mesmo considerando esse defeito do modelo, ele é bem didático para explicar o conceito de cluster de partículas. Como os spins são agora interagentes, a função de partição não é mais calculada por spin, que seria a menor parte do sistema independente, mas sim pelo menor cluster de spins que é independente. Sendo assim, a função de partição total pode ser escrita como

$$\begin{aligned}
Z &= e^{-\beta H}, \\
&= e^{-\beta(H_{c1}+H_{c2}+H_{c3}+...+H_{cN/2})}, \\
&= e^{-\beta H_{c1}} e^{-\beta H_{c2}} e^{-\beta H_{c3}} \ldots e^{-\beta H_{cN/2}}, \\
&= Z_{c1} Z_{c2} \ldots Z_{cN/2}, \\
&= Z_{c1}^{N/2}, \qquad (5.56)
\end{aligned}$$

onde H_{ci} corresponde a contribuição na energia do hamiltoniano do cluster i, ou seja,

$$H_{c1} = -\tilde{J}\sigma_1\sigma_2 - \mu_0 B(\sigma_1 + \sigma_2). \qquad (5.57)$$

Portanto a função de partição por cluster é dada por

$$\begin{aligned}
Z_{c1} &= \sum_{\{\sigma\}} e^{-\beta(-\tilde{J}\sigma_1\sigma_2 - \mu_0 B(\sigma_1+\sigma_2))}, \\
&= e^{-\beta[-\tilde{J}+2\mu_0 B]} + 2e^{-\beta\tilde{J}} + e^{-\beta[-\tilde{J}+2\mu_0 B]}, \qquad (5.58)
\end{aligned}$$

que pode ainda ser reagrupado convenientemente como

$$\begin{aligned} Z_{c1} &= 2e^{-\beta \tilde{J}} + 2e^{\beta \tilde{J}} \cosh(2\beta\mu_0 B), \\ &= 2e^{\frac{-\tilde{J}}{K_B T}} + 2e^{\frac{\tilde{J}}{K_B T}} \cosh\left[\frac{2\mu_0 B}{K_B T}\right]. \end{aligned} \qquad (5.59)$$

Podemos agora obter a energia livre de Helmholtz por cluster de spins, como $f = F/(N/2)$, o que nos fornece

$$f = -K_B T \ln\left[2e^{\frac{-\tilde{J}}{K_B T}} + 2e^{\frac{\tilde{J}}{K_B T}} \cosh\left(\frac{2\mu_0 B}{K_B T}\right)\right]. \qquad (5.60)$$

As expressões para a entropia por cluster s, magnetização e susceptibilidade são propostas como exercício.

5.4 Ensemble grande canônico

Nesta seção, discutiremos os procedimentos para se descrever um sistema usando o formalismo do ensemble grande canônico. Consideraremos então a situação em que temos um sistema B em contato com um reservatório de calor e de partículas A, conforme mostra a Figura 5.2.

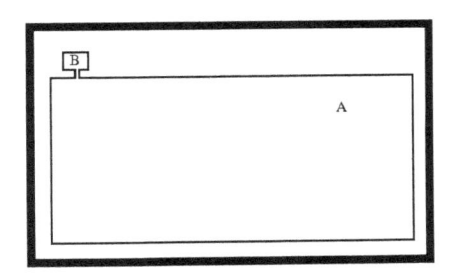

Figura 5.2 – Ilustração de um sistema que descreve o ensemble grande canônico.

A parede com a qual os sistemas estão em contato é rígida, diatérmica, porém permeável, fazendo com que ocorra troca de partículas entre A e B. Seguindo o procedimento adotado nas seções onde se discutiu o ensemble microcanônico e o ensemble canônico, no estado de equilíbrio, a probabilidade de se observar o sistema é máxima. De fato, devemos determinar a probabilidade de o sistema B ser encontrado em um determinado estado i, com energia U_i e número de partículas N_i. Tal probabilidade é dada por

$$\wp_i = C\Omega_A(U_0 - U_i, N_0 - N_i), \qquad (5.61)$$

onde U_0 e N_0 correspondem à energia e ao número de partículas do sistema A. Aqui, C é uma constante e Ω_A denota o número de estados acessíveis do sistema A, com energia $U_0 - U_i$ e número de partículas $N_0 - N_i$. Tomando ln de ambos os lados da Equação (5.61), temos que

$$\ln \wp_i = \ln C + \ln \Omega_A(U_0 - U_i, N_0 - N_i). \qquad (5.62)$$

Considerando que, no estado de equilíbrio, a probabilidade de se observar o sistema seja máxima, e também que, para estados afastados daqueles da condição de equilíbrio, essa probabilidade decaia muito rapidamente, podemos fazer uma expansão em série de Taylor da Equação (5.62), em torno do equilíbrio (U_0, N_0), e concluir que

$$\begin{aligned}\ln \wp_i &= \ln C + \ln \Omega_A(U_0, N_0) + \frac{\partial}{\partial U}\Omega_A(U_0, N_0)(-U_i) + \\ &+ \frac{\partial}{\partial N}\Omega_A(U_0, N_0)(-N_i) + O(U_i^2, N_i^2).\end{aligned} \qquad (5.63)$$

Utilizando a definição de entropia $S = K_B \ln \Omega$ e usando as Equações (1.18) e (1.20) obtidas no Capítulo 1, podemos reescrever a Equação (5.63) como

$$\ln \wp_i = \ln C + \ln \Omega_A(U_0, N_0) - \frac{U_i}{K_B T} + \frac{\mu N_i}{K_B T}. \qquad (5.64)$$

Tomando a exponencial de ambos os lados da equação e reagrupando apropriadamente concluímos que

$$\wp_i = \Phi^{-1} e^{-\frac{U_i}{K_B T} + \frac{\mu N}{K_B T}}. \qquad (5.65)$$

Atividade 11 – *Partindo da Equação (5.64), faça as passagens matemáticas necessárias para obter a Equação (5.65).*

Ensembles: canônico, grande canônico e de pressões 171

A constante Φ representa a constante de normalização e é dada pela grande função de partição

$$\Phi = \sum_{\{i\}} e^{-\beta U_i + \beta \mu N_i}. \tag{5.66}$$

O somatório em $\{i\}$ percorre todos os possíveis estados de energia U_i e número de partículas N_i. Ele pode ser feito em duas etapas: (1) mantendo o número de partículas fixa e percorrendo todos os possíveis estados de energia. Feito isso, (2) varia-se o número de partículas e repete-se o item (1) até que todos os possíveis estados de N_i partículas sejam contemplados. Esse procedimento pode ser realizado como

$$\Phi = \sum_{N_i=0}^{N_0} e^{\beta \mu N_i} \sum_{U_i=0}^{U_0} e^{-\beta U_{j,i}}. \tag{5.67}$$

O último termo da Equação (5.67) é, na verdade, a função de partição canônica Z, o que permite que a grande função de partição seja escrita como

$$\Phi = \sum_{U_i=0}^{U_0} e^{\beta \mu N_i + \ln Z}. \tag{5.68}$$

Atividade 12 – *Partindo da Equação (5.67) e considerando a definição de função de partição canônica, faça as passagens matemáticas necessárias para obter a Equação (5.68).*

Considerando que as probabilidades decaem muito rapidamente para os estados afastados do equilíbrio, podemos aproximar o somatório da Equação (5.68) pela sua contribuição do termo máximo, assim obtemos que

$$\begin{aligned}\Phi &\cong e^{\beta \mu N - \ln Z}, \\ &= e^{-\beta\left[-\frac{1}{\beta} \ln Z - \mu N\right]}.\end{aligned} \tag{5.69}$$

Podemos reconhecer que o termo $-1/\beta \ln Z$ é, na verdade, a própria energia livre de Helmholtz. Dessa forma a grande função de partição é escrita como

$$\Phi = e^{-\beta(F - \mu N)}. \tag{5.70}$$

Das discussões efetuadas na seção de potenciais termodinâmicos, podemos reconhecer também que o termo no argumento da exponencial é dado por

$$\begin{aligned} F - \mu N &= U - TS - \mu N, \\ &= \phi, \end{aligned} \qquad (5.71)$$

onde ϕ representa o grande potencial termodinâmico[1]. Dessa forma, a grande função de partição pode ser escrita como

$$\Phi = e^{-\beta \phi}. \qquad (5.72)$$

A conexão com a termodinâmica é realizada tomando-se ln de ambos lados da Equação (5.72), ou seja,

$$\phi = -\frac{1}{\beta} \ln \Phi. \qquad (5.73)$$

5.5 Ensemble de pressões

Nesta seção, discutiremos os procedimentos para construir o ensemble de pressões. O procedimento consiste em descrever um sistema B em contato com um reservatório de calor A a uma temperatura constante T e pressão também constante P. O reservatório A é suficientemente grande, a ponto de que o contato térmico com B não afeta os estados de A. A Figura 5.3 ilustra o esquema do ensemble de pressões.

O procedimento a ser aplicado nesta seção é bastante semelhante aos procedimentos discutidos anteriormente. Primeiramente, devemos supor que o sistema B está em um particular estado de energia $U_i \ll U_0$ e com um volume $V_i \ll V_0$, onde U_0 e V_0 representam a energia e volume do sistema A. Dessa forma, a probabilidade de se observar o reservatório A com energia $U_0 - U_i$ e volume $V_0 - V_i$ é dado por

$$\wp_i = C\Omega_A(U_0 - U_i, V_0 - V_i), \qquad (5.74)$$

---
[1] O que dá origem ao termo "grande função de partição".

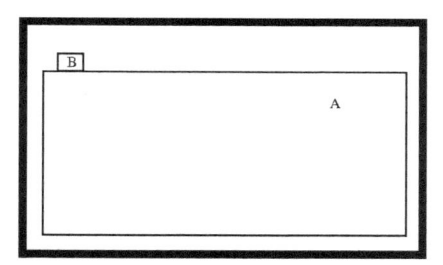

Ensembles: canônico, grande canônico e de pressões   173

Figura 5.3 – Ilustração do sistema que descreve o ensemble de pressões.

onde C é uma constante e $\Omega_A(U_0 - U_i, V_0 - V_i)$ denota o número de microestados do reservatório A com energia $U_0 - U_i$ e volume $V_0 - V_i$.

Aplicando a função ln de ambos os lados da Equação (5.74) e expandindo $\ln \Omega_A$ em série de Taylor em torno de U_0 e V_0 concluímos que

$$\begin{aligned}\ln \wp_i &= \ln C + \ln \Omega_A(U_0, V_0) + \frac{\partial}{\partial U} \ln \Omega_A(U_0, V_0)(-U_i) + \\ &+ \frac{\partial}{\partial V} \ln \Omega_A(U_0, V_0)(-V_i) + \bigcirc(U_i^2, V_i^2).\end{aligned} \quad (5.75)$$

Da relação da entropia $S = K_B \ln \Omega$ e utilizando as Equações (1.18) e (1.19) obtidas no Capítulo 1, podemos reescrever a Equação (5.75) como

$$\ln \wp_i = \ln C + \ln \Omega_A(U_0, V_0) - \frac{U_i}{K_B T} - \frac{PV_i}{K_B T}. \quad (5.76)$$

Atividade 13 – *Partindo da Equação (5.75) e usando as Equações (1.18) e (1.19), faça as passagens matemáticas necessárias para obter a Equação (5.76).*

Tomando a exponencial de ambos os lados da Equação (5.76) e agrupando os termos propriamente podemos concluir que

$$\wp_i = \Xi^{-1} e^{-\beta U_i - \beta PV_i}, \quad (5.77)$$

onde Ξ é a constante de normalização e é representada pela função de partição

$$\Xi = \sum_{\{i\}} e^{-\beta(U_i - PV_i)}. \quad (5.78)$$

O somatório da Equação (5.78) pode ser feito também em dois estágios: (1) fixar o volume V e somar sobre todas as possíveis energias; (2) variar o volume V e repetir o estágio (1). Dessa forma, a função de partição pode ser escrita como

$$\Xi = \sum_{V_i=0}^{V_0} e^{-\beta P V_i} \sum_{U_j=0}^{U_0} e^{-\beta U_{j,i}}. \tag{5.79}$$

O último termo da Equação (5.79) define a função de partição canônica Z. Logo, temos que

$$\Xi = \sum_{V_i=0}^{V_0} e^{-\beta P V_i},$$

$$= \sum_{V_i=0}^{V_0} e^{-\beta(-\frac{1}{\beta}\ln Z + P V_i)}. \tag{5.80}$$

Vamos novamente considerar que os estados distantes da distribuição de equilíbrio são pouco prováveis de serem observados, o que permite que o somatório da Equação (5.80) possa ser aproximado pelo seu termo de máximo. Essa aproximação nos leva a

$$\Xi \cong e^{-\beta(-\frac{1}{\beta}\ln Z + PV)},$$

$$= e^{-\beta(F+PV)}. \tag{5.81}$$

Entretanto vimos das transformações de Legendre que

$$F + PV = U - TS + PV,$$

$$= G, \tag{5.82}$$

onde G é a energia livre de Gibbs. Sendo assim, a função de partição pode ser escrita da seguinte forma

$$\Xi = e^{-\beta G}. \tag{5.83}$$

A conexão com a termodinâmica é realizada a partir da energia livre de Gibbs onde

$$G = -\frac{1}{\beta} \ln \Xi. \tag{5.84}$$

Conforme discutimos no Capítulo 1 e a partir da relação de Euler, temos que
$$U = TS - PV + \mu N. \tag{5.85}$$
Reescrevendo em termos da energia livre de Gibbs concluímos que
$$\begin{aligned} G &= U - TS + PV, \\ &= \mu N. \end{aligned} \tag{5.86}$$

Dessa forma, uma interpretação física para a energia livre de Gibbs seria, de fato, o próprio potencial químico, ou seja, a energia responsável pela difusão de partículas.

5.6 Resumo

Neste capítulo, discutimos os procedimentos utilizados para se obter a função de partição para três tipos de ensemble: (1) canônico; (2) grande canônico; e (3) ensemble de pressões. O procedimento utilizado parte do pressuposto de que o estado de equilíbrio tem maior probabilidade de ser observado. Então, expande-se a expressão da probabilidade em torno das condições de equilíbrio. A constante de normalização dá origem a uma soma sobre todos os possíveis estados e, consequentemente, à função de partição.

Também foram considerados alguns exemplos de aplicações de sistemas que são descritos por esses formalismos.

5.7 Exercícios propostos

1. Partindo da definição de energia média como

$$\overline{u} = \frac{\sum_{\{j\}} u_j \wp(u_j)}{\sum_{\{j\}} \wp(u_j)}, \qquad (5.87)$$

mostre que essa equação conduz a

$$\overline{u} = -\frac{\partial \ln Z}{\partial \beta}, \qquad (5.88)$$

onde Z é a função de partição.

2. Considere a seguinte série

$$A = 1 + e^{-\epsilon} + e^{-2\epsilon} + e^{-3\epsilon} + e^{-4\epsilon} + \ldots \qquad (5.89)$$

Mostre que essa série converge para

$$A = \frac{1}{1 - e^{-\epsilon}}. \qquad (5.90)$$

3. Considere um sistema de partículas magnéticas que interagem fracamente entre si e se acoplam com um campo magnético externo, conforme discutido na Seção 5.3.5, o hamiltoniano que descreve o sistema é

$$H = -J \sum_{i=1,3,5\ldots N-1}^{N} \sigma_i \sigma_{i+1} - \mu_0 B \sum_{i=1}^{N} \sigma_i. \qquad (5.91)$$

A energia livre de Helmholtz é dada pela Equação (5.60).

(a) Obtenha a expressão da entropia por cluster de spins;

(b) Encontre a magnetização por cluster;

(c) A partir da magnetização obtida em (b), encontre a susceptibilidade magnética.

4. Considere um oscilador harmônico quântico com hamiltoniano dado por

$$H = \left(n + \frac{1}{2}\right)\hbar\omega, \qquad (5.92)$$

sendo ω a frequência angular de oscilação, n é o número quântico que pode assumir valores entre $n = 0, 1, 2, 3, \ldots$. Admita que este oscilador está em contato térmico com um reservatório de calor à temperatura T, de modo que

$$\frac{K_B T}{\hbar\omega} \ll 1. \qquad (5.93)$$

(a) Encontre a razão das probabilidades de o oscilador estar no primeiro nível excitado, com sua probabilidade de estar no estado fundamental;

(b) Repita o procedimento discutido em (a), mas agora considerando o terceiro estado excitado e o estado fundamental.

5. Seja um sistema composto por N partículas magnéticas que estão em contato com um reservatório de calor, à temperatura T e na presença de um campo magnético externo B. O hamiltoniano que descreve este sistema é dado por

$$H = c\sum_{i=1}^{N} S_i^2 - \mu B \sum_{i=1}^{N} S_i, \qquad (5.94)$$

onde c, μ e B são constantes não negativas e $S_i = -1, 0, 1$.

(a) Obtenha a função de partição para esse sistema;

(b) Encontre a energia livre de Helmholtz por partícula;

(c) Obtenha uma expressão para a magnetização por partícula;

(d) Obtenha também a susceptibilidade magnética.

6. Considere agora um sistema composto por N osciladores harmônicos quânticos, localizados, e que estão em contato com um reservatório

térmico à temperatura constante T. O hamiltoniano que descreve o sistema é dado por

$$H = \sum_{i=1}^{N} H_i, \qquad (5.95)$$

onde cada contribuição de H_i é escrita como

$$H_i = \hbar\omega \left(n + \frac{1}{2} \right), \qquad (5.96)$$

com $n = 0, 2, 4, 6 \ldots$.

(a) Encontre a função de partição canônica do sistema;

(b) Obtenha a expressão da entropia;

(c) Obtenha a energia livre de Helmholtz;

(d) Determine uma expressão para o calor específico.

7. Seja agora um sistema de N partículas não interagentes. Cada partícula pode assumir os seguintes autoestados de energia

$$u = n\epsilon, \qquad (5.97)$$

com $n = 1, 2, 3, 4, \ldots$ e $\epsilon > 0$.

(a) Obtenha a função de partição canônica para esse sistema;

(b) Determine a expressão da entropia;

(c) Encontre a energia livre de Helmholtz;

(d) Determine o calor específico;

(e) Obtenha a energia por partícula quando $T \to 0$.

8. Considere a função de partição do gás ideal dada por

$$Z = \frac{1}{N!} \left[\frac{1}{h^3} \left(\frac{2\pi m}{\beta} \right)^{3/2} V \right]^N, \qquad (5.98)$$

onde N fornece o número de partículas, V é o volume, m é a massa de cada partícula, $\beta = 1/(K_B T)$ e h é uma constante não negativa.

(a) Obtenha a energia livre de Helmholtz;

(b) Encontre a expressão da entropia S;

(c) Faça um esboço de $S \times T$ e comente o resultado no limite em que $T \to 0$;

(d) Determine a pressão média a partir da expressão

$$\bar{p} = -\frac{\partial f}{\partial v}, \qquad (5.99)$$

onde $v = V/N$.

9. Considere um gás composto por N partículas relativísticas, no qual a energia de cada uma delas é dada por $\epsilon = cp$, onde c é a velocidade da luz e p é o momentum. O gás está confinado em um volume fechado V à temperatura T. Considere também que as partículas sejam indistinguíveis e não interagentes, e que a energia térmica seja suficiente para desprezar efeito quântico. A função de partição do gás é

$$Z = \frac{(8\pi V)^N}{N!(hc/K_B T)^{3N}}. \qquad (5.100)$$

(a) Determine a expressão da energia livre de Helmholtz por partícula;

(b) Obtenha a expressão da pressão do gás;

(c) Encontre a expressão da entropia por partícula;

(d) Obtenha também a energia interna do gás por partícula.

Considere o volume específico do gás como $v = V/N$.

10. (Unificado-SP, 2010/2) Um gás de partículas interagentes pode ser descrito por uma função de partição dada por

$$Z = \left(\frac{V - Nb}{N}\right)^N \left(\frac{mK_B T}{2\pi \hbar^2}\right)^{\frac{3N}{2}} e^{\frac{N^2 a}{V K_B T}}, \qquad (5.101)$$

onde V é o volume, m é a massa, a e b são constantes.

(a) Determine uma expressão para a energia livre de Helmholtz por partícula;

(b) Obtenha as expressões para as equações de estado do gás;

(c) Determine a energia interna por partícula.

11. Parta da relação de Euler e mostre que a energia livre de Gibbs por partícula é o próprio potencial químico μ.

Referências Bibliográficas

BLUNDELL, S. J.; BLUNDELL, K. M. **Concepts in thermal physics**. Oxford: Oxford University Press, 2006.

HELRICH, C. S. **Modern thermodynamics with statistical mechanics**. Heidelberg: Springer-Verlag, 2009.

HUANG, K. **Statistical mechanics**. New York: John Wiley & Sons, 1963.

PATHRIA, R. K. **Statistical mechanics**. Oxford: Elsevier, 2008.

REIF, F. **Fundamentals of statistical and thermal physics**. New York: McGraw-Hill, 1965.

SALINAS, S. R. A. **Introdução à física estatística**. São Paulo: Edusp, 1997.

SCHWABL, F. **Statistical mechanics**. Heidelberg: Springer-Verlag, 2006.

Capítulo 6

Gases ideais

6.1 Objetivos

Neste capítulo, discutiremos algumas propriedades dos gases ideais. Começaremos estudando o caso do gás ideal clássico monoatômico. Obteremos a função de partição canônica e, a partir dela, determinaremos as propriedades termodinâmicas, incluindo pressão, energia média e entropia. A consideração de partículas distinguíveis na construção da função de partição leva ao paradoxo de Gibbs, que é apresentado no Apêndice E. Quando a indistinguibilidade entre partículas idênticas é considerada, a entropia mostra-se como uma grandeza extensiva. Aplicaremos o formalismo para um gás 2-D em escape de partículas em um bilhar. Na parte quântica, discutiremos como se construir a função de partição de um gás quântico e, a partir dela, obteremos alguns observáveis físicos.

6.2 Gás ideal clássico

Nesta seção discutiremos algumas propriedades termodinâmicas do gás ideal clássico monoatômico. O caso quântico será discutido mais adiante, ainda neste capítulo.

6.2.1 Gás ideal monoatômico

Considere um sistema constituído por N partículas clássicas que são monoatômicas, que se movem livremente no interior de um reservatório de volume constante V e cuja temperatura é mantida constante como T. A Figura 6.1 ilustra tal sistema.

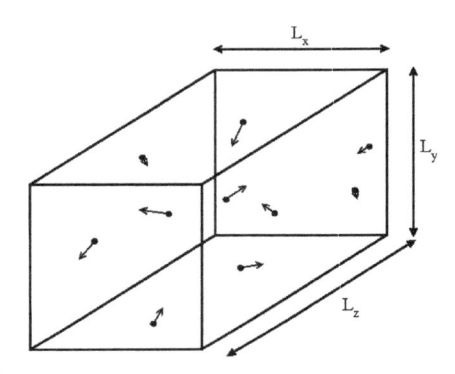

Figura 6.1 – Ilustração do sistema constituído de N partículas não interagentes em um gás ideal.

O hamiltoniano que descreve o sistema é escrito como

$$H = \sum_{i=1}^{N} \frac{p_i^2}{2m} + U(\vec{r}_1, \vec{r}_2, \vec{r}_3, \ldots \vec{r}_N), \qquad (6.1)$$

onde o primeiro termo do hamiltoniano descreve a contribuição da energia cinética das partículas e o segundo termo fornece a energia potencial da interação entre elas. Se considerarmos que a densidade de partículas é suficientemente baixa, de modo que as interações entre as partículas possa ser desprezada, o termo $U(\vec{r}_1, \vec{r}_2, \vec{r}_3, \ldots \vec{r}_N) \to 0$ e a contribuição na energia cinética total depende unicamente da energia média das partículas. Considerando que o gás seja constituído por partículas idênticas, isso implica que a troca de estado da partícula i com a partícula j não leva o sistema a um novo estado de energia. O Apêndice E discute uma situação conhecida como paradoxo de Gibbs, na qual a entropia exibe propriedades de não extensividade. De forma idêntica, podemos ter a permutação de $N!$ em possíveis configurações entre as partículas. Dessa forma, a função de partição canônica Z que descreve o sistema é dada por

$$Z = \frac{1}{N!} Z_d, \qquad (6.2)$$

onde Z_d é a função de partição obtida para as partículas distinguíveis[1]. De uma forma geral, temos que

$$\begin{aligned} Z_d &= \frac{1}{h^{3N}} \int \int \ldots \int e^{-\beta \left[\frac{p_1^2}{2m} + \frac{p_2^2}{2m} + \ldots \frac{p_N^2}{2m} + U(\vec{r}_1, \vec{r}_2 \ldots \vec{r}_N) \right]} d^3\vec{r}_1 d^3\vec{r}_2 \ldots \\ &\quad \times d^3\vec{r}_N d^3\vec{p}_1 d^3\vec{p}_2 d^3 \ldots d^3\vec{p}_N, \end{aligned} \qquad (6.3)$$

onde devemos considerar que as integrais em $d^3\vec{r}$ ocorrem no interior do volume V. Como a função de partição deve ser adimensional, a constante h tem dimensão de comprimento × momentum, ou seja, $(m^2 kg/s)$.

Desenvolvendo as integrais da Equação (6.3) temos que

$$\begin{aligned} Z_d &= \frac{1}{h^{3N}} \int_{-\infty}^{\infty} e^{-\beta \left[\frac{p_1^2}{2m} \right]} d^3\vec{p}_1 \int_{-\infty}^{\infty} e^{-\beta \left[\frac{p_2^2}{2m} \right]} d^3\vec{p}_2 \ldots \int_{-\infty}^{\infty} e^{-\beta \left[\frac{p_N^2}{2m} \right]} d^3\vec{p}_N \times \\ &\quad \int_{-\infty}^{\infty} \int_{-\infty}^{\infty} \ldots \int_{-\infty}^{\infty} e^{-\beta U(\vec{r}_1, \vec{r}_2 \ldots \vec{r}_N)} d^3\vec{r}_1 d^3\vec{r}_2 d^3 \ldots d^3\vec{r}_N. \end{aligned} \qquad (6.4)$$

No caso em que a densidade de partículas é baixa e a energia de interação entre elas seja desprezada, temos que a contribuição do último conjunto de integrais da Equação (6.4) é dada por

$$\begin{aligned} \int_{-\infty}^{\infty} \int_{-\infty}^{\infty} \ldots \int_{-\infty}^{\infty} e^{-\beta U(\vec{r}_1, \vec{r}_2 \vec{r}_N)} d^3\vec{p}_1 d^3\vec{p}_2 d^3 \ldots d^3\vec{p}_N &= \int_V d^3\vec{r}_1 \int_V d^3\vec{r}_2 \ldots \\ &\quad \times \int_V d^3\vec{r}_N, \\ &= V \times V \times V \ldots V, \\ &= V^N. \end{aligned} \qquad (6.5)$$

---

[1] Quando a indistinguibilidade das partículas é levada em consideração, a construção da função de partição leva naturalmente à extensividade da entropia.

186 Fundamentos da Física Estatística

Como as partículas são consideradas indistinguíveis, a integral no momentum da partícula i contribui de forma idêntica para a função de partição que a partícula j. Sendo assim, basta que calculemos apenas a contribuição de uma única partícula, ou seja,

$$\begin{aligned}
\int_{-\infty}^{\infty} e^{-\beta\left[\frac{p^2}{2m}\right]} d^3\vec{p} &= \int_{-\infty}^{\infty}\int_{-\infty}^{\infty}\int_{-\infty}^{\infty} e^{-\beta\left[\frac{p_x^2}{2m}+\frac{p_y^2}{2m}+\frac{p_z^2}{2m}\right]} dp_x dp_y dp_z, \\
&= \int_{-\infty}^{\infty} e^{-\beta\frac{p_x^2}{2m}} dp_x \int_{-\infty}^{\infty} e^{-\beta\frac{p_y^2}{2m}} dp_y \int_{-\infty}^{\infty} e^{-\beta\frac{p_z^2}{2m}} dp_z, \\
&= \left[\sqrt{\frac{2m\pi}{\beta}}\right]^3, \quad\quad (6.6)
\end{aligned}$$

Atividade 1 – *Verifique o resultado da Equação (6.6) a partir da integração direta das equações anteriores.*

Conhecendo os resultados fornecidos pelas Equações (6.5) e (6.6), podemos obter a função de partição do gás ideal como

$$Z = \frac{1}{N!}\left[\frac{1}{h^3}\left(\frac{2\pi m}{\beta}\right)^{3/2} V\right]^N. \quad\quad (6.7)$$

A conexão com a termodinâmica é feita pela função energia livre de Helmholtz F. Podemos também definir a energia livre por partícula como $f = F/N$ onde $F = -\frac{1}{\beta}\ln Z$. Aplicando $\ln$ na Equação (6.7) temos que

$$\ln Z = N \ln\left[\frac{1}{h^3}\left(\frac{2\pi m}{\beta}\right)^{3/2} V\right] - \ln N!. \quad\quad (6.8)$$

Usando expansão de Stirling, temos que

$$\begin{aligned}
\ln Z &= N\left[\ln V - \frac{3}{2}\ln\beta + \frac{3}{2}\ln(2\pi m) - 3\ln h\right] - N\ln N + N, \\
&= N\left[\ln\left(N\frac{V}{N}\right) + \frac{3}{2}\ln(K_B T) + \frac{3}{2}\ln(2\pi m) - 3\ln h - \ln N + 1\right], \\
&= N\left[\ln v + \frac{3}{2}\ln T + \tilde{c}\right], \quad\quad (6.9)
\end{aligned}$$

onde a constante $\tilde{c}$ é dada por

$$\tilde{c} = \frac{3}{2}\ln K_B + \frac{3}{2}\ln(2\pi m) - 3\ln h + 1. \qquad (6.10)$$

Com isso, a energia livre de Helmholtz por partícula é escrita como

$$f = -K_B T\left[\ln v + \frac{3}{2}\ln T + \tilde{c}\right]. \qquad (6.11)$$

A partir do conhecimento da energia livre f, podemos obter a entropia por partícula como

$$\begin{aligned} s &= -\frac{\partial f}{\partial T}, \\ &= K_B \ln v + K_B \frac{3}{2}\ln T + K_B \tilde{c} + \frac{3}{2}K_B, \\ &= K_B\left[\ln v + \frac{3}{2}\ln T + C\right], \end{aligned} \qquad (6.12)$$

onde $C = \tilde{c} + 3/2$ é uma constante. A Figura 6.2 mostra um esboço do comportamento da entropia por partícula para temperaturas suficientemente baixas.

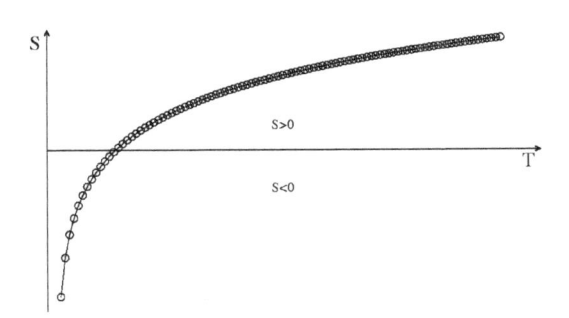

Figura 6.2 – Esboço da entropia por partícula como uma função da temperatura.

Podemos notar claramente que o comportamento da entropia por partícula apresenta uma faixa de temperaturas T, onde s é negativo. Pior do que isso, para temperaturas muito baixas, próximas do zero absoluto, a entropia tende a $-\infty$. Entretanto o procedimento utilizado para descrever o gás ideal não deve ser aplicado ao regime de baixas temperaturas e, consequentemente, energias muito baixas.

A partir do conhecimento da função de partição e do conhecimento da energia livre de Helmholtz, podemos também determinar a equação de estado do gás. Dessa forma, temos que a pressão média exercida pelas colisões das partículas com as paredes do recipiente pode ser obtida de

$$\begin{aligned} \overline{P} &= -\frac{\partial f}{\partial v}, \\ &= \frac{K_B T}{v}, \end{aligned} \qquad (6.13)$$

o que conduz à equação de estado já conhecida como

$$\overline{P} v = K_B T. \qquad (6.14)$$

A energia do gás pode ser obtida a partir da função de partição, da seguinte forma

$$\begin{aligned} \overline{U} &= -\frac{\partial}{\partial \beta} \ln Z, \\ &= \frac{3}{2} N K_B T. \end{aligned} \qquad (6.15)$$

Atividade 2 – *Efetue as passagens matemáticas necessárias para obter a Equação (6.15).*

Podemos também obter a energia média por partícula como $\overline{u} = \overline{U}/N$, o que fornece

$$\overline{u} = \frac{3}{2} K_B T. \qquad (6.16)$$

A partir do conhecimento da energia média, podemos determinar a capacidade calorífica do gás como

$$\begin{aligned} C_v &= \frac{\partial \overline{u}}{\partial T}, \\ &= \frac{3}{2} N K_B. \end{aligned} \qquad (6.17)$$

Podemos ainda reescrever a expressão da capacidade calorífica do gás utilizando o número de moles ν e o número[2] de Avogadro[3] N_a, logo $N = \nu N_a$, portanto

$$\begin{aligned} C_v &= \frac{3}{2}\nu N_a K_B, \\ &= \frac{3}{2}\nu R, \end{aligned} \qquad (6.18)$$

onde o termo $R = N_a K_B$ é a constante universal dos gases. O calor específico pode também ser obtido, logo

$$\begin{aligned} c_v &= \frac{C_v}{\nu}, \\ &= \frac{3}{2}R. \end{aligned} \qquad (6.19)$$

A Equação (6.19) permite concluir que o calor específico é independente do tipo de gás. Desde que este tenha uma baixa densidade, a ponto de ser considerado um gás de partículas não interagentes, o calor específico será constante.

6.3 Escape de partículas em um bilhar clássico: um gás bidimensional não interagente

Discutiremos, nesta seção, um sistema dinâmico constituído de um ensemble de partículas não interagentes, semelhante ao gás ideal, utilizando o formalismo de bilhares[4]. Parte dos resultados foram publicados por Leonel

---

[2]Consiste do número de partículas, geralmente átomos ou moléculas, que constituem uma determinada substância. Seu valor numérico corresponde a $N_a = 6,02214 \times 10^{23}/mol$.

[3]Lorenzo Romano Amedeo Carlo Avogadro di Quaregna e di Cerreto (1776-1856) foi um cientista italiano que contribuiu para o estudo de teoria molecular.

[4]Um bilhar consiste de um sistema dinâmico no qual uma partícula (ou um conjunto delas) se move no interior de uma fronteira fechada, com a qual sofre colisões.

e Dettmann[5] (2012). A dinâmica de cada partícula é descrita por meio de um mapeamento discreto que fornece a relação entre variáveis dinâmicas na enésima colisão com a fronteira com as mesmas variáveis para a colisão $n+1$. Adicional a isso, na fronteira será feito um orifício, por onde as partículas serão injetadas e por onde poderá ocorrer o escape delas, que permite, de fato, estudar a estatística de escape das partículas injetadas no bilhar. Como não existe interação entre as partículas, e considerando que os choques da partícula com a fronteira do bilhar sejam elásticos[6], esse tipo de bilhar faz com que a evolução dinâmica das partículas assemelhe-se com a de partículas em um gás ideal. Entre os choques com a fronteira, as partículas se movem ao longo de uma reta.

A fronteira do bilhar tem raio em coordenadas polares que é dado por

$$R(\theta, \epsilon, p) = 1 + \epsilon \cos(p\theta), \qquad (6.20)$$

onde ϵ corresponde à amplitude de pertubação do círculo. Se $\epsilon = 0$ o bilhar circular é recuperado, em particular não existe a presença de caos[7] e para $\epsilon \neq 0$ temos que a dinâmica pode apresentar regimes de integrabilidade mostrados por ilhas de estabilidade, curvas invariantes e até mesmo caos, conforme mostrado por Michael Berry[8]. A variável θ representa a coordenada angular, e $p > 0$ é sempre um número inteiro. Para o caso em que $\epsilon \neq 0$, mas considerando que $\epsilon < \epsilon_c = 1/(p^2 + 1)$, a fronteira do bilhar só tem componentes convexas e o espaço de fases é misto, contendo ilhas de periodicidade, curvas invariantes *spanning* e caos, ao passo que, quando

---

[5]Carl Philip Dettmann é natural da Austrália e professor na School of Mathematics, na University of Bristol - UK.

[6]De fato, nesse tipo de choque, ocorre tanto preservação de momentum quanto de energia.

[7]Para o caso do bilhar circular, duas grandezas se preservam: (i) energia e (ii) momento angular (BERRY,1981).

[8]Sir Michael Berry é físico matemático britânico que trabalha em diferentes áreas da física. Uma de suas especialidades é física semiclássica aplicada e fenômenos ondulatórios em mecânica quântica e ótica.

$\epsilon \geq \epsilon_c$, a fronteira do bilhar pode agora apresentar regiões côncavas na fronteira, levando, portanto, à destruição de todas as curvas invariantes do tipo *spanning* (OLIVEIRA; LEONEL, 2010), deixando ainda algumas ilhas.

A dinâmica de cada partícula é descrita por um mapeamento discreto para as variáveis (θ_n, α_n), onde θ_n denota a posição angular da partícula e α_n é o ângulo que a trajetória da partícula faz com relação ao vetor tangente à fronteira na posição θ_n, conforme pode ser visto na Figura 6.3.

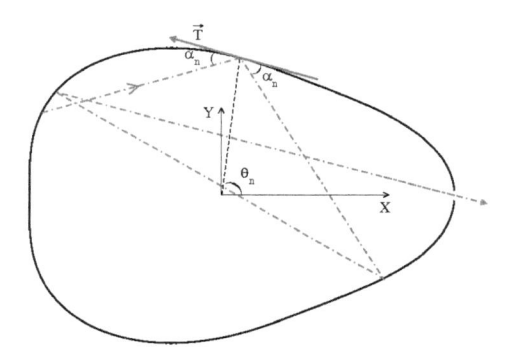

Figura 6.3 – Ilustração dos ângulos que descrevem a dinâmica do bilhar.

Usando coordenadas polares, podemos escrever as coordenadas de posição da partícula como sendo $X(\theta_n) = [1 + \epsilon \cos(p\theta_n)]\cos(\theta_n)$ e $Y(\theta_n) = [1 + \epsilon \cos(p\theta_n)]\sin(\theta_n)$. Se fornecermos uma condição inicial (θ_n, α_n), o ângulo entre o vetor tangente e a fronteira na posição $X(\theta_n)$ e $Y(\theta_n)$ com relação a horizontal é dado por $\phi_n = \arctan[Y'(\theta_n)/X'(\theta_n)]$. Entre as colisões, a partícula se move com velocidade constante e ao longo de uma reta. A equação que fornece a trajetória da partícula é

$$Y(\theta_{n+1}) - Y(\theta_n) = \tan(\alpha_n + \phi_n)[X(\theta_{n+1}) - X(\theta_n)], \qquad (6.21)$$

onde ϕ_n é a inclinação do vetor tangente medido com relação ao semieixo positivo de X, $X(\theta_{n+1})$ e $Y(\theta_{n+1})$ são as novas coordenadas retangulares no ponto θ_{n+1}, que são obtidas numericamente da solução da Equação (6.21). O ângulo entre a trajetória da partícula e o vetor tangente à fronteira no ponto θ_{n+1} é dado por

$$\alpha_{n+1} = \phi_{n+1} - (\alpha_n + \phi_n). \tag{6.22}$$

O mapeamento discreto que fornece a dinâmica da partícula é dado por

$$\begin{cases} F(\theta_{n+1}) = R(\theta_{n+1})\sin(\theta_{n+1}) - Y(\theta_n) - \\ \qquad \tan(\alpha_n + \phi_n)[R(\theta_{n+1})\cos(\theta_{n+1}) - X(\theta_n)], \\ \alpha_{n+1} = \phi_{n+1} - (\alpha_n + \phi_n) \end{cases} \tag{6.23}$$

onde θ_{n+1} é obtido da solução numérica de $F(\theta_{n+1}) = 0$ com $R(\theta_{n+1}) = 1 + \epsilon\cos(p\theta_{n+1})$ e $\phi_{n+1} = \arctan[Y'(\theta_{n+1})/X'(\theta_{n+1})]$.

O espaço de fases típico é mostrado na Figura 6.4. Os parâmetros de

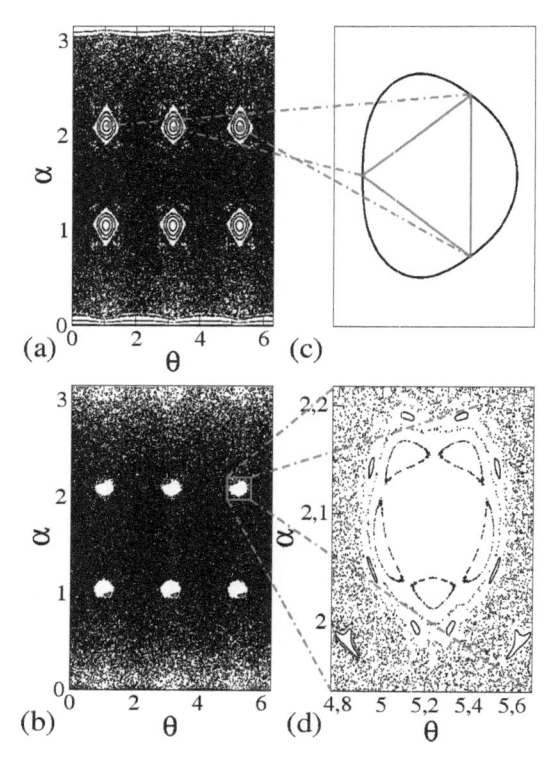

Figura 6.4 – Ilustração do espaço de fases para o bilhar, considerando os parâmetros de controle: (a) $\epsilon = 0,07$ e (b) $\epsilon = 0,1$. (c) Ilustra um órbita de período três e (d) ampliação de uma região de (b).

controle utilizados foram $p = 3$ e: (a) $\epsilon = 0,07 < \epsilon_c$, (b) $\epsilon = 0,1 = \epsilon_c$. A Figura 6.4(c) mostra uma órbita de período três identificando sua correspondente região no espaço de fases de (a), enquanto (d) mostra uma ampliação próxima à ilha de estabilidade de (b).

Vamos, agora, considerar que um orifício foi construído na fronteira por onde as partículas podem escapar. Consideramos que o orifício está localizado na região $\theta \in (0, \tilde{h})$, onde $\tilde{h}$ é um parâmetro. Foram considerados diferentes valores de $\tilde{h} \leq \pi/10$, que não mudam muito os resultados, a não ser o tempo de simulação. Sendo assim, fixamos $\tilde{h} = 0,1$. O procedimento usado para considerar o escape de partículas assume a evolução da dinâmica a partir de um ensemble de condições iniciais. De fato, consideramos um conjunto de 10^6 condições iniciais diferentes em uma janela, onde 10^3 θ_0 estão uniformemente distribuídos em $\theta_0 \in (0, \tilde{h})$, enquanto uma janela de 10^3 α_0 diferentes também estão uniformemente distribuídos em $\alpha_0 \in (0, \pi)$. Cada uma das condições iniciais foi evoluída até um máximo de 10^6 colisões com a fronteira, isso se a partícula não escapar antes. Quando a partícula alcança a região do orifício pela primeira vez, o número de colisões com a fronteira até aquele instante é registrado e a partícula escapa. Então uma nova condição inicial é iniciada e o procedimento é repetido até que todo o ensemble seja evoluído. O histograma de partículas que escapam, representado como $H(n)$ é mostrado na Figura 6.5(a) para três parâmetros de controle diferentes, como mostrado na Figura.

Considerando os parâmetros de controle fixos em $p = 3$ e $\epsilon = 0,07 < \epsilon_c$, o espaço de fases apresenta ilhas de estabilidade, mar de caos e curvas invariantes *spanning*. A existência das ilhas pode fazer com que a dinâmica de algumas condições iniciais sofram um aprisionamento temporário próximo a elas, que pode ser demasiadamente longo. Por outro lado, as curvas invariantes são destruídas para os casos em que $\epsilon = 0,1$ e $\epsilon = 0,13$. A Figura 6.5(a) mostra o comportamento do histograma de órbitas que escapam pelo orifício. O eixo horizontal corresponde ao número de colisões que a partí-

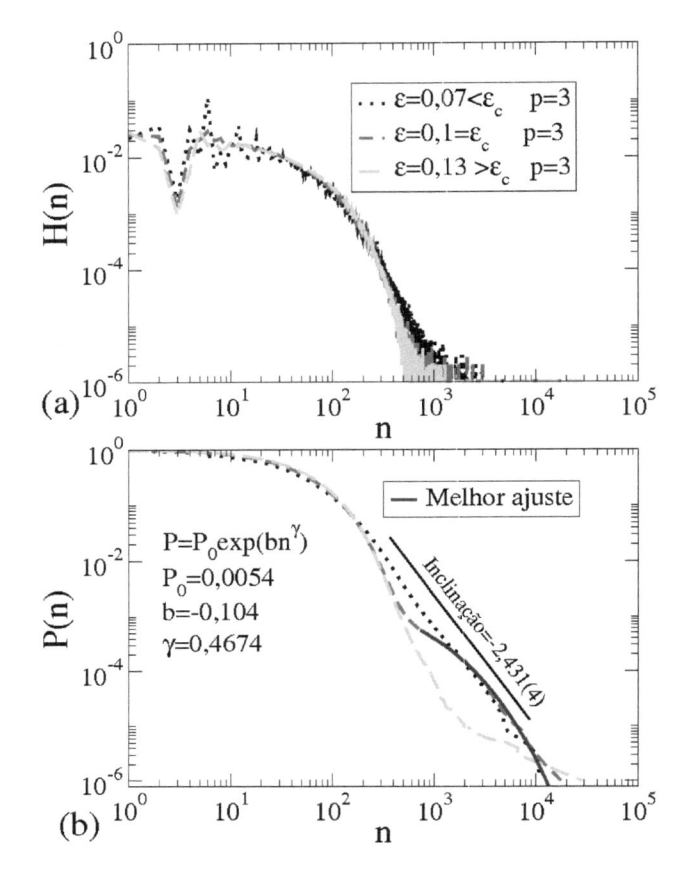

Figura 6.5 – (a) Ilustração do histograma de órbitas que escapam do bilhar. (b) Esboço da probabilidade de sobrevivência, obtida por integração do histograma mostrado em (a). Os parâmetros de controle utilizados foram $p = 3$ e $\epsilon = 0,07 < \epsilon_c$, $\epsilon = 0,1 = \epsilon_c$ e $\epsilon = 0,13 > \epsilon_c$.

cula sofreu com a fronteira do bilhar antes de escapar, e o eixo da vertical mostra a fração de órbitas que escapou na enésima colisão. Considerando que $p = 3$, podemos ver que o histrograma mostra claramente um valor reduzido de escapes para três colisões ($n = 3$) comparados com $n = 2$ e $n = 4$. De fato, essa redução está relacionada com a estabilidade da região de período três existente no espaço de fases, levando a um aprisionamento de partículas próximas a essa região. Para valores suficientemente grandes de n, podemos observar uma longa cauda no histrograma que corresponde

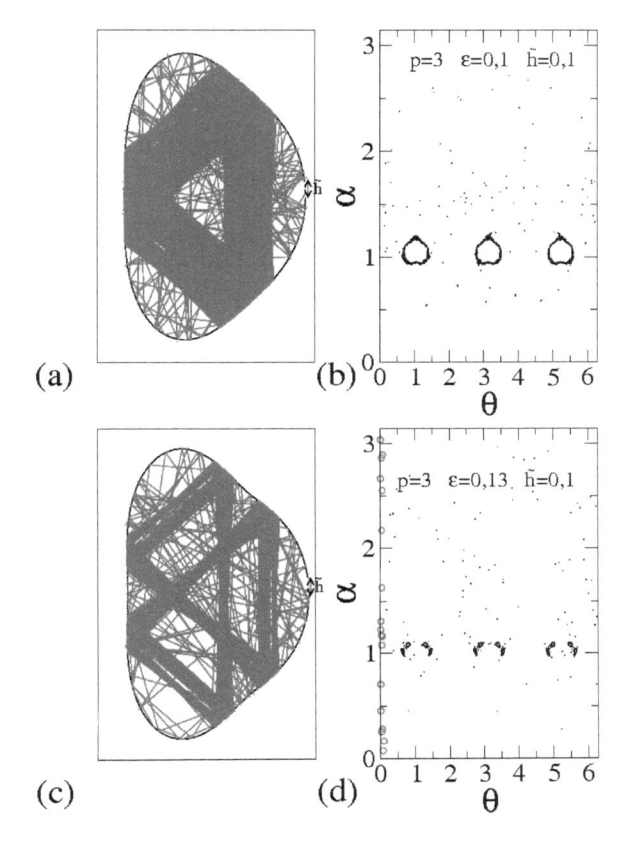

Figura 6.6 – Gráfico típico de órbitas que sobrevivem a muitas colisões no bilhar, sem escapar (a,c), e suas correspondentes representações no espaço de fases (b,d) para os parâmetros de controle $p = 3$ $\tilde{h} = 0,1$ e: (a,b) $\epsilon = 0,1 = \epsilon_c$; (c,d) $\epsilon = 0,13 > \epsilon_c$.

a aprisionamentos próximos a ilhas de estabilidade. A integração do histograma fornece a distribuição do tempo de recorrência, que é definido como

$$P = \frac{1}{N}\sum_{j=1}^{N} N_{\text{rec}}^{(j)}(n), \qquad (6.24)$$

onde a simulação foi feita considerando um ensemble de $N = 10^6$ condições iniciais diferentes. Aqui, $N_{\text{rec}}^{(j)}(n)$ representa o número de condições iniciais que não escaparam através do orifício até a colisão n. A Figura 6.5(b) mostra o comportamento de três curvas de $P(n)$ vs. n para o mesmo conjunto de parâmetros de controle usados na Figura 6.5(a). Para $\epsilon = 0,07 < \epsilon_c$ o decaimento se mostra exponencial no início até por volta de 200 colisões e então a curva muda para um decaimento mais lento, caracterizado por um regime de lei de potência com expoente $-2,431(4)$. Para $\epsilon = 0,1 = \epsilon_c$, as curvas invariantes *spanning* são destruídas. O decaimento de P no início é o mesmo daquele observado para $\epsilon = 0,07$ quando então uma *corcova* aparece em torno de $n \cong 500$ durando até $n \cong 1.500$. Esta *corcova* é descrita por uma função conhecida como exponencial esticada[9] do tipo

$$P = P_0 \exp(b\, n^\gamma) \qquad (6.25)$$

com os coeficientes $P_0 = 0,0054$, $b = -0,104$ e $\gamma = 0,4674 \cong 0,5$. Das 10^6 condições iniciais diferentes, a região correspondendo à corcova é de apenas 947 condições iniciais. A maior parte das órbitas que ficam aprisionadas, visitam a região mostrada na Figura 6.6(a), que correspondem a órbitas de aprisionamento, conforme mostrado na Figura 6.6(b). Finalmente, para $\epsilon = 0,13 > \epsilon_c$, as regiões elípticas do espaço de fases ficaram reduzidas e a distribuição da recorrência decai rapidamente no início. Após cerca de $n > 1.360$ algumas das condições iniciais ficam temporariamente presas. As poucas órbitas presas observadas ficaram aprisionadas nas proximidades de uma órbita periódica de período 12, conforme mostrado na Figura 6.6(c) e que corresponde ao gráfico do espaço de fases mostrado na Figura 6.6(d).

6.4 Teorema de equipartição de energia

Nesta seção, discutiremos uma consequência importante que pode ser utilizada no cálculo da energia média de diversos sistemas clássicos a partir de uma propriedade presente no hamiltoniano que descreve o sistema.

Geralmente na descrição de sistemas físicos constituídos por várias partículas, a expressão da energia de tais sistemas pode ser dada por $U =$

---

[9]Também chamada de *stretched exponential*.

$U(q_1, q_2 \ldots q_N, p_1, p_2 \ldots p_N)$ onde q e p denotam posição e momentum respectivamente. Por facilidade dos cálculos consideraremos o caso unidimensional, embora a generalização para o caso tridimensional possa ser feita com facilidade. Na maioria dos casos, a energia pode ser separável em parcelas que dependem somente de p e q e as seguintes propriedades são observadas:

1. A energia tem a forma

$$U = \sum_{i=1}^{N} u_i(p_i) + U_i(q_1, q_2 \ldots q_N); \tag{6.26}$$

2. A função que descreve u_i é quadrática na variável momentum, ou seja,

$$\begin{aligned} u_i(p_i) &= \frac{p_i^2}{2m}, \\ &= ap_i^2, \end{aligned} \tag{6.27}$$

onde a é uma constante.

A questão frequentemente colocada é: Qual a energia média da partícula i no estado estacionário?

Para responder a esta questão podemos partir da definição de energia média, ou seja,

$$\overline{u}_i = \frac{\int_{-\infty}^{\infty} \int_{-\infty}^{\infty} \cdots \int_{-\infty}^{\infty} e^{-\beta U(q_1, q_2 \ldots q_N, p_1, p_2 \ldots p_N)} u_i dq_1 dq_2 \ldots dq_N dp_1 dp_2 \ldots dp_N}{\int_{-\infty}^{\infty} \int_{-\infty}^{\infty} \cdots \int_{-\infty}^{\infty} e^{-\beta U(q_1, q_2 \ldots q_N, p_1, p_2 \ldots p_N)} dq_1 dq_2 \ldots dq_N dp_1 dp_2 \ldots dp_N}. \tag{6.28}$$

Da propriedade (1) temos que

$$\overline{u}_i = \frac{\int_{-\infty}^{\infty} \int_{-\infty}^{\infty} \cdots \int_{-\infty}^{\infty} e^{-\beta(u_i + U(q_1, q_2 \ldots q_N))} u_i dq_1 dq_2 \ldots dq_N dp_1 dp_2 \ldots dp_N}{\int_{-\infty}^{\infty} \int_{-\infty}^{\infty} \cdots \int_{-\infty}^{\infty} e^{-\beta(u_i + U(q_1, q_2 \ldots q_N))} dq_1 dq_2 \ldots dq_N dp_1 dp_2 \ldots dp_N}. \tag{6.29}$$

Considerando agora a propriedade (2), em que u_i pode ser escrito em termos de p_i, temos que

$$\overline{u}_i = \frac{\int_{-\infty}^{\infty} e^{-\beta u_i} u_i dp_i \int_{-\infty}^{\infty} \int_{-\infty}^{\infty} \cdots \int_{-\infty}^{\infty} e^{-\beta U(q_1, q_2 \ldots q_N)} dq_1 dq_2 \ldots dq_N}{\int_{-\infty}^{\infty} e^{-\beta u_i} dp_i \int_{-\infty}^{\infty} \int_{-\infty}^{\infty} \cdots \int_{-\infty}^{\infty} e^{-\beta U(q_1, q_2 \ldots q_N)} dq_1 dq_2 \ldots dq_N}. \tag{6.30}$$

Os dois últimos termos no numerador e no denominador se cancelam mutuamente, o que nos permite escrever que

$$\overline{u}_i = \frac{\int_{-\infty}^{\infty} e^{-\beta u_i} u_i dp_i}{\int_{-\infty}^{\infty} e^{-\beta u_i} dp_i}. \tag{6.31}$$

A Equação (6.31) pode, ainda, ser escrita de forma mais conveniente como

$$\overline{u}_i = \frac{-\frac{\partial}{\partial \beta} \int_{-\infty}^{\infty} e^{-\beta u_i} dp_i}{\int_{-\infty}^{\infty} e^{-\beta u_i} dp_i},$$

$$= -\frac{\partial}{\partial \beta} \ln \left[\int_{-\infty}^{\infty} e^{-\beta u_i} dp_i \right]. \tag{6.32}$$

Utilizando novamente a propriedade (2) temos que $u_i = ap_i^2$, logo

$$\overline{u}_i = -\frac{\partial}{\partial \beta} \ln \left[\int_{-\infty}^{\infty} e^{-\beta a p_i^2} dp_i \right]. \tag{6.33}$$

Podemos definir uma variável auxiliar do tipo

$$y_i^2 = \beta p_i^2, \tag{6.34}$$

o que conduz a

$$dp_i = \frac{dy_i}{\sqrt{\beta}}, \longrightarrow d^3 p_i = \frac{d^3 y_i}{\beta^{3/2}}, \tag{6.35}$$

com isso, a energia média pode ser escrita como

$$\overline{u}_i = -\frac{\partial}{\partial \beta} \ln \left[\frac{1}{(\beta)^{3/2}} \int_{-\infty}^{\infty} e^{-ay_i^2} dy_i \right]. \tag{6.36}$$

Utilizando a propriedade da aditividade da função ln, temos que

$$\overline{u}_i = -\frac{\partial}{\partial \beta} \left[-\frac{3}{2} \ln \beta + \ln \int_{-\infty}^{\infty} e^{-ay_i^2} dy_i \right]. \tag{6.37}$$

Como o último termo da Equação (6.37) não depende de β, obtemos que

$$\overline{u}_i = \frac{3}{2} \frac{1}{\beta},$$

$$= \frac{3}{2} K_B T. \tag{6.38}$$

Com este resultado, o teorema de equipartição de energia diz que: *Cada termo quadrático na expressão do hamiltoniano (energia) contribui com $K_B T/2$ na energia média do sistema clássico.*

6.5 Gás ideal quântico

Os principais objetivos desta seção são apresentar e discutir alguns conceitos básicos sobre gases ideais quânticos incluindo: (i) gás de férmions; e (ii) gás de bósons.

Considere um sistema de N partículas idênticas é descrito por uma função de onda do tipo

$$\Psi = \Psi(q_1, q_2, \ldots, q_N), \qquad (6.39)$$

onde q_i com $i = 1, 2, \ldots N$ especifica a coordenada generalizada de cada partícula o que pode incluir posição, momento mgnético etc. É importante mencionar que uma possível troca de partículas não deve levar a um novo estado quântico. Assim as seguintes propriedades devem ser obedecidas:

1. A função assume a forma

$$\Psi(q_1, q_2, \ldots, q_i, \ldots, q_j, \ldots, q_N) = \Psi(q_1, q_2, \ldots, q_j, \ldots, q_i, \ldots, q_N), \qquad (6.40)$$

onde a troca das partículas q_i e q_j não produzem um novo estado quântico. As partículas que obedecem a esta propriedade são chamadas de bósons e têm spins múltiplos inteiros de $\hbar$. Exemplos incluem os fótons, átomos de He^4 e vários outros.

2. Outra propriedade que deve ser discutida é a antissimetria, ou seja,

$$\Psi(q_1, q_2, \ldots, q_i, \ldots, q_j, \ldots, q_N) = -\Psi(q_1, q_2, \ldots, q_j, \ldots, q_i, \ldots, q_N), \qquad (6.41)$$

e as partículas que obedecem a esta propriedade são chamadas de férmions e têm spin múltiplos semi-inteiros de $\hbar$. Exemplos de partículas com spin semi-inteiro incluem os elétrons, prótons, átomos de He^3, dentre outros.

Considerando que a troca de q_i com q_j não leva a um novo estado quântico, e considerando a indistinguibilidade das partículas, então temos que

$\Psi(q_1, q_2, \ldots, q_i, \ldots, q_j, \ldots, q_N) = \Psi(q_1, q_2, \ldots, q_j, \ldots, q_i, \ldots, q_N)$, entretanto considerando a condição de antissimetria da função de onda, podemos concluir que $\Psi = 0$ quando as partículas estão em um mesmo estado quântico. Uma conclusão que se pode chegar é que em um gás de férmions, duas partículas não podem ocupar o mesmo estado quântico e devem então obedecer ao princípio de exclusão[10] de Pauli[11].

Antes de passar à formulação estatística do problema do gás ideal quântico é conveniente ilustrar a situação de ocupação de estados considerando as seguintes estatísticas: (i) Maxwell-Boltzmann para partículas clássicas; (ii) Bose[12]-Einstein para partículas quânticas com spins múltiplos inteiros de $\hbar$ (bósons) e; (iii) Fermi-Dirac[13], para partículas quânticas de spins semi-inteiros de $\hbar$, ou seja, os férmions. A discussão apresentada aqui segue a mesma linha de raciocínio apresentada em Reif (1965) e Salinas (1997) e serve como uma excelente ilustração para o leitor sobre a tendência de as partículas ficarem ou não em um mesmo estado quântico.

Consideraremos a situação de um sistema que contém apenas duas partículas, sendo elas as partículas A e B, e que cada uma delas tem apenas três possíveis estados, que são 1, 2 e 3, que podem denotar o primeiro, segundo e terceiro estados excitados das partículas. Na estatística de Maxwell-Boltzmann a distribuição é apresentada na Tabela 6.1. Como são estados clássicos, cada partícula pode ser colocada em qualquer estado configurando

---

[10]Basicamente, o princípio de exclusão de Pauli diz que duas partículas com spins múltiplos semi-inteiros de $\hbar$ não podem ocupar o mesmo estado quântico simultaneamente.

[11]Wolfgang Ernst Pauli (1900-1958) foi um físico teórico austríaco e um dos pioneiros da mecânica quântica. Ganhou o prêmio nobel em 1945 por sua importante descoberta, o que se transformara em uma lei chamada de princípio de exclusão de Pauli.

[12]Satyendra Nath Bose (1894-1974) foi um físico matemático indiano que contribuiu especialmente para os fundamentos da estatística de Bose-Einstein. O nome bóson foi atribuído em sua homenagem.

[13]Paul Adrien Maurice Dirac (1902-1984) foi um físico teórico britânico que deu importantes contribuições para os fundamentos da mecânica quântica, assim como na eletrodinâmica quântica.

1	AB	–	–
2	–	AB	–
3	–	–	AB
4	A	B	–
5	B	A	–
6	A	–	B
7	B	–	A
8	–	A	B
9	–	B	A

Tabela 6.1 – Ilustração dos possíveis estados ocupacionais para um gás de Maxwell-Boltzmann. A primeira coluna fornece os estados configuracionais; e os estados permitidos são mostrados nas colunas 2, 3 e 4.

um total de 9 possíveis estados. Pode-se definir, então, o seguinte observável

$$\tilde{\zeta} = \frac{\text{Probabilidade de se observar duas partículas em um mesmo estado}}{\text{Probabilidade de se observar duas partículas em estados diferentes}}. \tag{6.42}$$

Com essa definição temos, para um gás de partículas clássicas, que

$$\tilde{\zeta}_{\text{MB}} = \frac{3}{6} = \frac{1}{2}. \tag{6.43}$$

A configuração estatística para partículas de spin múltiplo inteiro de $\hbar$ deve ser feita considerando a indistinguibilidade entre elas. Isso implica que a troca entre as partículas q_i com q_j não produz um novo estado. As possíveis configurações são mostradas na Tabela 6.2. Podemos ter, então, seis possíveis estados quânticos, o que leva a

$$\tilde{\zeta}_{\text{BE}} = \frac{3}{3} = 1. \tag{6.44}$$

Como era de se esperar, esse resultado evidencia uma maior tendência de

1	AA	–	–
2	–	AA	–
3	–	–	AA
4	A	A	–
5	A	–	A
6	–	A	A

Tabela 6.2 – Ilustração dos possíveis estados para um gás de bósons, obedecendo a estatística de Bose-Einstein. A primeira coluna fornece os estados configuracionais; e os estados permitidos são mostrados nas colunas 2, 3 e 4.

se observar condensação de partículas em um mesmo estado quântico na estatística de Bose-Einstein.

Por fim, vamos então estender o procedimento para partículas de spin semi-inteiro de $\hbar$. As partículas são também consideradas indistinguíveis e não podem ocupar o mesmo estado quântico. Isso leva à seguinte distribuição apresentada na Tabela 6.3. Nesta situação temos que

$$\tilde{\zeta}_{\text{FD}} = \frac{0}{3} = 0. \tag{6.45}$$

Este resultado é uma confirmação da tendência das partículas fermiônicas ficarem separadas em diferentes estados quânticos. Podemos passar, agora, para a caracterização dos observáveis estatísticos.

1	A	A	–
2	A	–	A
3	–	A	A

Tabela 6.3 – Ilustração dos possíveis estados para um gás de férmions, obedecendo a estatística de Fermi-Dirac. A primeira coluna fornece os estados configuracionais; e os estados permitidos são mostrados nas colunas 2, 3 e 4.

6.6 Função de partição e observáveis físicos

Discutiremos nesta seção um procedimento que leva à formulação do problema. Consideraremos um gás contendo N partículas, todas limitadas a se mover no interior do volume V. Além disso o sistema está em uma temperatura T, em que usaremos o formalismo do ensemble canônico. A energia do gás é escrita como

$$\begin{aligned} U_R &= n_1 u_1 + n_2 u_2 + \ldots n_N u_N, \\ &= \sum_{i=1}^{N} n_i u_i, \end{aligned} \qquad (6.46)$$

onde n_1 identifica o número de partículas com energia u_1, n_2 identifica o número de partículas com energia u_2, e assim sucessivamente. Um vínculo importante é

$$\sum_i n_i = N, \qquad (6.47)$$

onde N, conforme dito aqui, é o número de partículas do gás. A função de partição é, então, dada por

$$\begin{aligned} Z &= \sum_{\{R\}} e^{-\beta U_R}, \\ &= \sum_{\{R\}} e^{-\beta(n_1 u_1 + n_2 u_2 + \ldots n_N u_N)}, \end{aligned} \qquad (6.48)$$

e pode ser interpretada como a probabilidade de se observar o gás com n_1 partículas no estado de energia u_1, n_2 partículas com energia u_2, e assim por diante. O número médio de partículas no estado de energia u_s é

$$\overline{n}_s = \frac{\sum_{\{R\}} n_s e^{-\beta(n_1 u_1 + n_2 u_2 + \ldots n_N u_N)}}{\sum_{\{R\}} e^{-\beta(n_1 u_1 + n_2 u_2 + \ldots n_N u_N)}}, \qquad (6.49)$$

ou, ainda,

$$\begin{aligned}\overline{n}_s &= \frac{\sum_{\{R\}} n_s e^{-\beta(n_1 u_1 + n_2 u_2 + \ldots n_N u_N)}}{Z}, \\ &= \frac{1}{Z}\left[-\frac{1}{\beta}\frac{\partial}{\partial u_s}\sum_{\{R\}} e^{-\beta(n_1 u_1 + n_2 u_2 + \ldots n_N u_N)}\right], \\ &= -\frac{1}{\beta Z}\frac{\partial Z}{\partial u_s}, \\ &= -\frac{1}{\beta}\frac{\partial \ln Z}{\partial u_s}. \end{aligned} \qquad (6.50)$$

Portanto o conhecimento da função de partição é de grande relevância para o estudo do problema e permite a caracterização de observáveis como o número médio de partículas em um dado estado energético. Podemos agora ser mais específicos e lidar com as estatísticas para bósons e férmions. Começaremos com os bósons.

6.6.1 Estatística de Bose-Einstein

Devemos considerar que as partículas são indistinguíveis e que as especificações de estado sejam dadas por $n_1, n_2, \ldots$, onde $n_i = 0, 1, 2 \ldots$ para cada partícula. O vínculo é a Equação (6.47), ou seja, $\sum_i n_i = N$ e que N seja um número suficientemente grande. Temos então que

$$\begin{aligned}\overline{n}_s &= -\frac{1}{\beta}\frac{\partial \ln Z}{\partial u_s}, \\ &= -\frac{1}{\beta}\frac{\partial}{\partial u_s}\ln\left[\sum_{\{n\}} e^{-\beta u_s n}\right]. \end{aligned} \qquad (6.51)$$

Entretanto o somatório deve ser avaliado como

$$\sum_{\{n\}} e^{-\beta u_s n} = e^0 + e^{-\beta u_s} + e^{-\beta 2 u_s} + \ldots . \qquad (6.52)$$

Atividade 3 – *Mostre que a série dada pela Equação (6.52) converge para*

$$A = \frac{1}{1 - e^{-\beta u_s}}.$$

Dessa forma, chegamos à seguinte relação

$$\begin{aligned}\overline{n}_s &= -\frac{1}{\beta}\frac{\partial}{\partial u_s}\ln\left(\frac{1}{1-e^{-\beta u_s}}\right), \\ &= -\frac{1}{\beta}\frac{\partial}{\partial u_s}[-\ln(1-e^{-\beta u_s})], \\ &= \frac{1}{e^{\beta u_s}-1},\end{aligned} \quad (6.53)$$

que é chamada de distribuição de Planck.

Atividade 4 – *Faça as passagens matemáticas necessárias para obter a Equação (6.53).*

Quando o número de partículas não é constante, podemos descrever o problema usando o formalismo do ensemble grande canônico. Dessa forma temos que

$$\phi = \phi(T,V,\mu) = \sum_{\{N\}} e^{\beta\mu N} Z(T,V,N), \quad (6.54)$$

onde μ é potencial químico e Z é a função de partição canônica. Reescrevendo de forma explícita, temos

$$\begin{aligned}\phi &= \sum_{\{N\}} e^{\beta\mu N} \sum_{\{n_i\}} e^{-\beta u_i n_i}, \\ &= \sum_{\{n_i\}} e^{-\beta(u_1-\mu)n_1 - \beta(u_2-\mu)n_2 - \cdots},\end{aligned} \quad (6.55)$$

que pode ser fatorada como

$$\begin{aligned}\phi &= \left(\sum_{\{n_1\}} e^{-\beta(u_1-\mu)n_1}\right)\left(\sum_{\{n_2\}} e^{-\beta(u_2-\mu)n_2}\right)\cdots, \\ &= \prod_{i=1}^{N}\left(\sum_{\{n\}} e^{-\beta(u_i-\mu)n}\right).\end{aligned} \quad (6.56)$$

Logo, o número médio de partículas com energia u_s é dado por

$$\overline{n}_s = -\frac{1}{\beta}\frac{\partial \ln\phi}{\partial u_s}. \quad (6.57)$$

A soma na Equação (6.56) pode ser realizada como

$$\sum_{\{n\}} e^{-\beta(u_i-\mu)n} = e^0 + e^{-\beta(u_s-\mu)} + e^{-2\beta(u_s-\mu)} + \cdots,$$

$$= \frac{1}{1 - e^{-\beta(u_s-\mu)}}. \tag{6.58}$$

Atividade 5 – *Faça as passagens matemáticas necessárias para obter a Equação (6.58).*

Com isso, o número médio de partículas com energia u_s é

$$\bar{n}_s = -\frac{1}{\beta}\frac{\partial}{\partial u_s} \ln\left[\frac{1}{1 - e^{-\beta(u_s-\mu)}}\right],$$

$$= \frac{1}{e^{\beta(u_s-\mu)} - 1}, \tag{6.59}$$

onde μ é o potencial químico.

Atividade 6 – *Faça as passagens matemáticas necessárias para obter a Equação (6.59).*

Vamos agora discutir os casos limites da Equação (6.59). Primeiramente, vamos supor que a temperatura seja suficientemente pequena de modo que $\beta \sim 1/T$ seja grande.

1. Para a situação em que $u_s > \mu$ temos que

$$\bar{n}_s = \lim_{\beta \to \infty} \frac{1}{e^{\beta(u_s-\mu)} - 1} = 0. \tag{6.60}$$

2. No limite em que $u_s \to \mu$, com $\mu \to 0$ (bem pequeno), temos que

$$\bar{n}_s \gg 1. \tag{6.61}$$

Esse é um dos resultados teóricos que fazem a previsão da condensação[14] de Bose-Einstein.

---

[14]Um condensado de Bose-Einstein é formado por um gás de bósons (spins múltiplos inteiros de $\hbar$) a uma temperatura muito baixa. Em tais condições, uma grande fração dos bósons ocupa o estado de mais baixa energia, de modo que efeitos quânticos, característicos de escala microscópica, se tornam aparentes em escala macroscópica.

6.6.2 Estatística de Fermi-Dirac

As discussões envolvendo a estatística de Fermi-Dirac são mais simples quando comparadas com a estatística de Bose-Einstein. De fato, n só pode assumir dois possíveis valores: 0 ou 1. Logo

$$\sum_{n=0}^{1} e^{-\beta(u_s-\mu)n} = 1 + e^{-\beta(u_s-\mu)}. \tag{6.62}$$

Portanto o número médio de partículas com energia u_s é dado por

$$\begin{aligned}\overline{n}_s &= -\frac{1}{\beta}\frac{\partial}{\partial u_s}\ln[1 - e^{-\beta(u_s-\mu)}], \\ &= \frac{1}{1 + e^{\beta(u_s-\mu)}}.\end{aligned} \tag{6.63}$$

Atividade 7 – *Faça as passagens matemáticas necessárias para obter a Equação (6.63).*

Vamos discutir agora os casos limites. Novamente, consideraremos a situação em que $T \to 0$, ou seja, β é grande. Assim, temos

1. Se $u_s < \mu$ logo

$$\overline{n}_s = \lim_{\beta \to \infty} \frac{1}{1 + e^{\beta(u_s-\mu)}} = 1. \tag{6.64}$$

Esse resultado confirma que todos os orbitais com energia $u_s < \mu$ estão ocupados.

2. Temos que $u_s > \mu$, logo

$$\overline{n}_s = \lim_{\beta \to \infty} \frac{1}{1 + e^{\beta(u_s-\mu)}} = 0. \tag{6.65}$$

De forma complementar ao caso 1, discutido aqui, podemos concluir que todos os estados com energia $u_s > \mu$ estão vazios.

6.7 Resumo

Neste capítulo, discutimos, de forma sucinta, algumas propriedades de um gás ideal, em particular obtendo a função de partição canônica. A partir dela, obtivemos também a equação de estado, assim como a energia média. Foi considerado também a dinâmica de escape de um ensemble de partículas não interagentes em um bilhar clássico. Mostramos que a probabilidade de sobrevivência para as partículas que não escapam do bilhar decai exponencialmente para tempos curtos e muda de regime para um decaimento mais lento que pode ser uma lei de potência para tempos mais longos.

Por fim, consideramos o caso do gás ideal quântico. Discutimos o procedimento para se construir a função de partição para o caso dos bósons e férmions. Mostramos também as expressões para o número médio de partículas de acordo com sua energia. Para o caso dos bósons, esse resultado faz uma previsão da condensação de Bose-Einstein para temperaturas muito baixas, ao passo que, para férmions, evidencia o princípio de exclusão de Pauli com estados ocupados para temperaturas baixas e energia $u_s < \mu$ e estados vazios para $u_s > \mu$.

Também enunciamos e demostramos o teorema de equipartição de energia, sendo que o principal resultado é que cada termo quadrático na expressão do hamiltoniano (energia) contribui com $K_B T/2$ na energia média do sistema.

6.8 Exercícios propostos

1. Enuncie e demonstre o teorema de equipartição de energia.

2. Escreva um algoritmo e, em seguida, um código computacional para construir o espaço de fases mostrado na Figura 6.4.

3. Considere o grande potencial termodinâmico dado por

$$\phi \prod_{i=1}^{N} \left(\sum_{\{n\}} e^{-\beta(u_i - \mu)n} \right), \qquad (6.66)$$

para um gás de bósons.

(a) Obtenha o número médio de partículas com energia u_s, usando

$$\overline{n}_s = -\frac{1}{\beta} \frac{\partial \phi}{\partial u_s}; \qquad (6.67)$$

(b) Discuta o resultado obtido em (a) no limite em que $T \to 0$.

4. Considere a função de partição

$$Z = \left[\frac{1}{h^3} \left(\frac{2\pi m}{\beta} \right)^{\frac{3}{2}} V \right]^N. \qquad (6.68)$$

(a) Determine a energia livre de Helmholtz por partícula;

(b) Encontre a equação de estado P/T;

(c) Obtenha a expressão da entropia por partícula;

(d) Mostre que a função de partição dada pela Equação (6.68) leva a uma entropia que é não extensiva.

Referências Bibliográficas

BERRY, M. V. Regularity and chaos in classical mechanics, illustrated by three deformations of a circular billiard. **European Journal of Physics**, London, v. 2, n. 2, p. 91-102, 1981.

BLUNDELL, S. J.; BLUNDELL, K. M. **Concepts in thermal physics**. Oxford: Oxford University Press, 2006.

LEONEL, E. D.; DETTMANN, C. P. Recurrence of particles in static and time varying oval billiards. **Physics Letters A.**, Amsterdam, v. 376, n. 20, p. 1669-1674, 2012.

OLIVEIRA, D. F. M.; LEONEL, E. D. On the dynamical properties of an elliptical-oval billiard with static boundary. **Communications in Nonlinear Science and Numerical Simulation**, Beijing, v. 15, n. 4, p. 1092-1102, 2010.

REIF, F. **Fundamentals of statistical and thermal physics**. New York: McGraw-Hill, 1965.

SALINAS, S. R. A. **Introdução à física estatística**. São Paulo: Edusp, 1997.

Capítulo 7

Gás de férmions e gás de bósons

7.1 Objetivos

Discutiremos, neste capítulo, os procedimentos para o cálculo da energia de Fermi em um gás de férmions e para a obtenção da temperatura de Bose em um condensado de Bose-Einstein. Discussões acerca de um gás de fótons também serão feitas particularmente recuperando a distribuição do espectro de radiação de corpo negro.

7.2 Estados quânticos de uma partícula livre

Iniciaremos o capítulo discutindo a caracterização dos estados energéticos de uma partícula livre. Considere uma partícula quântica que esteja confinada em uma caixa unidimensional de extensão L. A função de onda que descreve os estados quânticos é dada por $\Psi(X,t) = \Phi(X)\exp(-(iU/\hbar)t)$, onde X especifica a coordenada da posição da partícula. Da equação de Schroedinger temos que

$$i\hbar\frac{\partial \Psi}{\partial t} = H\Psi. \tag{7.1}$$

Se a função de onda pode ser escrita como

$$\Psi(X,t) = \Phi(X)e^{-(iU/\hbar)t}, \tag{7.2}$$

então temos que

$$H\Psi = U\Psi, \tag{7.3}$$

onde

$$H = \frac{p^2}{2m}, \tag{7.4}$$

e o operador p é dado por

$$p = -i\hbar \frac{\partial}{\partial X}. \tag{7.5}$$

Utilizando a relação de de Broglie[1] $p = \hbar k$, temos que

$$U = \frac{\hbar^2 k^2}{2m}, \tag{7.6}$$

logo, a equação diferencial a ser resolvida é

$$\nabla^2 \Psi = \frac{\hbar^2 k^2}{2m} \Psi. \tag{7.7}$$

Essa é uma equação diferencial de segunda ordem com coeficientes constantes, e tem como solução geral

$$\Psi(X) = A\sin(kX) + B\cos(kX), \tag{7.8}$$

onde A e B são constantes e k é o número de onda. Das condições de contorno, temos que

$$\Psi(0) = \Psi(L) = 0, \tag{7.9}$$

---

[1]Louis Victor Pierre Raymond, conhecido como sétimo duque de Broglie (1892-1987) foi um físico francês que ficou famoso por propor a natureza ondulatória dos elétrons e também a sugerir que toda matéria tem propriedade ondulatória. De fato, esse conceito veio a ficar conhecido, mais adiante, como dualidade onda-partícula ou simplesmente por hipótese de de Broglie.

o que nos leva a obter $B = 0$. O número de onda é então obtido da condição

$$kL = n\pi, \qquad (7.10)$$

o que conduz a

$$k = \frac{n\pi}{L}, \qquad (7.11)$$

com $n = 1, 2 \ldots$.

Desse modo, a energia da partícula será discretizada e dada por

$$\begin{aligned} u(n) &= \frac{\hbar^2}{2m}\left(\frac{n\pi}{L}\right)^2, \\ &= \frac{\hbar^2 \pi^2}{2mL^2} n^2. \end{aligned} \qquad (7.12)$$

Uma extensão imediata do formalismo pode ser feita para o caso tridimensional. Considere, então, a situação em que a partícula esteja confinada em um recipiente cúbico de lados L_x, L_y e L_z, conforme mostrado na Figura 7.1.

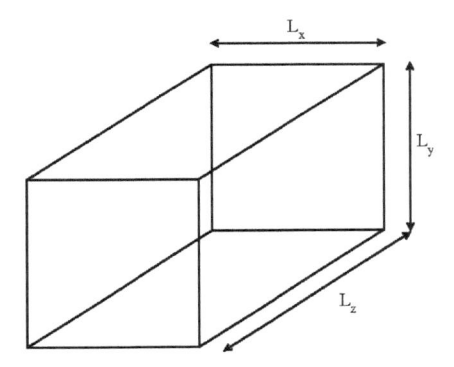

Figura 7.1 – Ilustração do confinamento de uma partícula em um cubo de lados L_x, L_y e L_z.

Utilizando a equação de Schroedinger chegamos às seguintes condições de contorno:

- (Eixo X).

$$\Psi(0) = \Psi(L_x) \Longrightarrow k_x = \frac{n_x \pi}{L_x}, \; n_x = 1, 2 \ldots. \qquad (7.13)$$

- (Eixo Y).
$$\Psi(0) = \Psi(L_y) \Longrightarrow k_y = \frac{n_y \pi}{L_y}, \quad n_y = 1, 2 \ldots \quad (7.14)$$

- (Eixo Z).
$$\Psi(0) = \Psi(L_z) \Longrightarrow k_z = \frac{n_z \pi}{L_z}, \quad n_z = 1, 2 \ldots \quad (7.15)$$

Portanto a energia da partícula será dada por

$$\begin{aligned} u(n_x, n_y, n_z) &= \frac{\hbar^2}{2m}(k_x^2 + k_y^2 + k_z^2), \\ &= \frac{\hbar^2 \pi^2}{2m}\left[\frac{n_x^2}{L_x^2} + \frac{n_y^2}{L_y^2} + \frac{n_z^2}{L_z^2}\right]. \end{aligned} \quad (7.16)$$

A partir das expressões de k_x, k_y e k_z podemos determinar o número de estados translacionais com faixa entre $\vec{k}$ e $\vec{k} + d\vec{k}$. Dessa forma, temos que

$$\Delta n_x = \frac{L_x}{\pi} dk_x, \quad (7.17)$$

$$\Delta n_y = \frac{L_y}{\pi} dk_y, \quad (7.18)$$

$$\Delta n_z = \frac{L_z}{\pi} dk_z. \quad (7.19)$$

Com isso, temos que

$$\begin{aligned} \Delta n_x \Delta n_y \Delta n_z &= \frac{L_x L_y L_z}{\pi^3} dk_x dk_y dk_z = \rho d^3 k, \\ &= \frac{V}{\pi^3} dk_x dk_y dk_z. \end{aligned} \quad (7.20)$$

Entretanto, como consideramos apenas os casos $n_x > 0$, $n_y > 0$ e $n_z > 0$, temos que

$$\rho d^3 k = \frac{V}{(2\pi)^3} d^3 k. \quad (7.21)$$

Aqui ρ fornece a densidade de estados translacionais. Vemos que é independente de k e diretamente proporcional ao volume V.

Agora que conhecemos a densidade de estados translacionais, podemos partir para as aplicações em gases quânticos. Começaremos com o gás de Fermi.

7.2.1 Aplicações ao gás de Fermi

Vimos que, no gás de Fermi, discutido no capítulo anterior, o número de partículas com energia u_s é dado por

$$\overline{n}_s = \frac{1}{e^{\beta(u_s-\mu)} + 1}, \qquad (7.22)$$

que é a distribuição de Fermi-Dirac. A energia interna do gás pode ser calculada da forma

$$\begin{aligned}\overline{U} &= \sum_j u_j \overline{n}_j, \\ &= \sum_j \frac{u_j}{e^{\beta(u_j-\mu)} + 1}. \end{aligned} \qquad (7.23)$$

O número total de partículas é dado por

$$\begin{aligned} N &= \sum_j \overline{n}_j, \\ &= \sum_j \frac{1}{e^{\beta(u_j-\mu)} + 1}. \end{aligned} \qquad (7.24)$$

Um problema que às vezes se torna difícil é, na maioria dos casos, o cálculo dos somatórios. Sabemos que a energia de um elétron livre pode ser escrita como

$$u_j = \frac{\hbar^2}{2m} k_j^2. \qquad (7.25)$$

Por outro lado se $u_{j+1} - u_j \cong 0$, podemos aproximar

$$u_{j+1} - u_j = \frac{u_{j+1} - u_j}{(j+1) - j} \cong \frac{du}{dj}, \qquad (7.26)$$

e transformar os somatórios em integrais. Nesse sentido, o número médio de partículas com energia u_s será

$$\overline{n}_s = \frac{1}{e^{\beta\left[\frac{\hbar^2 k_s^2}{2m} - \mu\right]} + 1}, \qquad (7.27)$$

e o número total de partículas será

$$N = \tilde{\gamma}\frac{V}{(2\pi)^3}\int d^3k \frac{1}{e^{\beta\left[\frac{\hbar^2 k_s^2}{2m}-\mu\right]}+1}, \qquad (7.28)$$

onde $\tilde{\gamma} = 2s+1$ representa o fator de multiplicidade de spin. De fato, $\tilde{\gamma}$ corresponde às possíveis projeções de spin ao longo do eixo z, por exemplo, são $-s, -s+1, \ldots, s-1, s$. Para o caso de spin[2] $s = 1/2$, logo temos que $\tilde{\gamma} = 2$.

A energia média é escrita como

$$\overline{U} = \tilde{\gamma}\frac{V}{(2\pi)^3}\int d^3k \frac{\hbar^2 k^2}{2m}\frac{1}{e^{\beta\left[\frac{\hbar^2 k_s^2}{2m}-\mu\right]}+1}. \qquad (7.29)$$

Para resolver a integral da Equação (7.29), podemos utilizar uma propriedade que envolve a forma como a energia se distribui nos números de onda. Como $k^2 = k_x^2 + k_y^2 + k_z^2$, podemos perceber que ela se distribui de forma esférica em k_x, k_y e k_z. Assim, podemos usar a Equação (7.21) para determinar o número de estados ρ_k que estão na faixa entre $\vec{k}$ e $\vec{k}+d\vec{k}$. Isso nos conduz a

$$\begin{aligned}\rho_k d^3k &= \frac{V}{(2\pi)^3}4\pi k^2 dk, \\ &= \frac{V}{2\pi^2}k^2 dk. \qquad (7.30)\end{aligned}$$

É importante notar que o número de estados $\rho_k dk$ deve ser o mesmo quando medido na energia, ou, ainda,

$$\rho_k dk = \rho_u du, \qquad (7.31)$$

o que fornece

$$\rho_u du = \rho_k \frac{dk}{du}du, \qquad (7.32)$$

---

[2]Em unidades de $\hbar$.

logo, devemos encontrar a relação dk/du. Da expressão da energia dada pela Equação (7.6), temos que

$$du = \frac{\hbar^2 k}{m} dk, \qquad (7.33)$$

o que leva a

$$\frac{dk}{du} = \frac{m}{\hbar^2 k}. \qquad (7.34)$$

Portanto concluímos que

$$\begin{aligned}
\rho_u du &= \frac{V}{2\pi^2} k^2 \frac{m}{\hbar^2 k} du, \\
&= \frac{V}{4\pi^2} \left[\frac{2m}{\hbar^2}\right]^{3/2} u^{1/2} du. \qquad (7.35)
\end{aligned}$$

Atividade 1 – *Faça todas as passagens matemáticas necessárias para obter a Equação (7.35).*

Esse resultado permite reescrever o número de partículas como

$$\begin{aligned}
N &= \tilde{\gamma} \int_0^\infty \frac{V}{4\pi^2} \left[\frac{2m}{\hbar^2}\right]^{3/2} u^{1/2} \frac{1}{e^{\beta(u-\mu)}+1} du, \\
&= \tilde{\gamma} V \int_0^\infty D(u) f(u) du, \qquad (7.36)
\end{aligned}$$

onde as funções $D(u)$ e $f(u)$ assumem as seguintes formas

$$D(u) = \frac{1}{4\pi^2} \left[\frac{2m}{\hbar^2}\right]^{3/2} u^{1/2}, \qquad (7.37)$$

$$f(u) = \frac{1}{e^{\beta(u-\mu)}+1}. \qquad (7.38)$$

Com essas definições, a energia média pode ser escrita como

$$\bar{u} = \tilde{\gamma} V \int_0^\infty u D(u) f(u) du. \qquad (7.39)$$

Agora que a expressão da energia média foi obtida, podemos considerar os casos limites.

7.2.2 Gás de Fermi degenerado

Considerando o caso em que $T \to 0$, ou identicamente, onde $\beta \to \infty$, para o caso em que $u < \mu$ temos que $f(u) \to 1$. A Figura 7.2 ilustra o comportamento da função $f(u)$ vs. u para o limite $T \to 0$.

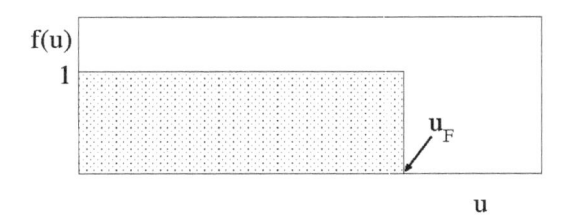

Figura 7.2 – Esboço da função $f(u)$ vs. u para $T \to 0$.

Utilizando a propriedade mostrada na Figura 7.2 podemos determinar N como

$$\begin{aligned} N &= \tilde{\gamma} V \int_0^{u_F} \frac{1}{4\pi^2} \left[\frac{2m}{\hbar^2}\right]^{3/2} u^{1/2} du, \\ &= \frac{2}{3} \frac{\tilde{\gamma} V}{4\pi^2} \left[\frac{2m}{\hbar^2}\right]^{3/2} u_F^{3/2}. \end{aligned} \qquad (7.40)$$

Atividade 2 – *Faça todas as passagens matemáticas necessárias para obter a Equação (7.40).*

A partir da Equação (7.40) podemos isolar a energia de Fermi, u_F chegando à seguinte relação

$$u_F = \left[\frac{N}{V}\right]^{2/3} \left[\frac{4\pi^2}{\tilde{\gamma}} \frac{3}{2}\right]^{2/3} \frac{\hbar^2}{2m}. \qquad (7.41)$$

Atividade 3 – *Partindo da Equação (7.40), faça todas as passagens matemáticas necessárias para obter a Equação (7.41).*

Podemos ainda observar, da Equação (7.41), que a energia de Fermi u_F é inversamente proporcional a m e depende da densidade $(N/V)^{2/3}$. A partir da energia de Fermi, podemos determinar a temperatura de Fermi, ou seja,

$$T_F = \frac{u_F}{K_B}. \qquad (7.42)$$

Quando a temperatura de Fermi $T_F < T$, temos que nem todos os elétrons estão em estados de menor energia. Alguns deles podem estar em estados excitados. O esboço de $f(u)$ muda ligeiramente quando comparado com o caso anterior. A Figura 7.3 ilustra o comportamento de $f(u)$.

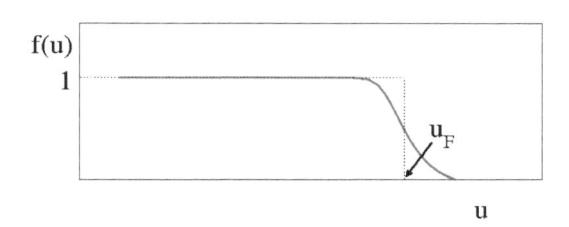

Figura 7.3 – Esboço da função $f(u)$ vs. u para $T_F < T$.

É possível ainda fazer uma estimativa para determinar a quantidade de elétrons que se encontram no estado excitado. Utilizando a Equação (7.40) reescrita de forma apropriada, temos

$$N = \tilde{\gamma} \left[\frac{V}{4\pi^2} \left(\frac{2m}{\hbar^2} \right)^{3/2} u_F^{1/2} \right] \frac{2}{3} u_F. \tag{7.43}$$

Usando agora

$$\frac{2}{3} u_F \cong K_B T, \tag{7.44}$$

temos que

$$N_{\text{exc}} \cong \tilde{\gamma} V D(u_F) K_B T, \tag{7.45}$$

onde

$$D(u_F) = \frac{V}{4\pi^2} \left(\frac{2m}{\hbar^2} \right)^{3/2} u_F^{1/2}. \tag{7.46}$$

7.2.3 Gás de bósons

Vamos agora considerar o caso do gás de bósons. O número médio de partículas com energia u_s é dado por

$$\overline{n}_s = \frac{1}{e^{\beta(u_s - \mu)} - 1}, \tag{7.47}$$

ou também, utilizando a função grande potencial termodinâmico, temos que

$$\overline{n}_s = -\frac{1}{\beta}\frac{\partial \ln \phi}{\partial u_s}. \tag{7.48}$$

Utilizando novamente a expressão da energia dada pela Equação (7.6) podemos obter o número total[3] de partículas como

$$N = \tilde{\gamma}V\frac{1}{4\pi^2}\left(\frac{2m}{\hbar^2}\right)^{3/2}\int_0^\infty \frac{u^{1/2}}{e^{\beta(u-\mu)}-1}du. \tag{7.49}$$

Vamos então resolver essa integral para o caso particular em que $\mu \to 0$, o que permite estimar a temperatura de condensação. Assim temos que

$$N = \tilde{\gamma}V\frac{1}{4\pi^2}\left(\frac{2m}{\hbar^2}\right)^{3/2}\int_0^\infty \frac{u^{1/2}}{e^{\beta_0 u}-1}du. \tag{7.50}$$

Chamando $x = \beta_0 u$, temos que $dx = \beta_0 du$, com isso

$$N = \frac{\tilde{\gamma}V}{4\pi^2}\frac{1}{\beta_0^{3/2}}\left(\frac{2m}{\hbar^2}\right)^{3/2}\int_0^\infty \frac{x^{1/2}}{e^x-1}dx. \tag{7.51}$$

A integral anterior fornece como resultado

$$\int_0^\infty \frac{x^{1/2}}{e^x-1}dx = \frac{\sqrt{\pi}}{2}\zeta(^3/_2), \tag{7.52}$$

onde $\zeta(^3/_2) \cong 2,61\ldots$ é chamada de função zeta.

Usando os resultados obtidos nas Equações (7.51) e (7.52), e isolando apropriadamente os termos, encontramos que

$$T_0 = \left[\frac{N}{V}\frac{4\pi^2}{\tilde{\gamma}}\frac{2}{\sqrt{\pi}}\frac{1}{\zeta(^3/_2)}\right]^{2/3}\frac{\hbar^2}{2mK_B}, \tag{7.53}$$

que é chamada de temperatura de Bose. É também dependente da densidade $(N/V)^{2/3}$ e inversamente proporcional à massa das partículas.

---

[3]Também chamado de número termodinâmico de partículas.

7.2.4 Radiação de corpo negro

Discutiremos aqui uma aplicação do formalismo apresentado em gases quânticos para a descrição da radiação de corpo negro. De fato, a radiação eletromagnética pode ser descrita por ondas planas viajando à velocidade da luz[4], e sua frequência angular é $w_\kappa = c\kappa$, onde κ é o vetor de onda. Só podem existir dois possíveis modos para o vetor de onda que são definidos pela polarização da onda. Podemos então calcular a distribuição de energia à uma temperatura T. O número de autoestados de energia por partícula em uma pequena faixa entre ω e $\omega + d\omega$ é dado por

$$\rho(\omega)d\omega = 4\pi\kappa^2 \left(\frac{d\kappa}{d\omega}\right)\frac{2V}{(2\pi)^3}, \quad (7.54)$$

onde o termo $4\pi\kappa^2$ fornece a área da superfície de uma esfera com raio κ, o termo dentro dos parênteses fornece a espessura da casca e a última fração contribui com duas vezes[5] a densidade de autoestados dos veteores de onda. Uma vez que $\omega = c\kappa$, temos que

$$\frac{d\kappa}{d\omega} = \frac{1}{c}, \quad (7.55)$$

portanto concluímos que

$$\rho(\omega)d\omega = 4\pi\frac{\omega^2}{c^2}\frac{1}{c}\frac{2V}{(2\pi)^3}d\omega,$$
$$= \frac{V\omega^2}{\pi^2 c^3}. \quad (7.56)$$

Vamos considerar que o potencial químico seja nulo e que a energia de cada fóton seja dada por $u_\kappa = \hbar\omega$. Podemos assim assumir que são partículas idênticas, não interagentes e ambas têm spin inteiro 1. Portanto o número de fótons por autoestado de energia com frequência ω é

$$\overline{n}_\omega = \frac{1}{e^{\beta u_\omega} - 1},$$
$$= \frac{1}{e^{\frac{\hbar\omega}{K_B T}} - 1}. \quad (7.57)$$

---
[4]A velocidade da luz medida no vácuo é $c = 299.792.458 m/s \cong 3 \times 10^8 m/s$.
[5]Duas vezes, por causa das duas possíveis polarizações dos fótons do vetor de onda.

A partir da Equação (7.57) concluímos que o número total de fótons na faixa entre ω e $\omega + d\omega$ é

$$\begin{aligned} N d\omega &= \frac{\rho(\omega)}{e^{\frac{\hbar\omega}{K_B T}} - 1} d\omega, \\ &= \frac{V\omega^2}{\pi^2 c^3} \frac{1}{e^{\frac{\hbar\omega}{K_B T}} - 1} d\omega. \end{aligned} \qquad (7.58)$$

Conhecendo o número total de fótons, podemos agora obter a energia por unidade de volume na faixa entre ω e $\omega + d\omega$, ou seja,

$$\begin{aligned} \frac{U(\omega)}{V} d\omega &= \frac{N}{V} \hbar\omega d\omega, \\ &= \frac{\hbar\omega^3}{\pi^2 c^3} \frac{1}{e^{\frac{\hbar\omega}{K_B T}} - 1} d\omega. \end{aligned} \qquad (7.59)$$

A Equação (7.59) fornece a distribuição de energia para a radição de corpo negro[6] e é conhecida como equação de Planck para a radiação de corpo negro. Um esboço da curva da densidade de energia é mostrada na Figura 7.4.

Vamos agora discutir os casos limites para o resultado obtido na Equação (7.59). Começaremos com o caso $\hbar\omega \ll K_B T$.

Regime de baixas frequências

No regime de baixas frequências temos que $\hbar\omega \ll K_B T$, o que conduz à seguinte aproximação

$$e^{\frac{\hbar\omega}{K_B T}} - 1 \cong \frac{\hbar\omega}{K_B T}, \qquad (7.60)$$

o que leva à seguinte relação

$$\begin{aligned} \frac{U(\omega)}{V} d\omega &= \frac{\hbar\omega^3}{\pi^2 c^3} \frac{1}{\frac{\hbar\omega}{K_B T}} d\omega, \\ &= \frac{\kappa \omega^2 T}{\pi^2 c^3} d\omega, \end{aligned} \qquad (7.61)$$

---

[6]Um corpo negro é assim chamado porque toda radiação eletromagnética que nele incide é absorvida. Para atingir o equilíbrio termodinâmico, este, por sua vez, deve emitir radiação, o que permite, então, medir sua temperatura.

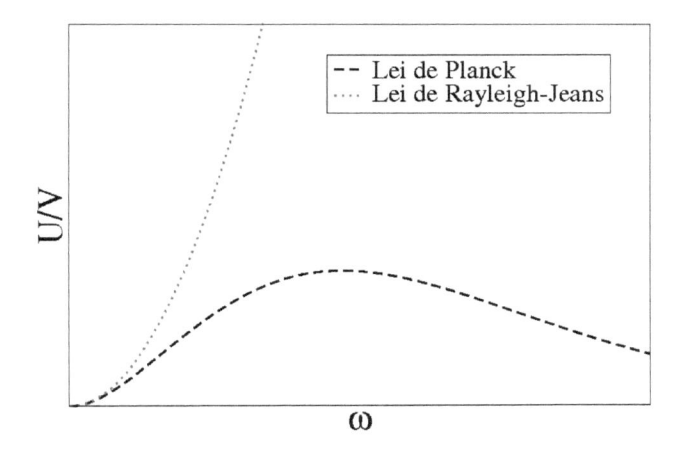

Figura 7.4 – Esboço da densidade de energia obtida para a radiação de corpo negro.

que é conhecida como equação[7] de Rayleigh[8]-Jeans[9].

A expressão dada pela Equação (7.61) aplica-se bem ao caso limite de baixas temperaturas. A Figura 7.4 mostra a separação entre os regimes de aplicação da fórmula de Rayleigh-Jeans e a distribuição de radiação de corpo negro, dada por Planck.

Regime de altas frequências

Vamos agora tratar do segundo caso limite, considerando o regime de altas frequências. Sendo assim, pode-se deduzir que

$$e^{\frac{\hbar\omega}{K_B T}} - 1 \cong e^{\frac{\hbar\omega}{K_B T}}, \tag{7.62}$$

---

[7] A lei de Rayleigh-Jeans foi, de fato, proposta no século XIX, como uma tentativa de descrever o espectro de radiação eletromagnética emitido por um corpo negro a uma determinada temperatura T.

[8] John William Strutt, 3º Barão de Rayleigh (1842-1919), foi um físico e matemático inglês, que contribuiu em suas pesquisas com fenômenos ondulatórios.

[9] Sir James Hopwood Jeans (1877-1946) foi um físico, matemático e astrônomo inglês, que contribuiu em várias áreas da física, incluindo radiação, evolução estelar e física quântica.

o que leva a densidade de energia a ser escrita como

$$\frac{U(\omega)}{V}d\omega = \frac{\hbar\omega^3}{\pi^2 c^3}e^{\frac{-\hbar\omega}{K_B T}}d\omega. \tag{7.63}$$

Portanto ocorre um decaimento exponencial na densidade de energia no limite de altas frequências. Esse resultado foi obtido experimentalmente e é conhecido como lei[10] de Wien[11].

7.3 Resumo

Estudamos, neste capítulo, a caracterização de estados energéticos de uma partícula quântica, considerando as estatísticas de férmions e bósons. Encontramos uma expressão para a energia de Fermi em um gás de elétrons e, a partir dela, determinamos a temperatura de Fermi. Para um gás de bósons, encontramos uma expressão para a temperatura de condensação de Bose.

Discutimos também algumas propriedades para um gás de fótons, em particular o espectro de radiação de corpo negro e recuperação da distribuição de Planck, assim como a lei de Rayleigh-Jeans.

---

[10] Essa lei, de fato, relaciona o comprimento de onda com o ponto no espectro de radiação eletromagnética que passa por um máximo.

[11] Wilhelm Carl Werner Otto Fritz Franz Wien (1864-1928) foi um físico alemão que uniu teorias sobre calor e eletromagnetismo para deduzir a lei do deslocamento, ou lei de Wien.

7.4 Exercícios propostos

1. Mostre que a função de onda dada pela Equação (7.8), usando $B = 0$ e k dado pela Equação (7.11), satisfaz a equação de Schroedinger escrita na Equação (7.7).

2. Considere que uma partícula quântica está aprisionada no interior de uma caixa de lados L_x, L_y e L_z.

   (a) Obtenha a expressão para a função de onda para essa partícula;

   (b) Mostre que os números de onda dados pelas Equações (7.13), (7.14), (7.15), quando utilizados em equações semelhantes à (7.8), para cada eixo, satisfazem a Equação de Schroedinger (7.7).

3. Faça uma estimativa para a energia de Fermi para elétrons em um metal condutor típico (cobre, por exemplo).

4. Partindo da Expressão (7.36), determine uma expressão para a energia de Fermi, em um gás degenerado de férmions.

5. Uma anã branca consiste de um dos estágios evolutivos de estrelas que têm massa menores ou até da ordem de dez massas solares. Após o processo de queima de hidrogênio e hélio, elas ejetam sua camada externa, formando uma nebulosa planetária, e colapsam novamente tornando-se uma estrela com núcleo muito denso e com uma massa típica da massa solar, entretanto ocupando um volume incrivelmente menor, da ordem do volume da terra. Anãs brancas são basicamente compostas por núcleos ionizados e elétrons livres.

   (a) Faça uma estimativa para a temperatura de Fermi de uma anã branca considerando os seguintes dados: $M \cong 0,6 M\odot$, $R \cong 0,01\odot$, densidade $\rho \cong 10^7 \odot$, onde o símbolo $\odot$ se refere aos dados do Sol, ou seja, $M\odot = 1,99 \times 10^{30}$kg, $R\odot = 7 \times 10^8$m, e considerando uma aproximação $\rho = 1\text{g}/\text{cm}^3$.

(b) Repita os cálculos de (a), mas considerando agora a densidade de anã branca Sírius B, $\rho \cong 0,69 \times 10^5 \text{g/cm}^3$.

6. O primeiro condensado gasoso de Bose-Einstein, observado experimentalmente, ocorreu em 1995. Um gás de rubídeo (massa atômica 85,4678) foi super-resfriado à temperatura incrivelmente baixa de $T_0 = 170 \times 10^{-9} K$. Faça uma estimativa da densidade de átomos usada no experimento.

7. Mostre que a energia de Fermi da Equação (7.41) pode ser escrita como

$$u_F = \rho^{2/3} \left[\frac{9}{2} \frac{\pi^4}{\tilde{\gamma}^2} \right]^{\frac{2}{3}} \hbar^2 \frac{1}{m^{5/3}}, \qquad (7.64)$$

onde $\rho = M/V$.

8. Partindo da Equação (7.51), mostre que a temperatura de condensação pode ser escrita como

$$T_0 = \frac{1}{m^{5/3}} \frac{\hbar^2}{2K_B} \rho^{2/3} \left[\frac{4\pi^2}{\tilde{\gamma}} \frac{2}{\sqrt{\pi}} \frac{1}{\eta(3/2)} \right]^{\frac{2}{3}}. \qquad (7.65)$$

Referências Bibliográficas

HUANG, K. **Statistical mechanics**. New York: John Wiley & Sons, 1963.

REIF, F. **Fundamentals of statistical and thermal physics**. New York: McGraw-Hill, 1965.

SALINAS, S. R. A. **Introdução à física estatística**. São Paulo: Edusp, 1997.

SCHWABL, F. **Statistical mechanics**. Heidelberg: Springer-Verlag, 2006.

SETHNA, J. P. **Statistical mechanics:** entropy, order parameters, and complexity. Oxford: Oxford University Press, 2006.

Capítulo 8

Partículas movendo-se sob a ação do campo gravitacional e colidindo em uma plataforma móvel: um gás simplificado

8.1 Objetivos

Discutiremos, neste capítulo, algumas propriedades de um ensemble de partículas movendo-se sob a ação do campo gravitacional constante e colidindo com uma fronteira que se move no tempo. Construiremos as equações que regem a dinâmica do modelo, usando um mapeamento discreto bidimensional. Duas situações serão tratadas: uma em que as colisões das partículas com a fronteira são consideradas como sendo elásticas, levando a uma difusão ilimitada na velocidade, e outra na qual as colisões são inelásticas. Nesta última, a cada colisão a partícula sofre uma perda fracional de energia, e essa dissipação leva a uma supressão da difusão ilimitada na velocidade. O modelo conduz também a expressões da velocidade média como função do número de colisões da partícula com a fronteira, assim como do tempo.

Por fim, uma expressão da entropia é também obtida. Parte dos resultados apresentados aqui foram publicados por Leonel e Livorati[1](2015) e Leonel, Livorati e Céspedes[2](2014).

8.2 O modelo

O modelo que consideraremos consiste de uma partícula, ou um ensemble de partículas não interagentes, que se movem na presença de um campo gravitacional constante g, sofrendo colisões com uma parede móvel que se move de acordo com a equação

$$y_w(t) = \epsilon \cos(\omega t), \tag{8.1}$$

onde ϵ fornece a amplitude de oscilação e ω é a frequência angular. A Figura 8.1 mostra um esboço do modelo. De fato, podemos considerar que as partículas constituem um gás de baixa densidade e a parede móvel pode representar a oscilação atômica da fronteira, que pode ser o piso de uma sala, em virtude do fato de estar em um banho térmico a uma dada temperatura.

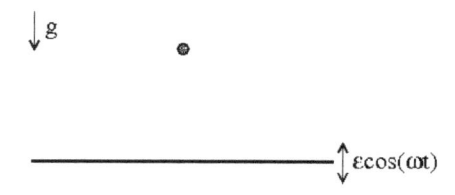

Figura 8.1 – Ilustração do modelo considerado.

Nesse modelo, é considerado que o movimento da partícula se dá unicamente na vertical, portanto é uma idealização para o movimento unidimen-

---

[1]André Luís Prando Livorati é graduado em física (2008) e defendeu seu mestrado em física (2011) na Unesp – Universidade Estadual Paulista, em Rio Claro. Atualmente cursa o doutorado em física no Instituto de física da USP – São Paulo.

[2]André Machado Céspedes fez física na Unesp – Universidade Estadual Paulista, campus de Bauru, e cursa mestrado em física na Unesp, em Rio Claro.

sional. Outros eixos podem ser considerados também, mas em virtude do fato de a gravidade atuar apenas na vertical, as velocidades nos dois outros eixos, por exemplo, x e z, serão constantes[3]. O modelo pode ser descrito por um mapeamento discreto nas variáveis velocidade da partícula e instante da colisão com a parede móvel. Seguindo um procedimento semelhante ao discutido no Capítulo 3 e no Apêndice A, e considerando que a amplitude de oscilação ϵ seja suficientemente pequena comparada com as dimensões envolvidas na trajetória da partícula[4], podemos escrever o mapeamento discreto como

$$\begin{cases} t_{n+1} = \left[t_n + 2\frac{V_n}{g}\right] \bmod (2\pi/\omega) \\ V_{n+1} = |\gamma V_n - (1+\gamma)\epsilon\omega \sin(\omega t_{n+1})| \end{cases}, \qquad (8.2)$$

onde o módulo na segunda equação do mapeamento é usado para evitar que a partícula atravesse a parede, o que levaria a uma situação física impossível, e consequentemente tivesse velocidade negativa após o choque. Aqui V e t identificam a velocidade da partícula e o instante do choque, respectivamente, e γ é o coeficiente de restituição $\gamma \in [0,1]$.

Atividade 1 – *Determine o tempo de subida e de descida, utilize as transformações mostradas no Apêndice A e obtenha o mapeamento dado pelas Equações (8.2).*

Existem duas situações especiais que esse mapeamento conduz, que são: (i) a dinâmica para o caso conservativo, ou seja, $\gamma = 1$; e (ii) a dinâmica para o caso dissipativo $\gamma < 1$. Começaremos discutindo o caso conservativo.

---

[3] De fato, em um modelo com mais graus de liberdade, após a colisão da partícula com a fronteira, pode ocorrer variação de sua velocidade nos demais eixos também.

[4] Essa aproximação é bastante razoável, considerando-se que as amplitudes de oscilações atômicas consideradas para uma fronteira, em decorrência do banho térmico, são pequenas, da ordem de $10^{-11}m$.

8.2.1 Caso conservativo

Discutiremos aqui alguns resultados para o caso conservativo. Nessa situação, temos que o coeficiente de restituição é $\gamma = 1$, portanto o mapeamento toma a forma

$$\begin{cases} t_{n+1} = \left[t_n + 2\frac{V_n}{g}\right] \mod (2\pi/\omega) \\ V_{n+1} = |V_n - 2\epsilon\omega \sin(\omega t_{n+1})| \end{cases} . \qquad (8.3)$$

Se fizermos uma comparação com o mapa de Chirikov[5] (ver Apêndice G) dado pelo mapeamento

$$\begin{cases} I_{n+1} = I_n + K \sin(\theta_n) \\ \theta_{n+1} = [\theta_n + I_{n+1}] \mod (2\pi) \end{cases}, \qquad (8.4)$$

podemos perceber que é possível reescrever o mapeamento dado pelas Equações (8.3) na forma de (8.4). Multiplicando a primeira equação de (8.3) por ω e a segunda por $2\omega/g$, temos que

$$\begin{cases} \omega t_{n+1} = \left[\omega t_n + 2\frac{\omega V_n}{g}\right] \mod (2\pi) \\ \frac{2\omega}{g} V_{n+1} = \frac{2\omega}{g} V_n - \frac{4\epsilon\omega}{g} \sin(\omega t_{n+1}) \end{cases}, \qquad (8.5)$$

e chamando $\theta = \omega t$ e $I = 2\omega V/g$, temos que

$$\begin{cases} \theta_{n+1} = [\theta_n + I_n] \mod (2\pi) \\ I_{n+1} = I_n - \frac{4\epsilon\omega}{g} \sin(\theta_{n+1}) \end{cases} . \qquad (8.6)$$

Definindo $\phi_{n+1} = \theta_n + \pi$, temos que

$$\begin{cases} \phi_{n+1} = [\phi_n + I_{n+1}] \mod (2\pi) \\ I_{n+1} = I_n + K_{\text{EFF}} \sin(\theta_n) \end{cases}, \qquad (8.7)$$

onde o parâmetro de controle efetivo é

$$K_{\text{EFF}} = \frac{4\epsilon\omega}{g}. \qquad (8.8)$$

---

[5]Também conhecido como mapa padrão.

Atividade 2 – *Faça as passagens matemáticas necessárias para se obter a expressão do Mapeamento (8.7).*

O mapa padrão apresenta uma transição de caos local[6] para caos global[7] em $K > 0,9716\ldots$. Essa transição, de fato, corresponde à destruição da última curva invariante do tipo *spanning*, permitindo que o caos presente no espaço de fases se difunda sem limites. Para garantir que estamos na região de parâmetros de controle onde há difusão ilimitada na velocidade, devemos então considerar que

$$K_{\text{EFF}} = \frac{4\epsilon\omega}{g} > 0,9716\ldots, \qquad (8.9)$$

ou seja, devemos ter que

$$\frac{\epsilon\omega}{g} \geq 0,2429\ldots. \qquad (8.10)$$

Para as situações consideradas neste capítulo, sempre consideraremos que a condição dada pela Equação (8.10) será atendida.

Vamos agora considerar que a dinâmica da partícula (ou de um ensemble delas) tenha sido iniciada com uma velocidade inicial V_0 em um instante qualquer t_0. A partir daí, a velocidade da partícula imediatamente antes do choque será dada pelo Mapeamento (8.3). Elevando ao quadrado ambos os lados da segunda equação do Mapeamento (8.3) encontramos

$$V_{n+1}^2 = V_n^2 - 4\epsilon\omega V_n \sin(\omega t_{n+1}) + 4\epsilon^2\omega^2 \sin^2(\omega t_{n+1}). \qquad (8.11)$$

Tomando uma média no ensemble de condições iniciais diferentes para $t \in [0, 2\pi/\omega]$, temos que

$$\overline{V^2}_{n+1} - \overline{V^2}_n = \frac{\overline{V^2}_{n+1} - \overline{V^2}_n}{(n+1) - n},$$

$$\cong \frac{d\overline{V^2}}{dn} = 2\epsilon^2\omega^2. \qquad (8.12)$$

---

[6]Caos local é o termo utilizado para a situação em que existe caos confinado por curvas invariantes do tipo *spanning*.

[7]Caos global ocorre quando curvas invariantes do tipo *spanning* não são mais observadas no espaço de fases. Consequentemente, uma partícula na região de caos pode se difundir sem limites ao longo do espaço de fases.

Atividade 3 – *Faça as passagens matemáticas necessárias incluindo as duas integrais e recupere a expressão dada na Equação (8.12).*

Chamando $\overline{V^2} = E$, temos $dE = 2\epsilon^2\omega^2 dn$, logo integrando de ambos lados encontramos

$$\int_{E_0}^{E} dE' = 2\epsilon^2\omega^2 \int_0^n dn',$$
$$E(n) = E_0 + 2\epsilon^2\omega^2 n. \tag{8.13}$$

Voltando para a variável velocidade temos que

$$\overline{V^2} = V_0^2 + 2\epsilon^2\omega^2 n. \tag{8.14}$$

Aplicando a raiz quadrada dos dois lados na equação acima temos

$$V_{\text{EFF}} = \sqrt{\overline{V^2}},$$
$$= \sqrt{V_0^2 + 2\epsilon^2\omega^2 n}. \tag{8.15}$$

Se a velocidade inicial da partícula é suficientemente pequena[8], o primeiro termo dentro da raiz quadrada se torna desprezível quando comparado com $\epsilon\omega$, portanto um crescimento descrito por uma raiz quadrada em n deve ser observado.

A Figura 8.2 mostra esse crescimento para um experimento computacional realizado com um ensemble de 5.000 condições iniciais diferentes.

Vemos aqui que o ensemble de partículas está mostrando um crescimento de energia sem limites, o que é conhecido como aceleração de Fermi. Entretanto, se imaginarmos que as partículas constituem um gás e que as vibrações da parede foram causadas por vibrações atômicas em virtude do fato de estarem a uma temperatura T, como se fosse um sistema do tipo sólido de Einstein, esse crescimento ilimitado está em total desacordo com o que é observado na prática. Isso porque a temperatura de um gás pode mudar, mas sempre sendo finita. Para aproximar o modelo da realidade, vamos considerar aqui choques inelásticos das partículas com a fronteira.

---
[8]Por exemplo, ela foi lançada no sistema a uma temperatura muito baixa, mas, ainda assim, alta o suficiente para que efeitos quânticos sejam desprezíveis.

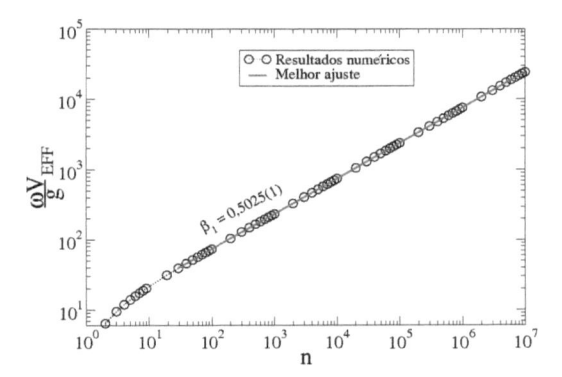

Figura 8.2 – Esboço da velocidade média em função de n. O ajuste em lei de potência fornece um expoente $0,5025(1) \cong 1/2$ em bom acordo com o resultado previsto teoricamente pela Equação (8.15).

8.2.2 Caso dissipativo

Discutiremos aqui algumas propriedades para o caso dissipativo. Para se obter o comportamento do estado estacionário[9] podemos considerar a segunda equação do Mapeamento (8.2) e, após elevar ao quadrado ambos os lados, temos que

$$V_{n+1}^2 = \gamma^2 V_n^2 - 2\gamma V_n(1+\gamma)\epsilon\omega \sin(\omega t_{n+1}) + (1+\gamma)^2 \epsilon^2 \omega^2 \sin^2(\omega t_{n+1}). \quad (8.16)$$

Tomando a média em um ensemble de $t \in [0, 2\pi/\omega]$, encontramos

$$\overline{V^2}_{n+1} = \gamma^2 \overline{V^2}_n - 2\gamma \overline{V}_n(1+\gamma)\epsilon\omega \frac{1}{\frac{2\pi}{\omega}} \int_0^{\frac{2\pi}{\omega}} \sin(\omega t) dt +$$

$$+ (1+\gamma)^2 \epsilon^2 \omega^2 \frac{1}{\frac{2\pi}{\omega}} \int_0^{\frac{2\pi}{\omega}} \sin^2(\omega t) dt, \quad (8.17)$$

o que conduz a

$$\overline{V^2}_{n+1} = \gamma^2 \overline{V^2}_n + \frac{(1+\gamma)^2 \epsilon^2 \omega^2}{2}. \quad (8.18)$$

Atividade 4 – *Faça as passagens matemáticas necessárias para obter a expressão dada pela Equação (8.18).*

---
[9]Para o estado estacionário, há equilíbrio térmico medido pela temperatura das partículas e pela temperatura da fronteira.

Estado estacionário

A condição no estado estacionário diz que $\overline{V^2}_{n+1} = \overline{V^2}_n = \overline{V^2}$. Levando esse resultado para a Equação (8.18), temos que

$$\overline{V^2} = \frac{(1+\gamma)}{2} \frac{\epsilon^2 \omega^2}{(1-\gamma)}. \tag{8.19}$$

Atividade 5 – *Utilize a condição do estado estacionário e obtenha a Equação (8.19).*

Aplicando raiz quadrada de ambos os lados da Equação (8.19) concluímos que

$$V_{\text{EFF}} = \sqrt{\frac{(1+\gamma)}{2}} \frac{\epsilon \omega}{(1-\gamma)^{1/2}}. \tag{8.20}$$

Notamos que a velocidade da partícula no estado estacionário depende do produto $\epsilon \omega$ e é inversamente proporcional a $\sqrt{1-\gamma}$.

Evolução para o estado de equilíbrio

Vamos agora discutir a evolução da velocidade da partícula para o equilíbrio. Considerando a Equação (8.18) podemos ainda reescrevê-la como

$$\begin{aligned}
\overline{V^2}_{n+1} - \overline{V^2}_n &= \overline{\Delta V^2} = \frac{\overline{V^2}_{n+1} - \overline{V^2}_n}{(n+1)-n} \cong \frac{d\overline{V^2}}{dn}, \\
&= \overline{V^2}(\gamma^2 - 1) + \frac{(1+\gamma)^2 \epsilon^2 \omega^2}{2}.
\end{aligned} \tag{8.21}$$

Chamando $\overline{V^2} = E$ temos que

$$\frac{dE}{dn} = E(\gamma^2 - 1) + \frac{(1+\gamma)^2 \epsilon^2 \omega^2}{2}, \tag{8.22}$$

o que conduz a

$$\frac{dE}{E(\gamma^2 - 1) + \frac{(1+\gamma)^2 \epsilon^2 \omega^2}{2}} = dn. \tag{8.23}$$

Procedendo com a integração encontramos que

$$E(n) = E_0 e^{(\gamma^2-1)n} + \frac{(1+\gamma)^2 \epsilon^2 \omega^2}{2(\gamma^2 - 1)} [e^{(\gamma^2-1)n} - 1], \tag{8.24}$$

Atividade 6 – *Proceda com a integração da Equação (8.23) e confirme o resultado obtido na Equação (8.24).*

Podemos ainda fatorar o segundo termo do denominador de forma apropriada e sabendo que $E = \overline{V^2}$, temos que

$$\overline{V^2}(n) = V_0^2 e^{(\gamma^2-1)n} + \frac{(1+\gamma)\epsilon^2\omega^2}{2(1-\gamma)}[1 - e^{(\gamma^2-1)n}]. \tag{8.25}$$

O resultado obtido pela Equação (8.25) permite que dois casos dependentes das condições iniciais possam ser discutidos.

O primeiro dos casos está relacionado com a velocidade inicial V_0 suficientemente pequena, ou seja, $V_0 \ll \epsilon\omega$. Nessa situação temos que a velocidade média cresce para valores de n pequenos e muda de regime, aproximando de um valor constante para valores de n suficientemente grandes, convergindo para o estado estacionário. A Figura 8.3 mostra um esboço de V_{EFF} vs. n.

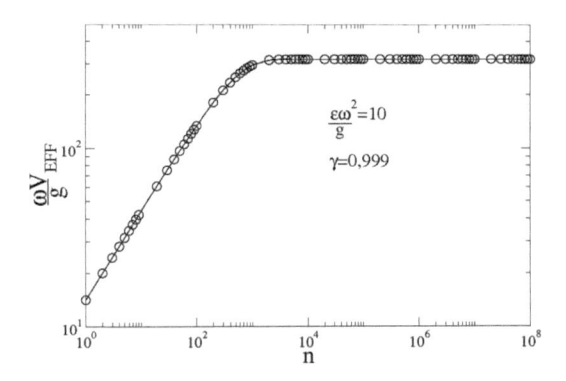

Figura 8.3 – Esboço da velocidade média como função de n para um coeficiente de restituição $\gamma = 0,999$.

No segundo caso, consideramos que a velocidade inicial da partícula é suficientemente grande, ou seja, $V_0 \gg \epsilon\omega$. Nesse caso, o primeiro termo da Equação (8.25) domina sobre o segundo para valores de n pequenos, o que permite que a equação da velocidade V_{EFF} seja ainda escrita como

$$V_{\text{EFF}}(n) = V_0 e^{\frac{(\gamma^2-1)n}{2}}. \tag{8.26}$$

Quando fatoramos o termo no numerador da exponencial no limite em que $\gamma \cong 1$, temos que $(1 + \gamma) \cong 2$, o que nos permite escrever o decaimento da velocidade como

$$V_{\text{EFF}}(n) = V_0 e^{(\gamma-1)n}. \qquad (8.27)$$

A Figura 8.4 mostra o comportamento do decaimento da velocidade, considerando um coeficiente de restituição $\gamma = 0,999$.

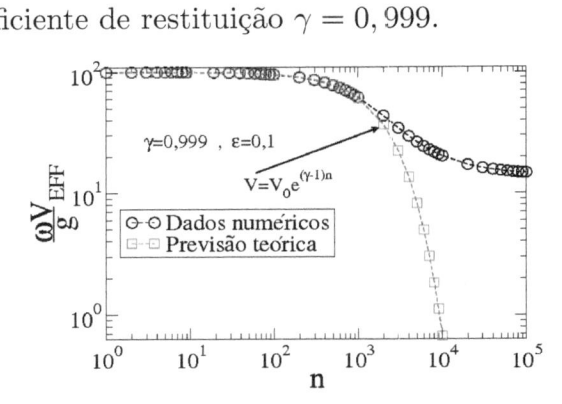

Figura 8.4 – Decaimento da velocidade média como função de n para um coeficiente de restituição $\gamma = 0,999$.

Evolução da temperatura

Vamos aqui discutir o comportamento da evolução da temperatura do gás de partículas. O ponto de partida será o teorema de equipartição de energia. Entretanto, para utilizá-lo, se faz necessária uma pequena discussão. O teorema, de fato, diz que cada termo quadrático na expressão do hamiltoniano contribui com $K_B T/2$ na energia média final. No sistema considerado, a velocidade de cada partícula muda com a altura convertendo energia cinética em energia potencial gravitacional e vice-versa. Isso se aplica porque o campo gravitacional gera uma força que é conservativa. A velocidade das partículas muda também a cada colisão, até que se atinja o estado estacionário. Estamos considerando a expressão da velocidade da partícula no ponto de colisão com a fronteira e, para utilizar o teorema, o sistema deve estar em equilíbrio, o que pode ainda, eventualmente, não ter ocorrido.

Pois bem, após iniciar a dinâmica com uma determinada velocidade, existem duas escalas de tempo a serem consideradas. Uma delas é a escala em que a velocidade média da partícula varia e a outra é a escala que fornece o instante do choque, das oscilações atômicas. São escalas muito diferentes, sendo que os átomos da parede efetuam um número elevado de oscilações entre uma colisão da partícula e sua subsequente. De fato, a frequência de oscilação atômica é da ordem de $10^{13}Hz$, ao passo que o tempo entre colisões é um tempo mensurável em laboratório sendo várias ordens de grandeza maior do que o período de uma oscilação atômica. Nesse sentido, podemos considerar que entre uma colisão e outra o teorema de equipartição de energia pode ser utilizado. Sendo assim, e como o problema é unidimensional, temos que

$$\frac{m\overline{V^2}}{2} = \frac{K_B T}{2}, \qquad (8.28)$$

o que conduz a

$$\overline{V^2} = \frac{K_B T}{m}. \qquad (8.29)$$

Considerando as expressões dadas pelas Equações (8.29) e (8.25), temos que

$$T(n) = T_0 e^{(\gamma^2-1)n} + \frac{(1+\gamma)}{2} \frac{m}{K_B} \frac{\epsilon^2 \omega^2}{(1-\gamma)}[1 - e^{(\gamma^2-1)n}]. \qquad (8.30)$$

A Equação (8.29) fornece o comportamento da temperatura do sistema até atingir o equilíbrio. Note que é uma expressão que depende de n, número de choques da partícula com a fronteira. Entretanto, medir o número de choques pode ser um processo muito difícil. O ideal seria medir a temperatura em função do tempo, que é um parâmetro físico de imediato acesso. Vamos considerar ainda, neste capítulo, uma relação entre n e t.

8.3 Resultados numéricos

Nesta seção, vamos discutir os resultados numéricos para o modelo apresentado neste capítulo. É conveniente utilizar um único parâmetro de controle que seja relevante para a dinâmica. Sendo assim, para lidar com as simulações numéricas, consideraremos os seguintes parâmetros de controle e variáveis adimensionais

$$v = \frac{\omega V}{g}, \quad \phi = \omega t, \quad \varepsilon = \frac{\epsilon \omega^2}{g}, \tag{8.31}$$

onde ε define a razão entre a aceleração máxima da fronteira pelo campo gravitacional. Nessas variáveis, o mapeamento discreto é escrito como

$$\begin{cases} \phi_{n+1} = [\phi_n + 2v_n] \bmod (2\pi) \\ v_{n+1} = |\gamma v_n - (1+\gamma)\varepsilon \sin(\phi_{n+1})| \end{cases} . \tag{8.32}$$

A forma da escolha do parâmetro ε permite estimar qual o parâmetro físico que está, de fato, contribuindo para a variação da dinâmica. Consideramos que o campo gravitacional g é constante. Como espera-se que a amplitude de oscilação atômica não mude significativamente, então o parâmetro de controle que leva a uma maior influência na dinâmica é o parâmetro ω, de onde ε depende de sua potência quadrática. Antes de começar a discussão das propriedades das curvas da velocidade média em função dos parâmetros de controle, o primeiro passo é verificar a consistência da simulação com a aproximação teórica. Para isso, a Figura 8.5 mostra um gráfico para

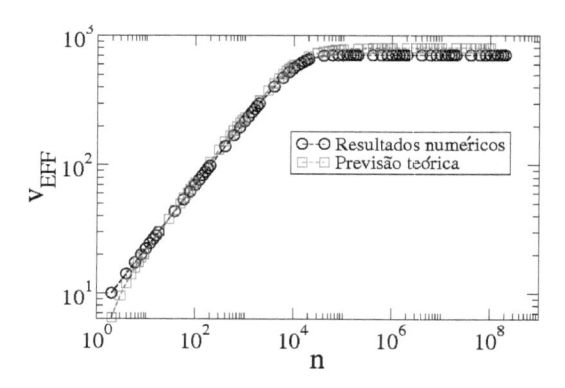

Figura 8.5 – Comparação do comportamento da velocidade média em função de n para uma dissipação $\gamma = 0,999$ considerando simulação numérica e aproximação teórica.

uma curva da velocidade média da partícula como função de n, utilizando simulação numérica e a aproximação analítica. O parâmetro de controle utilizado foi $\gamma = 0,999$. Podemos notar que as curvas se sobrepõem com boa concordância, o que permite dar sequência nas discussões utilizando esse processo analítico.

Para discutir o comportamento das curvas da velocidade média como função dos parâmetros de controle, mostramos na Figura 8.6(a) o comportamento da velocidade média para vários valores distintos dos parâmetros de controle. Podemos notar que as curvas crescem com expoente $1/2$, con-

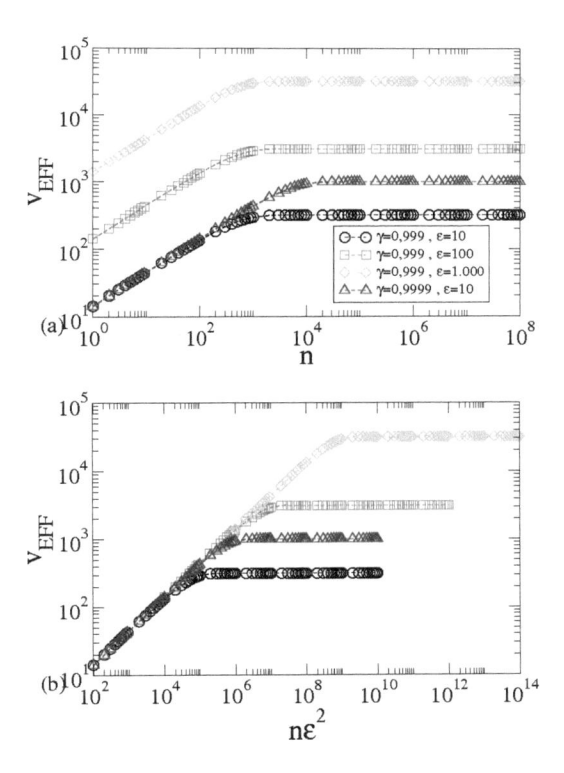

Figura 8.6 – (a) Esboço da velocidade média como função de n. (b) Mesmo gráfico de (a) após fazer a transformação $n \to n\varepsilon^2$. Os parâmetros de controle estão mostrados na figura.

forme previsto pela Equação (8.15) e confirmado pela Figura 8.2, e, após passarem por um número característico de colisões com a fronteira, as curvas mudam de comportamento e se aproximam de um regime de saturação marcado pela convergência, para um platô de velocidade constante. O número característico que marca a mudança de regime depende de γ, mas parece não depender de ε. Entretanto, uma mudança no eixo horizontal de $n \to n\varepsilon^2$ é conveniente, pois mostra todas as curvas tendo um mesmo regime de crescimento.

A análise das curvas apresentadas na Figura 8.6 permite supor que

1. Para $n \ll n_x$,
$$\bar{v} \propto (n\varepsilon^2)^{\beta_1}, \quad \text{para } n \ll n_x, \tag{8.33}$$

onde β_1 é chamado de expoente de aceleração;

2. Para $n \gg n_x$
$$\bar{v}_{\text{sat}} \propto \varepsilon^{\alpha_1}(1-\gamma)^{\alpha_2}, \quad \text{para } n \gg n_x, \tag{8.34}$$

onde α_1 e α_2 são os expoentes de saturação;

3. O número de colisões de crossover é
$$n_x \propto \varepsilon^{z_1}(1-\gamma)^{z_2}, \tag{8.35}$$

e z_1 e z_2 são os expoentes de crossover.

Os expoentes β_1, α_1, α_2, z_1 e z_2 são chamados de expoentes críticos.

As três hipóteses de escala apresentadas aqui permitem descrever o comportamento da velocidade média como uma função homogênea generalizada de suas variáveis do tipo

$$\bar{v}(n\varepsilon^2, \varepsilon, (1-\gamma)) = \ell\bar{v}(\ell^a n\varepsilon^2, \ell^b \varepsilon, \ell^c(1-\gamma)), \tag{8.36}$$

onde ℓ é um fator de escala, a, b e c são expoentes característicos.

Escolhendo $\ell^a n\varepsilon^2 = 1$, temos que

$$\ell = (n\varepsilon^2)^{-1/a}. \tag{8.37}$$

Levando a expressão obtida para ℓ para a Equação (8.36), temos

$$\overline{v} = (n\varepsilon^2)^{-1/a}\overline{v_1}((n\varepsilon^2)^{-b/a}\varepsilon, (n\varepsilon^2)^{-c/a}(1-\gamma)), \qquad (8.38)$$

onde a função $\overline{v_1}$ é admitida como constante para $n \ll n_x$. Comparando o resultado obtido pela Equação (8.38) com a primeira hipótese de escala dada pela Equação (8.33), concluímos que $\beta_1 = -1/a$.

Considerando agora que $\ell^b \varepsilon = 1$, temos que

$$\ell = \varepsilon^{-1/b}. \qquad (8.39)$$

Levando este resultado para a Equação (8.36) concluímos que

$$\overline{v} = \varepsilon^{-1/b}\overline{v_2}(\varepsilon^{-a/b}(n\varepsilon^2), \varepsilon^{-c/b}(1-\gamma)), \qquad (8.40)$$

onde assumimos que a função $\overline{v_2}$ é constante para $n \gg n_x$. Comparando essa expressão com a segunda hipótese de escala dada pela Equação (8.34) temos que $\alpha_1 = -1/b$.

Considerando agora que $\ell^c(1-\gamma) = 1$, temos que

$$\ell = (1-\gamma)^{-1/c}. \qquad (8.41)$$

Substituindo esse resultado na Equação (8.36) temos que

$$\overline{v} = (1-\gamma)^{-1/c}\overline{v_3}((1-\gamma)^{-a/c}(n\varepsilon^2), (1-\gamma)^{-b/c}\varepsilon), \qquad (8.42)$$

onde a função $\overline{v_3}$ é considerada constante para $n \gg n_x$. Comparando novamente com a segunda hipótese de escala dada Equação (8.34), concluímos que $\alpha_2 = -1/c$.

Comparando agora as expressões para as diferentes formas obtidas de ℓ podemos determinar as leis de escala para o problema. A primeira comparação será feita entre as Equações (8.37) e (8.39), o que leva a obter

$$n = \varepsilon^{\frac{\alpha_1}{\beta_1}-2}. \qquad (8.43)$$

A Equação (8.43) pode ainda ser comparada com a terceira hipótese de escala, dada pela Equação (8.35), o que conduz a

$$z_1 = \frac{\alpha_1}{\beta_1} - 2. \tag{8.44}$$

Comparando agora as expressões de ℓ dadas pelas Equações (8.37) e (8.41) e admitindo que ε é constante concluímos que

$$n = (1-\gamma)^{\frac{\alpha_2}{\beta_1}}, \tag{8.45}$$

e que, quando comparado com a terceira hipótese de escala dada pela Equação (8.35), nos leva a

$$z_2 = \frac{\alpha_2}{\beta_1}. \tag{8.46}$$

Podemos agora fazer uma estimativa analítica dos expoentes α_1 e α_2. De fato, a segunda hiptótese de escala foi obtida para $n \gg n_x$, portanto no estado estacionário. A Equação (8.20) também foi obtida para o estado estacionário. Quando ela é reescrita nas variáveis adimensionais, temos que

$$v_{\text{EFF}} = \frac{(1+\gamma)}{\sqrt{2}} \frac{\varepsilon}{(1-\gamma)^{1/2}}. \tag{8.47}$$

Por comparação da Equação (8.47) com a segunda hipótese de escala da por (8.34) encontramos que

$$\alpha_1 = 1, \tag{8.48}$$

$$\alpha_2 = -\frac{1}{2}. \tag{8.49}$$

Os valores numéricos obtidos para os expoentes α_1 e α_2 estão em bom acordo também com os resultados obtidos por simulação, conforme mostrado na Figura 8.7.

Conhecendo agora os valores numéricos dos expoentes α_1 e α_2, podemos estimar os valores numéricos dos expoentes z_1 e z_2. Como o expoente $\beta_1 = 1/2$, chegamos aos seguintes valores numéricos

$$z_1 = 0, \tag{8.50}$$

$$z_2 = -1. \tag{8.51}$$

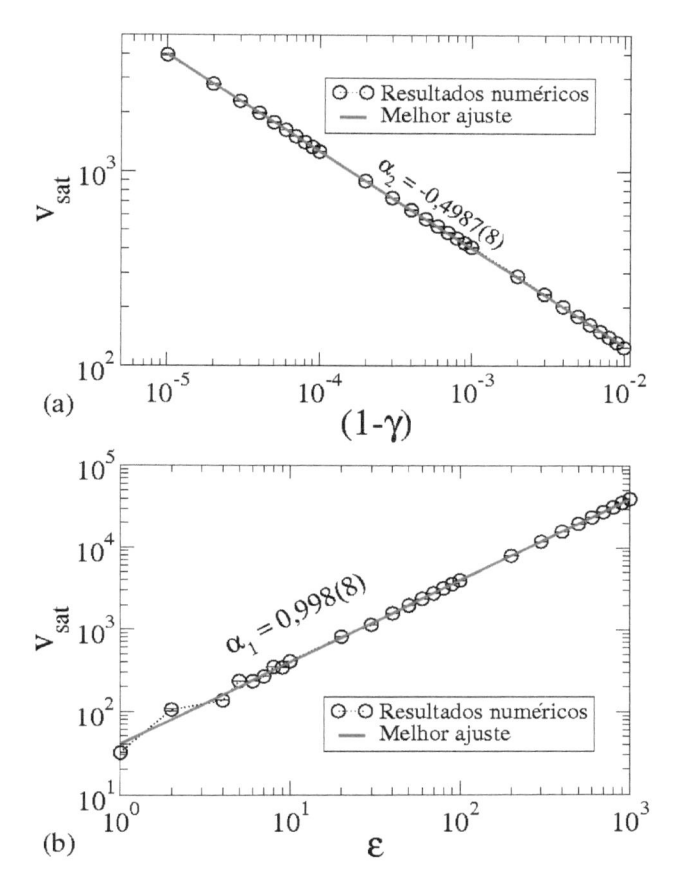

Figura 8.7 – (a) Figura que mostra o comportamento de $\bar{v}_{\text{sat}}$ vs. $(1-\gamma)$ e (b) $\bar{v}_{\text{sat}}$ vs. ε.

O fato de encontrar $z_1 = 0$ não é de se espantar. De fato, e conforme já havíamos comentado na Figura 8.6, o número de colisões que a partícula efetua com a fronteira até mudar de regime de crescimento para saturação é independente de ε. O resultado do expoente z_2 pode ser obtido numericamente, como mostrado na Figura 8.8.

O resultado numérico obtido na Figura 8.8 pode também ser estimado analiticamente. De fato, se considerarmos as Equações (8.47) e (8.15) escritas nas variáveis adimensionais concluímos que

$$\sqrt{v_0^2 + 2n\varepsilon^2} = \sqrt{\frac{(1+\gamma)}{2}} \frac{\varepsilon}{(1-\gamma)^{\frac{1}{2}}}, \tag{8.52}$$

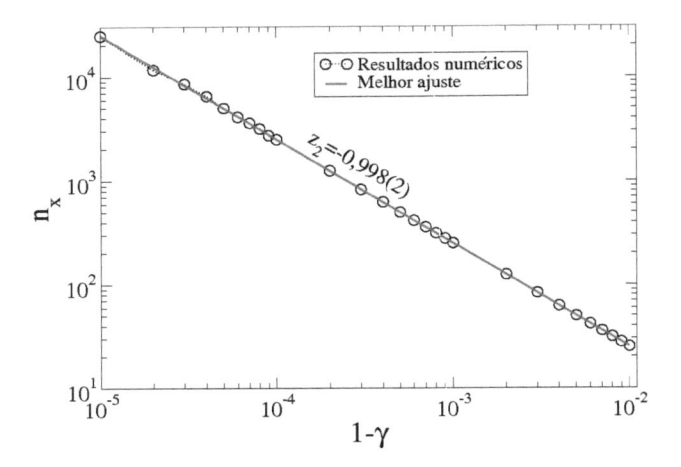

Figura 8.8 – Gráfico que mostra o número de colisões de crossover em função da dissipação, n_x vs. $(1-\gamma)$.

o que conduz a seguinte expressão no limite em que a velocidade inicial $v_0 \cong 0$

$$n_x = \frac{(1+\gamma)}{4}(1-\gamma)^{-1}. \tag{8.53}$$

Atividade 7 – *Faça as passagens matemáticas para confirmar o resultado obtido na Equação (8.53).*

O resultado obtido pela Equação (8.53), além de confirmar os dados obtidos por simulação, ainda reforça o ponto de que não depende do parâmetro de controle ε.

Os expoentes α_1, α_2, β_1 e z_2 podem ser utilizados para reescalar apropriadamente os eixos da Figura 8.6 e mostrar que as curvas são, de fato, invariantes e universais. As transformações que devem, de fato, ser feitas são

$$v \rightarrow \frac{v}{\varepsilon^{\alpha_1}(1-\gamma)^{\alpha_2}}, \tag{8.54}$$

$$n \rightarrow \frac{n}{(1-\gamma)^{z_2}}. \tag{8.55}$$

A Figura 8.9 mostra o comportamento da velocidade $\bar{v}$ vs. n após as mudanças no eixos mostradas nas Equações (8.54) e (8.55).

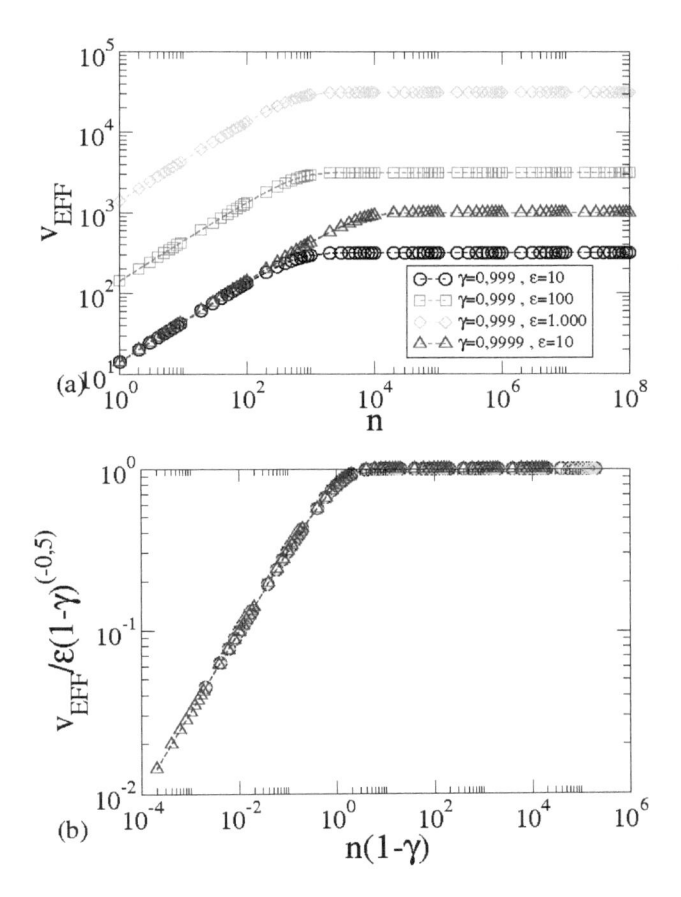

Figura 8.9 – (a) Diferentes curvas de velocidade média em função de n. (b) Após aplicar as transformações mostradas nas Equações (8.54) e (8.55) todas as curvas se sobrepõem em uma única curva universal.

8.4 Decaimento da velocidade: uma dedução alternativa

Vamos novamente considerar o caso de colisões inelásticas, mas agora partindo de uma condição inicial para a velocidade no regime de altas energias, ou seja, $V_0 \gg \epsilon\omega$. Da expressão da velocidade quadrática dada pela Equação (8.25) e considerando que o segundo termo é suficientemente pequeno quando comparado com V_0^2, podemos escrever a velocidade média

como
$$V_{\text{EFF}} = V_0 e^{\frac{(\gamma^2-1)n}{2}}, \tag{8.56}$$

que é de fato um decaimento exponencial. A expressão acima pode ainda ser escrita de forma mais conveniente como

$$V_{\text{EFF}} = V_0 e^{\frac{(\gamma-1)(\gamma+1)n}{2}}, \tag{8.57}$$

e considerando o limite em que $\gamma \to 1$, podemos aproximar $(1+\gamma) \to 2$, o que fornece

$$V_{\text{EFF}} \cong V_0 e^{(\gamma-1)n}. \tag{8.58}$$

Podemos entretanto obter esta mesma equação usando outro procedimento, de fato, partindo da própria expressão do mapeamento discreto. Utilizando a segunda equação do Mapeamento (8.2), considerando o limite em que $V_0 \gg \omega\epsilon$ e iterando o mapeamento uma vez, encontramos

$$V_1 = \gamma V_0. \tag{8.59}$$

Seguindo adiante com o processo, temos

$$\begin{aligned} V_2 &= \gamma V_1, \\ &= \gamma^2 V_0, \\ V_3 &= \gamma V_2, \\ &= \gamma^3 V_0, \end{aligned} \tag{8.60}$$

de modo que, para o caso de n colisões, temos que

$$V_n = \gamma^n V_0. \tag{8.61}$$

Expandindo a Equação (8.61) em série de Taylor, temos que

$$\begin{aligned} V_n &= V_0 \left[1 + (\gamma-1)n + \frac{1}{2}(\gamma-1)^2 n(n-1)\right] + \\ &+ V_0 \left[+\frac{1}{6}(\gamma-1)^3 n(n-1)(n-2)\right] + \\ &+ V_0 \left[\frac{1}{24}(\gamma-1)^4 n(n-1)(n-2)(n-3) + \ldots\right]. \end{aligned} \tag{8.62}$$

Para $n \gg 1$, podemos aproximar a Equação (8.62) por

$$V_n = V_0 \left[1 + (\gamma - 1)n + \frac{1}{2}(\gamma - 1)^2 n^2 + \frac{1}{6}(\gamma - 1)^3 n^3 + \frac{1}{24}(\gamma - 1)^4 n^4 + \ldots\right], \tag{8.63}$$

que é a própria definição da exponencial

$$V_{\text{EFF}} = V_0 e^{(\gamma - 1)n}, \tag{8.64}$$

e observada na Figura 8.4.

8.5 Relação entre o número de colisões e o tempo

Conforme discutimos anteriormente, a determinação do número de colisões das partículas com a parede pode ser um processo experimental muito difícil. Portanto uma análise considerando o tempo seria bem mais conveniente. Vamos então, nesta seção, discutir o comportamento dos observáveis $\overline{V^2}(n)$ e $\overline{T}(n)$, dado pelas Equações (8.25) e (8.30), mas considerando, em vez de n, o tempo t.

Sabemos que, após iniciar um experimento com esse modelo, o tempo decorrido pode ser medido a partir da seguinte relação

$$t = \Delta t_{c1} + \Delta t_{c2} + \Delta t_{c3} + \ldots + \Delta t_{cn}, \tag{8.65}$$

onde Δt_{ci} com $i = 1, 2, 3, \ldots, n$ fornece o intervalo de tempo entre as colisões. Isso leva a uma expressão da forma

$$\begin{aligned} t &= \frac{2V_0}{g} + \frac{2V_1}{g} + \frac{2V_2}{g} + \ldots + \frac{2V_n}{g}, \\ &= \frac{2}{g} \sum_{i=0}^{n-1} V_i. \end{aligned} \tag{8.66}$$

Se o número de colisões é relativamente grande, podemos aproximar o somatório da Equação (8.66) por uma integral do tipo

$$t = \frac{2}{g} \int_0^n V(\tilde{n}) d\tilde{n}. \tag{8.67}$$

Vemos que, para determinar o tempo t, é necessário que exista uma relação entre V e n para que a integração possa ser feita. Podemos, entretanto, considerar uma função empírica recentemente proposta por Oliveira[10], Robnik[11] e Leonel (2012).

A função empírica proposta nesse artigo evidencia que a curva universal, mostrada na Figura 8.9(b), pode ser descrita de modo genérico por uma expressão do tipo

$$f(x) = \left[\frac{x}{1+x}\right]^{\beta_1}, \qquad (8.68)$$

onde x representa o eixo horizontal da curva universal. A Figura 8.10 mostra o comportamento da curva universal sobreposta pela função empírica descrita na Equação (8.68). Podemos notar que a concordância entre as duas é marcante. A Equação (8.68) será então o elo para relacionar a velocidade V com o número de colisões que precisamos na Integral (8.67).

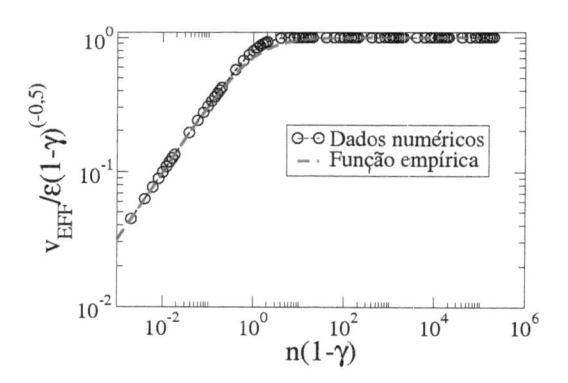

Figura 8.10 – Esboço da curva universal mostrada na Figura 8.9(b) sobreposta pela curva gerada pela Equação (8.68).

---

[10]Diego Fregolente Mendes de Oliveira formou-se em física (2007), defendeu o mestrado em física (2009) ambos pela Unesp, Rio Claro, e defendeu seu doutorado em física na University of Maribor, Eslovênia, em 2012.

[11]Marko Robnik é doutor em física pela University of Bonn (1981) e é diretor de pesquisas no Center for Applied Mathematics and Theoretical Physics (CAMTP), University of Maribor, Eslovênia.

Dessa forma, temos que

$$\frac{v}{\varepsilon^{\alpha_1}(1-\gamma)^{\alpha_2}} = \left[\frac{\left(\frac{n}{(1-\gamma)^{z_2}}\right)}{\left(1+\frac{n}{(1-\gamma)^{z_2}}\right)}\right]^{\beta_1}. \tag{8.69}$$

Considerando os valores numéricos obtidos para os expoentes críticos $\alpha_1 = 1$, $\alpha_2 = -1/2$, $z_2 = -1$ e $\beta_1 = 1/2$, podemos reescrever a Equação (8.69) de forma mais conveniente como

$$\frac{v}{\varepsilon}\sqrt{1-\gamma} = \sqrt{\frac{n(1-\gamma)}{1+n(1-\gamma)}}. \tag{8.70}$$

Atividade 8 – *Utilizando os expoentes críticos fornecidos aqui, mostre que a Equação (8.69) pode ser reescrita como dado na Equação (8.53).*

Considerando agora que as variáveis adimensionais foram obtidas de $v = \omega V/g$ e $\varepsilon = \epsilon\omega^2/g$, podemos então isolar a expressão da velocidade V e obter

$$V(n) = \frac{\epsilon\omega}{\sqrt{1-\gamma}}\sqrt{\frac{n(1-\gamma)}{1+n(1-\gamma)}}. \tag{8.71}$$

Atividade 9 – *Utilize as definições das variáveis adimensionais e as aplique na Equação (8.70) para recuperar o resultado mostrado na Equação (8.71).*

A expressão obtida na Equação (8.71) pode agora ser utilizada na Equação (8.67) para realizar a integração. Dessa forma, temos que

$$t = \frac{2}{g}\int_0^n \frac{\epsilon\omega}{\sqrt{1-\gamma}}\sqrt{\frac{\tilde{n}(1-\gamma)}{1+\tilde{n}(1-\gamma)}}d\tilde{n}. \tag{8.72}$$

Chamando $n' = \tilde{n}(1-\gamma)$ e agrupando os termos apropriados chegamos a

$$t = \frac{2\epsilon\omega}{g\sqrt{1-\gamma}(1-\gamma)}\int_0^{n(1-\gamma)} \sqrt{\frac{n'}{1+n'}}dn'. \tag{8.73}$$

Realizando a integração chegamos à seguinte expressão

$$t = \frac{2\epsilon\omega}{g\sqrt{1-\gamma}(1-\gamma)}\left[-\frac{1}{2}\ln(n(1-\gamma)) + \sqrt{n^2(1-\gamma)^2 + n(1-\gamma)}\right] -$$
$$- \frac{2\epsilon\omega}{g\sqrt{1-\gamma}(1-\gamma)}\ln\left(1 + \sqrt{1+\frac{1}{n(1-\gamma)}}\right). \tag{8.74}$$

Atividade 10 – *Faça a integração da Equação (8.73) e confirme o resultado obtido na Equação (8.74).*

Por outro lado se considerarmos $n \gg 1$, podemos aproximar a Equação (8.74) por (veja uma discussão desse procedimento de aproximação no Apêndice F)

$$\begin{aligned} t &\cong \frac{2\epsilon\omega}{g\sqrt{1-\gamma}(1-\gamma)}[n(1-\gamma)], \\ &= \frac{2\epsilon\omega}{g\sqrt{1-\gamma}}n. \end{aligned} \quad (8.75)$$

Isolando n, temos que

$$n = \frac{g\sqrt{1-\gamma}}{2\epsilon\omega}t. \quad (8.76)$$

Com esses resultados, as expressões da velocidade e da temperatura escritas em função do tempo são dadas por

$$\begin{aligned} \overline{V^2}(t) &= V_0^2 e^{(\gamma^2-1)\frac{g\sqrt{1-\gamma}}{2\epsilon\omega}t} + \frac{(1+\gamma)\epsilon^2\omega^2}{2(1-\gamma)}\left[1 - e^{(\gamma^2-1)\frac{g\sqrt{1-\gamma}}{2\epsilon\omega}t}\right], \quad (8.77) \\ T(t) &= T_0 e^{(\gamma^2-1)\frac{g\sqrt{1-\gamma}}{2\epsilon\omega}t} + \\ &+ \frac{(1+\gamma)}{2}\frac{\epsilon^2\omega^2}{(1-\gamma)}\frac{m}{K_B}\left[1 - e^{(\gamma^2-1)\frac{g\sqrt{1-\gamma}}{2\epsilon\omega}t}\right]. \quad (8.78) \end{aligned}$$

8.6 Conexões com a termodinâmica

Como temos a expressão da velocidade quadrática média e considerando que a energia das partículas imediatamente após o choque é puramente cinética, podemos escrever que

$$U(t) = \frac{m}{2}\overline{V^2}(t). \quad (8.79)$$

Do teorema de equipartição de energia, temos que

$$U(t) = \frac{m}{2}\overline{V^2}(t) = \frac{K_B}{2}T(t). \quad (8.80)$$

Sabemos, das discussões do Capítulo 1, que a entropia pode ser escrita como

$$\frac{\partial S}{\partial U} = \frac{1}{T}, \qquad (8.81)$$

o que leva a

$$dS = \frac{1}{T}dU, \qquad (8.82)$$

onde

$$T(t) = \frac{2}{K_B}U(t), \qquad (8.83)$$

logo obtemos que

$$\int_{S_0}^{S} dS' = \frac{K_B}{2}\int_{U_0}^{U}\frac{dU'}{U'}. \qquad (8.84)$$

Realizando a integral anterior encontramos

$$S(t) = \tilde{S} + \frac{K_B}{2}\ln(U(t)), \qquad (8.85)$$

onde a constante $\tilde{S}$ é dada por $\tilde{S} = S_0 - K_B/2\ln(U_0)$. O resultado mostrado na Equação (8.85) está em bom acordo com o terceiro postulado proposto no Capítulo 1, e é uma função crescente da energia. Entretanto, para $T \to 0$, a entropia $S \to -\infty$. Nesse limite, o modelo é falho e não deve ser aplicado.

8.7 Resumo

Neste capítulo, discutimos a dinâmica de um ensemble de partículas clássicas se movendo na presença de um campo gravitacional constante e colidindo com uma fronteira que se move periodicamente no tempo. O movimento da fronteira é dado pelas oscilações atômicas que se movem com uma amplitude demasiadamente pequena, quando comparado com as distâncias envolvidas no voo de cada partícula. A dinâmica das partículas foi descrita por um mapeamento discreto, considerando duas variáveis, que são a velocidade da partícula e o tempo do enésimo choque.

Quando choques elásticos são considerados, o ensemble de partícula apresenta difusão ilimitada na velocidade e, consequentemente, na energia, levando ao fenômeno de aceleração de Fermi. Se as partículas forem consideradas como constituintes de um gás, esse resultado está em total desacordo em relação ao que é conhecido na literatura. Entretanto, quando consideramos choques inelásticos das partículas com a fronteira, o problema da difusão ilimitada é resolvido.

Determinamos uma expressão para a velocidade quadrática média das partículas e, consequentemente, para a temperatura, tanto em função do número de colisões quanto em função do tempo. Para condições iniciais no regime de altas energias, mostramos que ocorre um decaimento exponencial da velocidade quadrática média. Se a velocidade inicial é baixa, mostramos que ocorre um crescimento até que o regime do estado estacionário seja alcançado. As curvas da velocidade média são invariantes de escala e expoentes críticos foram obtidos, tanto numérica quanto analiticamente.

Por fim, uma expressão para a entropia foi obtida mostrando-se em bom acordo com o terceiro postulado da termodinâmica, conforme discutido no Capítulo 1, ou seja, a entropia é uma função crescente da energia.

8.8 Exercícios propostos

1. Considere que a dinâmica de uma partícula clássica seja descrita pelo seguinte mapeamento discreto

$$\begin{cases} v_{n+1} = v_n + K\cos(\phi_n) \\ \phi_{n+1} = [\phi_n + v_{n+1}] \bmod (2\pi) \end{cases}, \quad (8.86)$$

onde K é um parâmetro de controle não negativo e v e ϕ são variáveis adimensionais.

(a) Determine uma expressão para $\overline{v^2}_{n+1}$, onde a média é feita sobre um ensemble de $\phi \in [0, 2\pi]$;

(b) Defina a energia cinética para uma partícula de massa unitária como sendo $E = v^2/2$. Mostre que a expressão da energia cinética média é dada por

$$E(n) = E_0 + \frac{nK^2}{4}; \quad (8.87)$$

(c) Escreva um programa computacional e faça a simulação numérica para esboçar o comportamento de $E(n)$ vs. n, considerando um ensemble de 100 condições iniciais uniformemente distribuídas em $\phi \in [0, 2\pi]$, considerando uma velocidade inicial fixa $v_0 = 0,01$ para o parâmetro de controle $K = 5$.

2. Construa o espaço de fases para o mapeamento discreto dado por

$$\begin{cases} t_{n+1} = [t_n + 2V_n] \bmod (2\pi) \\ V_{n+1} = |V_n - 2\epsilon \sin(t_{n+1})| \end{cases}, \quad (8.88)$$

considerando as condições iniciais dadas em $v \in [0, 2\pi]$ e $\phi \in [0, 2\pi]$ para os seguintes parâmetros de controle:

(a) $\epsilon = 0,1$, onde existe um conjunto de curvas invariantes, ilhas de estabilidade e mares de caos;

(b) $\epsilon = 0,2$, onde as curvas invariantes vão diminuindo;

(c) $\epsilon = 1$, onde as curvas invariantes foram destruídas.

3. Escreva um programa computacional para determinar o comportamento da velocidade média para o ensemble de partículas descritas pelo mapeamento discreto dado por

$$\begin{cases} \phi_{n+1} = [\phi_n + 2v_n] \bmod (2\pi) \\ v_{n+1} = |\gamma v_n - (1+\gamma)\varepsilon \sin(\phi_{n+1})| \end{cases} \quad (8.89)$$

utilizando os seguintes parâmetros de controle:

(a) $\gamma = 0,99$ e $\varepsilon = 10$;

(b) $\gamma = 0,999$ e $\varepsilon = 10$;

(c) $\gamma = 0,999$ e $\varepsilon = 100$;

(d) Faça um esboço dos resultados obtidos e mostre que as curvas têm o mesmo perfil daquelas mostradas na Figura 8.6.

4. Faça a expansão em série de Taylor da Equação (8.61) para $\gamma \cong 1$, mas $\gamma < 1$, e mostre que considerando $n \gg 1$, recupera-se a Equação (8.64), que confirma o decaimento exponencial da velocidade para várias colisões.

5. Seja a dinâmica de uma partícula dada pelo mapeamento discreto escrito nas variáveis velocidade e fase

$$\begin{cases} \phi_{n+1} = [\phi_n + \frac{2}{v_n}] \bmod (2\pi) \\ v_{n+1} = |v_n - 2\varepsilon \sin(\phi_{n+1})| \end{cases} \quad (8.90)$$

(a) Construa o espaço de fases para o mapeamento discreto considerando aqui, $\varepsilon = 10^{-3}$, e discuta o que se observa nele;

(b) Determine uma expressão para $\overline{v^2}_{n+1}$;

(c) Obtenha uma expressão para a velocidade média do estado estacionário;

(d) Pode-se concluir que esse mapeamento apresenta difusão ilimitada na velocidade? Comente.

Referências Bibliográficas

EVERSON, R. M. Chaotic dynamics of a bouncing ball. **Physica D**, Amsterdam, v. 19, n. 3, p. 355-383, 1986.

HOLMES, P. J. The dynamics of repeated impacts with a sinusoidally vibrating table. **Journal of Sound and Vibration**, Amsterdam, v. 84, n. 2, p. 173-189, 1982.

LEONEL, E. D.; LIVORATI, A. L. P. Describing Fermi acceleration with a scaling approach: the bouncer model revisited. **Physica A: Statistical Mechanics and its Applications**, Amsterdam, v. 387, n. 5-6, p. 1155-1160, 2008.

LEONEL, E. D.; LIVORATI, A. L. P. Thermodynamics of a bouncer model: a simplified one-dimensional gas. **Communications in Nonlinear Science and Numerical Simulation**, Beijing, v. 20, n. 159, 2015. (No prelo).

LEONEL, E. D.; LIVORATI, A. L. P.; CÉSPEDES, A. M. A theoretical characterization of scaling properties in a bouncing ball system. **Physica A: Statistical Mechanics and its Applications**, Amsterdam, v. 404, p. 279-284, jun. 2014.

LEONEL, E. D.; McCLINTOCK, P. V. E. A hybrid Fermi-Ulam-bouncer model. **Journal of Physics A: Mathematical and General**, London, v. 38, n. 4, p. 823-839, 2005.

LIVORATI, A. L. P. et al. Stickiness in a bouncer model: a slowing mechanism for Fermi acceleration. **Physical Review E**, College Park, v. 86, n. 3, p. 9, 2012.

LIVORATI, A. L. P.; LADEIRA, D. G.; LEONEL, E. D. Scaling investigation of Fermi acceleration on a dissipative bouncer model. **Physical Review E**, College Park, v. 78, p. 056205, Nov. 2008.

LUNA-ACOSTA, G. A. Regular and chaotic dynamics of the damped Fermi accelerator. **Physical Review A: Atomic, Molecular and Optical Physics**, New York, v. 42, n. 12, p. 7155-7162, 1990.

OLIVEIRA, D. F. M.; ROBNIK, M.; LEONEL, E. D. Statistical properties of a dissipative kicked system: critical exponents and scaling invariance. **Physics Letters A**, v. 376, n. 5, p. 723-728, 2012.

Capítulo 9

Movimento Browniano

9.1 Objetivos

Neste capítulo discutiremos algumas propriedades do movimento Browniano. Discutiremos alguns conceitos da equação de Langevin e determinaremos a expressão do coeficiente de difusão de alguns sistemas. Uma aplicação envolvendo um sistema dinâmico descrito por mapeamento discreto também será discutida.

9.2 Equação de Langevin

Começaremos este capítulo falando especificamente de um tipo de movimento conhecido na literatura como movimento Browniano[1]. De fato,

---

[1] O nome movimento Browniano se deu particularmente em virtude das pesquisas de um biólogo escocês que, dentre outras coisas, contribuiu significamente com suas pesquisas em botânica, Robert Brown (1773-1858). Brown descobriu que partículas do tamanho de ou menores que grãos de pólen, quando colocadas na superfície de um fluido, se moviam de uma maneira aparentemente aleatória. Inicialmente, ele acreditou se tratar de algum tipo de organismo vivo. Entretanto, e para sua grande surpresa, quando substituiu os grãos de pólen por partículas sem vida (inorgânicas), Brown observou o mesmo tipo de comportamento. O fenômeno foi, então, explicado por Einstein como sendo causado

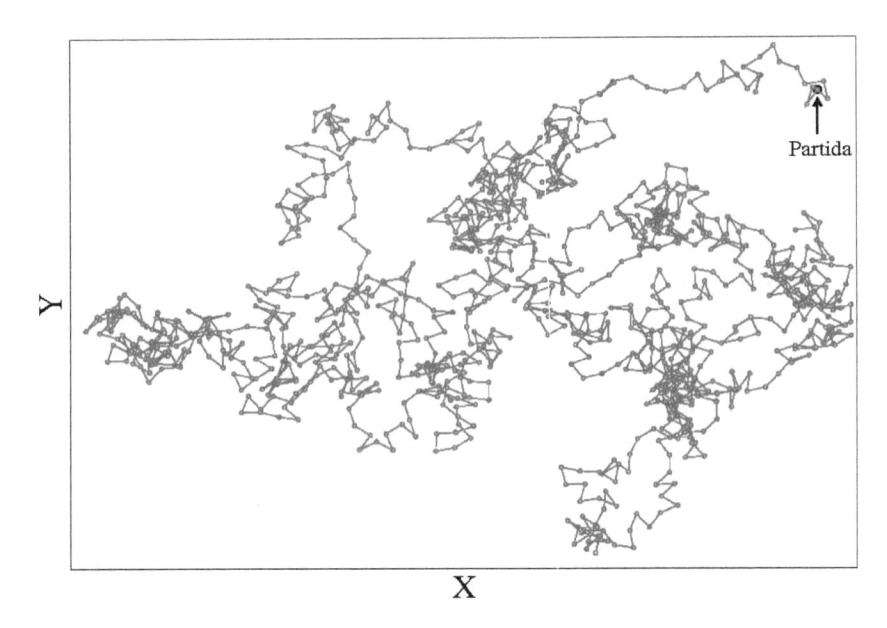

Figura 9.1 – Ilustração do comportamento aleatório de uma partícula na superfície de um fluido realizando um movimento Browniano, após efetuar 10^3 passos aleatórios.

movimento Browniano é o nome dado ao movimento de um corpo de massa m (geralmente muito pequeno) que está na superfície de um fluido a uma temperatura T, sofrendo agitação térmica. A partícula de massa m sofre sucessivos choques aleatórios com as moléculas do fluido que transferem momentum à partícula. Esta, por sua vez, realiza um movimento aparentemente aleatório na superfície do fluido. A Figura 9.1 ilustra o tipo de movimento que é realizado por uma partícula na superfície de um fluido.

A descrição do movimento da partícula pode ser feita totalmente usando a segunda lei de Newton, ou seja,

$$\sum \vec{F} = m\vec{a}, \qquad (9.1)$$

onde $\sum \vec{F}$ identifica a soma de todas as forças que agem sobre a partícula e $\vec{a}$ é sua aceleração. Para simplificar a descrição, consideraremos, sem perda

pelos choques das moléculas do fluido com a partícula em suspensão.

de generalidade, que a dinâmica da partícula ocorre ao longo do eixo X, portanto caracterizando um movimento unidimensional. Outro ponto que será considerado é que o somatório de forças que agem sobre a partícula será separado em duas partes, sendo uma em decorrência de forças criadas por campos externos e outra em decorrência de forças internas. As forças externas podem ainda ter caráter conservativo[2] como o campo gravitacional ou campo elétrico, e também serem decorrentes de uma força de arrasto viscoso devida ao movimento relativo da partícula com o fluido. As forças internas são causadas principalmente pelas colisões, até então consideradas aleatórias, das moléculas do fluido com a partícula. Com essas considerações podemos reescrever a Equação (9.1) como

$$m\dot{v}(t) = -\beta' v(t) + F_{\text{EXT}} + mA(t), \tag{9.2}$$

onde β' é o coeficiente de arrasto da força de viscosidade, m é a massa da partícula, F_{EXT} identifica todas as forças externas possíveis, que atuam sobre a partícula, e $mA(t)$ identifica uma força que tem caráter puramente aleatório. Para os problemas que consideraremos neste capítulo, admitiremos que a média temporal de $A(t)$ será nula.

A Equação (9.2) é chamada de equação de Langevin[3], e sua solução fornece indícios do comportamento de grandezas médias como posição e velocidade da partícula. Vamos primeiramente considerar o caso particular em que a força externa F_{EXT} é nula.

9.2.1 Equação de Langevin para força externa nula

Quando a força externa é nula, a equação de Langevin pode ser escrita como

$$\dot{v}(t) = -\tilde{\beta} v(t) + A(t), \tag{9.3}$$

---

[2] São forças criadas por campos conservativos, que fazem com o que o trabalho realizado ao longo de um caminho fechado seja nulo.
[3] Paul Langevin (1872-1946) foi um físico francês que desenvolveu a dinâmica de Langevin e, consequentemente, a equação de Langevin.

onde $\tilde{\beta} = \beta'/m$. Quando $A(t) = 0$, a Equação (9.3) se resume a

$$\frac{dv(t)}{dt} = -\tilde{\beta}v(t), \qquad (9.4)$$

que tem solução geral do tipo

$$v(t) = v_0 e^{-\tilde{\beta}t}, \qquad (9.5)$$

onde $v(0) = v_0$ é a velocidade da partícula no instante $t = 0$.

Atividade 1 – *Faça todas as passagens matemáticas necessárias para obter a Equação (9.5).*

A Figura 9.2 mostra o decaimento de $v(t)$ para o equilíbrio como função do tempo. Percebemos que o decaimento é mais rápido no início e mais lento para tempos longos.

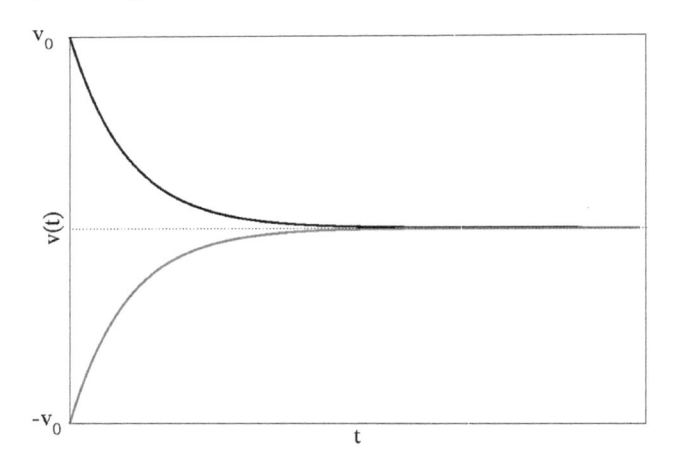

Figura 9.2 – Ilustração do decaimento da velocidade para o equilíbrio para tempos suficientemente longos no caso onde $F_{\text{EXT}} = 0$.

Para os casos em que $A(t) \neq 0$, a Equação (9.3) pode ser resolvida usando-se o artifício de multiplicar ambos os lados por x o que fornece

$$x\ddot{x} = -\tilde{\beta}x\dot{x} + xA(t). \qquad (9.6)$$

Sabemos também que

$$\frac{dx^2}{dt} = 2x\dot{x}, \qquad (9.7)$$

logo temos

$$\frac{d^2(x^2)}{dt^2} = \frac{d(2x\dot{x})}{dt},$$
$$= 2\dot{x}^2 + 2x\ddot{x}. \qquad (9.8)$$

Assim, temos que

$$x\dot{x} = \frac{1}{2}\frac{d(x^2)}{dt}, \qquad (9.9)$$

e, consequentemente, encontramos que

$$x\ddot{x} = \frac{1}{2}\frac{d^2(x^2)}{dt^2} - \dot{x}^2. \qquad (9.10)$$

Levando esses resultados para a Equação (9.6) temos que

$$\frac{1}{2}\frac{d^2(x^2)}{dt^2} - \dot{x}^2 = -\frac{\tilde{\beta}}{2}\frac{d(x^2)}{dt} + xA(t). \qquad (9.11)$$

A função $A(t)$ é produzida pelo comportamento errático das moléculas do fluido. É, então, suposto que a média temporal de $A(t)$ seja nula, ou seja, $\overline{A}(t) = 0$. Tomando, então, a média temporal da Equação (9.11), e chamando

$$\tilde{\alpha} = \frac{d\overline{x^2}}{dt}, \qquad (9.12)$$

concluímos que

$$\frac{1}{2}\frac{d\tilde{\alpha}}{dt} - \overline{\dot{x}^2} = \frac{-\tilde{\beta}}{2}\tilde{\alpha}. \qquad (9.13)$$

Atividade 2 – *Partindo da Equação (9.11), e usando a propriedade de que $\overline{A}(t) = 0$, utilize a Equação (9.12) e faça as passagens matemáticas necessárias para obter a Equação (9.13).*

Por outro lado, sabemos, do teorema de equipartição de energia, que cada termo quadrático na expressão do hamiltoniano do sistema contribui com $1/2 K_B T$ na energia total do sistema. Assim, temos que

$$\frac{1}{2}K_B T = \frac{m\overline{\dot{x}^2}}{2}, \qquad (9.14)$$

o que conduz a
$$\overline{\dot{x}^2} = \frac{K_B T}{m}.\tag{9.15}$$

Logo obtemos a seguinte equação
$$\frac{d\tilde{\alpha}}{dt} = -\tilde{\beta}\tilde{\alpha} + 2\frac{K_B T}{m}.\tag{9.16}$$

Atividade 3 – *Faça as passagens matemáticas necessárias para obter a Equação (9.16) a partir da Equação (9.13).*

Podemos ainda reescrever a Equação (9.16) de uma forma mais conveniente, como
$$\frac{d\tilde{\alpha}}{\tilde{\alpha} - \frac{2K_B T}{\tilde{\beta} m}} = -\tilde{\beta} dt.\tag{9.17}$$

Chamando $y = \tilde{\alpha} - 2K_B T/\tilde{\beta} m$, concluímos que $dy = d\tilde{\alpha}$, logo encontramos
$$\int \frac{dy}{y} = -\int \tilde{\beta} dt,\tag{9.18}$$

o que leva, após fazer a integração e voltar para as variáveis originais, ao seguinte resultado
$$\tilde{\alpha}(t) = \frac{2K_B T}{\tilde{\beta} m} + C e^{-\tilde{\beta} t},\tag{9.19}$$

onde C é uma constante.

Atividade 4 – *Faça as passagens matemáticas necessárias para obter a Equação (9.19).*

O segundo termo da Equação (9.19) fornece a contribuição do transiente. Torna-se útil para se ajustar as condições iniciais. Para tempos suficientemente longos, ou seja, $t \to \infty$, o que leva ao estado estacionário, temos que
$$\tilde{\alpha}(t) = \frac{2K_B T}{\tilde{\beta} m}.\tag{9.20}$$

Por outro lado sabemos que
$$\tilde{\alpha}(t) = \frac{d\overline{x^2}}{dt},\tag{9.21}$$

logo,
$$d\overline{x^2} = \frac{2K_B T}{\tilde{\beta}m} dt, \qquad (9.22)$$

ou ainda
$$\int_0^x d\overline{x^2} = \int_0^t \frac{2K_B T}{\tilde{\beta}m} dt, \qquad (9.23)$$

o que leva a
$$\overline{x^2}(t) = \frac{2K_B T}{\tilde{\beta}m} t. \qquad (9.24)$$

O termo
$$\frac{K_B T}{\tilde{\beta}m} = D, \qquad (9.25)$$

é denominado coeficiente de difusão.

Podemos ainda tirar a raiz quadrada de ambos os lados da Equação (9.24), o que fornece

$$\begin{aligned} <x_{\text{ef}}> &= \sqrt{\overline{x^2}(t)}, \\ &= \sqrt{2Dt}, \\ &\cong \sqrt{t}. \end{aligned} \qquad (9.26)$$

O expoente $1/2$ obtido é confirmado em uma série de experimentos em processos difusivos do tipo caminhada aleatória.

9.2.2 Equação de Langevin com campo externo não nulo

Discutiremos aqui uma situação em que a equação de Langevin deverá ser resolvida na presença de campo externo não nulo. Considere então a dinâmica de uma partícula de massa m, eletricamente carregada com carga q, localizada na superfície de um fluido e sofrendo a ação de um campo elétrico externo constante dado por $\vec{E}$. A lei que descreve o movimento é a segunda lei de Newton. Considerando novamente o caso unidimensional, temos que
$$m\dot{v} = -\beta' v + qE + mA(t), \qquad (9.27)$$

ou de forma correspondente que

$$\frac{dv}{dt} = -\tilde{\beta}v + eE + A(t), \tag{9.28}$$

onde $e = q/m$ e $\tilde{\beta} = \beta'/m$.

Tomando a média temporal da Equação (9.28), temos que

$$\frac{d\overline{v}}{dt} = -\beta'\overline{v} + qE. \tag{9.29}$$

Considerando o lado esquerdo da Equação (9.29) como uma razão de diferenciais, podemos reescrevê-la como

$$\frac{d\overline{v}}{\overline{v} - \frac{eE}{\tilde{\beta}}} = -\tilde{\beta}dt. \tag{9.30}$$

Procedendo com a integração de ambos os lados, temos que

$$\int_{v_0}^{v} \frac{d\overline{v}}{\overline{v} - \frac{eE}{\tilde{\beta}}} = \int_0^t -\tilde{\beta}dt, \tag{9.31}$$

o que fornece

$$\overline{v}(t) = v_0 e^{-\tilde{\beta}t} + \frac{eE}{\tilde{\beta}}(1 - e^{-\tilde{\beta}t}). \tag{9.32}$$

Atividade 5 – *Faça as passagens matemáticas necessárias para obter a Equação (9.32) a partir da Equação (9.31).*

Podemos notar que o caso limite em que $t \to \infty$, a velocidade da partícula na condição de equilíbrio é dada por

$$\begin{aligned}\overline{v}_{eq} &= \lim_{t \to \infty} v(t), \\ &= \frac{eE}{\tilde{\beta}}.\end{aligned} \tag{9.33}$$

É importante observar que este resultado poderia ser facilmente deduzido a partir da lei da força, considerando-se a condição do estado estacionário, ou seja, $d\overline{v}/dt = 0$.

Podemos também obter a equação do deslocamento médio. Sabendo que $dx/dt = \bar{v}$, temos que

$$\int_{x_0}^{x} dx = \int_{0}^{t} \left[v_0 e^{-\tilde{\beta}t} + \frac{eE}{\tilde{\beta}} \left(1 - e^{-\tilde{\beta}t}\right) \right] dt. \qquad (9.34)$$

Fazendo as integrais, concluímos que

$$x(t) = x_0 + \frac{eE}{\tilde{\beta}}t + (e^{-\tilde{\beta}t} - 1)\left[\frac{eE}{\tilde{\beta}^2} - \frac{v_0}{\tilde{\beta}}\right]. \qquad (9.35)$$

Atividade 6 – *Faça as passagens matemáticas necessárias para obter a Equação (9.35) a partir da Equação (9.34).*

Para tempos suficientemente longos podemos notar que a função exponencial decai muito rapidamente, de forma que uma aproximação para a equação do deslocamento da partícula é

$$\begin{aligned} x(t) &= x_0 + \left[\frac{v_0}{\tilde{\beta}} - \frac{eE}{\tilde{\beta}^2}\right] + \frac{eE}{\tilde{\beta}}t, \\ &\cong \frac{eE}{\tilde{\beta}}t. \end{aligned} \qquad (9.36)$$

9.3 Conexões com a equação da difusão

Nesta seção, discutiremos uma aplicação em sistemas estocásticos envolvendo a equação da difusão. Consideraremos que existe um conjunto de partículas que se movem continuamente de um lado para o outro, de maneira aleatória. Por simplicidade consideraremos o caso unidimensional.

9.3.1 Equação da difusão para força externa nula

Uma vez que as partículas não são criadas nem destruídas, podemos considerar que existe uma grandeza que é localmente preservada. Chamaremos essa grandeza de densidade de partículas ρ. Da equação da continuidade[4],

---
[4] A equação da continuidade, de fato, é utilizada para descrever o transporte de uma quantidade que é preservada, seja ela energia, probabilidade, massa ou qualquer outra quantidade física que se preserve.

temos que

$$\frac{\partial \rho(x,t)}{\partial t} = -\frac{\partial J(x,t)}{\partial x}, \qquad (9.37)$$

onde $J(x,t)$ é a corrente de partículas que cruza um determinado ponto x ao longo de um eixo horizontal, conforme pode ser visto no esboço esquemático na Figura 9.3.

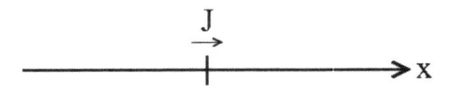

Figura 9.3 – Ilustração esquemática da corrente de partículas J.

Por outro lado, a corrente J pode ser escrita a partir da densidade, utilizando-se a lei de Fick[5], cuja dedução para o caso unidimensional é feita no Apêndice I,

$$J = -D\frac{\partial \rho}{\partial x}, \qquad (9.38)$$

onde D é o coeficiente de difusão. Levando a Equação (9.38) para a Equação (9.37), concluímos que

$$\begin{aligned}\frac{\partial \rho}{\partial t} &= -\frac{\partial}{\partial x}\left[-D\frac{\partial \rho}{\partial x}\right], \\ &= D\frac{\partial^2 \rho}{\partial x^2}, \end{aligned} \qquad (9.39)$$

que é chamada de equação da difusão[6]. O Apêndice J traz uma discussão sobre a solução da equação da difusão.

Para resolver a Equação (9.39) devemos considerar que, no instante de tempo $t = 0$, todas as partículas estão concentradas na posição x, de forma

---

[5] Adolf Eugen Fick (1829-1901) foi um físico e fisiologista alemão que contribuiu para a compreensão de processos de difusão, particularmente com a introdução da lei que carrega o seu nome, lei de Fick.

[6] A equação da difusão é, de fato, uma equação diferencial parcial de suas variáveis, e é utilizada para descrever flutuações da densidade de um sistema ou material que está sofrendo um processo de difusão.

que
$$\rho(x,0) = \rho_0 \delta(x), \tag{9.40}$$
onde $\delta(x)$ é a função delta de Dirac[7]. Uma solução para a Equação (9.39) é dada por
$$\rho(x,t) = \frac{\rho_0}{\sqrt{4\pi D t}} e^{\frac{-x^2}{4Dt}}. \tag{9.41}$$

O conhecimento da densidade $\rho(x,t)$ é de grande importância em mecânica estatística[8] e a partir dela vários observáveis podem ser obtidos. Para ilustrar, calcularemos primeiramente o deslocamento quadrático médio, que é obtido como

$$\begin{aligned}\overline{x^2} &= \int_{-\infty}^{\infty} x^2 \rho(x,t) dx, \\ &= \int_{-\infty}^{\infty} x^2 \frac{\rho_0}{\sqrt{4\pi D t}} e^{\frac{x^2}{4Dt}} dx, \\ &= 2\rho_0 D t. \end{aligned} \tag{9.42}$$

Atividade 7 – *Realize os procedimentos necessários para obter o resultado dado pela Equação (9.42).*

Por outro lado, quando discutimos sobre a equação de Langevin, chegamos a uma expressão que fornece $\overline{x^2}$, conforme mostrado na Equação (9.24). Comparando com a Equação (9.42) e considerando que a densidade inicial de partículas ρ_0 seja unitária, concluímos que

$$D = \frac{K_B T}{\tilde{\beta} m}, \tag{9.43}$$

---

[7]A função delta de Dirac foi introduzida por Paul Dirac, e deve obedecer às seguintes propriedades:

1. $\delta(x) = 0$ se $x \neq 0$;
2. $\delta(0) = \infty$;
3. $\int_{-\infty}^{\infty} \delta(x) dx = 1$.
4. $\int \delta(x - x') f(x) dx = f(x')$.

[8]Embora nem sempre seja possível de encontrar uma forma analítica para a função.

que é a mesma expressão para o coeficiente de difusão obtida anteriormente. É também comum, na literatura, chamar o termo $1/(\tilde{\beta}m)$ de mobilidade. Sendo assim, o coeficiente de difusão é dado por

$$D = K_B T * \text{Mobilidade}, \qquad (9.44)$$

que é a mesma equação originalmente obtida por Einstein.

9.3.2 Equação da difusão para força externa não nula

Vamos agora considerar a equação da difusão, entretanto na presença de um campo externo não nulo. Nesse caso, a corrente deve ser escrita como[9]

$$J = -D\frac{\partial \rho(x,t)}{\partial x} + \gamma F(x)\rho(x,t), \qquad (9.45)$$

onde γ é a mobilidade. Com isso, temos que

$$\begin{aligned} \frac{\partial \rho(x,t)}{\partial t} &= -\frac{\partial}{\partial x}\left[-D\frac{\partial \rho(x,t)}{\partial x} + \gamma F(x)\rho(x,t)\right], \\ &= D\frac{\partial^2 \rho(x,t)}{\partial x^2} - \gamma \rho(x,t)\frac{\partial F(x)}{\partial x} - \gamma F(x)\frac{\partial \rho(x,t)}{\partial x}. \end{aligned} \qquad (9.46)$$

9.3.3 Força elétrica

Para o caso em que a força externa é a elétrica, temos que $F = qE$, logo[10]

$$\begin{aligned} \frac{\partial \rho}{\partial t} &= D\frac{\partial^2 \rho}{\partial x^2} - \gamma F\frac{\partial \rho}{\partial x}, \\ &= D\frac{\partial^2 \rho}{\partial x^2} - \gamma q E\frac{\partial \rho}{\partial x}. \end{aligned} \qquad (9.47)$$

Uma solução considerando a condição de estado estacionário fornece

$$\frac{\partial \rho}{\partial t} = 0, \qquad (9.48)$$

---

[9]De fato, ao se considerar um observável que se preserva, e para não correr o risco de cometer erro na escrita da equação da difusão, o ideal é escrever a corrente como $J(x,t) = -D\nabla \rho(x,t) + \gamma(x,t)F(x,t)\rho(x,t)$.

[10]Por simplicidade, vamos suprimir a notação, considerando apenas que $\rho(x,t) = \rho$.

logo, temos que
$$D\frac{\partial^2 \rho}{\partial x^2} - \gamma q E \frac{\partial \rho}{\partial x} = 0. \tag{9.49}$$

Chamando $\tilde{\alpha} = \partial \rho / \partial x$, temos que
$$\frac{\partial \tilde{\alpha}}{\partial x} = \frac{\gamma q E}{D} \tilde{\alpha}. \tag{9.50}$$

Considerando novamente o termo do lado esquerdo como uma razão de diferenciais, temos que
$$\int_{\tilde{\alpha}_0}^{\tilde{\alpha}} \frac{d\tilde{\alpha}}{\tilde{\alpha}} = \frac{\gamma q E}{D} \int_0^x dx. \tag{9.51}$$

Resolvendo a integral dada pela Equação (9.51), concluímos que
$$\tilde{\alpha}(x) = \tilde{\alpha}_0 e^{\frac{\gamma q E}{d} x}, \tag{9.52}$$

onde
$$\tilde{\alpha}_0 = \frac{\partial \rho(0)}{\partial x}. \tag{9.53}$$

Atividade 8 – *Faça a integração da Equação (9.51) e obtenha o resultado mostrado na Equação (9.52).*

Sabendo agora que $\tilde{\alpha}(x) = d\rho(x)/dx$, temos que
$$\frac{d\rho}{dx} = \tilde{\alpha}_0 e^{\frac{\gamma q E}{d} x}, \tag{9.54}$$

ou ainda que
$$\int_{\rho_0}^{\rho} d\rho = \int_0^x \tilde{\alpha}_0 e^{\frac{\gamma q E}{d} x} dx, \tag{9.55}$$

o que conduz a
$$\rho(x) = \rho_0 + \frac{\tilde{\alpha}_0 D}{\gamma q E} \left[e^{\frac{\gamma q E}{d} x} - 1 \right]. \tag{9.56}$$

Atividade 9 – *Faça a integração da Equação (9.55) e obtenha o resultado mostrado na Equação (9.56).*

A Equação (9.56) pode ainda ser reescrita usando uma expressão para $\tilde{\alpha}_0$. Da expressão da corrente, temos que
$$J_0 = -D\tilde{\alpha}_0 + \gamma q E \rho_0, \tag{9.57}$$

o que, isolando $\tilde{\alpha}_0$, fornece

$$\tilde{\alpha}_0 = \frac{\gamma q E \rho_0}{D} - \frac{J_0}{D}. \tag{9.58}$$

Levando o resultado da Equação (9.58) para a Equação (9.56), temos que

$$\rho(x) = \rho_0 + \left(\rho_0 - \frac{J_0}{\gamma q E}\right)\left(e^{\frac{\gamma q E}{D}x} - 1\right). \tag{9.59}$$

Atividade 10 – *Faça a substituição da Equação (9.58) na Equação (9.56) e obtenha o resultado mostrado na Equação (9.59).*

Por outro lado, se a corrente inicial J_0 é nula para o instante de tempo $t = 0$ em $x = 0$, a Equação (9.59) se resume à seguinte expressão

$$\rho(x) = \rho_0 e^{\frac{\gamma q E}{D}x}. \tag{9.60}$$

Atividade 11 – *Considere que $J_0 = 0$ e obtenha a Equação (9.60) a partir da Equação (9.59).*

9.3.4 Força gravitacional

Vamos considerar agora a situação em que temos um gás de partículas em uma sala e que cada partícula sofre a ação do campo gravitacional constante. Consideramos que a densidade do gás é baixa, de modo que se pode tratar o problema considerando partículas não interagentes. A força que atua em cada partícula é dada por $F = -mg$, que admitimos atuar somente ao longo do eixo da vertical, o qual será representado aqui por y. Com isso, a equação da difusão é escrita como

$$\begin{aligned}\frac{\partial \rho}{\partial t} &= -\gamma F \frac{\partial \rho}{\partial y} + D \frac{\partial^2 \rho}{\partial y^2}, \\ &= \gamma m g \frac{\partial \rho}{\partial y} + D \frac{\partial^2 \rho}{\partial y^2}.\end{aligned} \tag{9.61}$$

No estado estacionário, temos que

$$\frac{\partial \rho}{\partial t} = 0, \tag{9.62}$$

o que nos leva a obter

$$D\frac{\partial^2 \rho}{\partial y^2} + \gamma mg \frac{\partial \rho}{\partial y} = 0. \tag{9.63}$$

Chamando $\tilde{\alpha} = \partial \rho / \partial y$, a Equação (9.63) pode ser escrita como

$$D\frac{\partial \tilde{\alpha}}{\partial y} = -\gamma mg \tilde{\alpha}. \tag{9.64}$$

Considerando que a derivada do lado esquerdo da equação possa ser escrita como uma razão de diferenciais, e que a Equação (9.64) possa ser reescrita como

$$\int_{\tilde{\alpha}_0}^{\tilde{\alpha}} \frac{d\tilde{\alpha}}{\tilde{\alpha}} = -\int_0^y \frac{\gamma mg}{D} dy, \tag{9.65}$$

e que, quando integrado apropriadamente, fornece a seguinte expressão

$$\tilde{\alpha} = \tilde{\alpha}_0 e^{-\frac{\gamma mg}{D} y}. \tag{9.66}$$

Atividade 12 – Faça a integração da Equação (9.65) e obtenha o resultado, mostrado na Equação (9.66).

Como $\tilde{\alpha} = d\rho/dy$, temos da Equação (9.66) que

$$\int_{\rho_0}^{\rho} d\rho = \int_0^y \tilde{\alpha}_0 e^{-\frac{\gamma mg}{D} y} dy, \tag{9.67}$$

o que leva ao resultado

$$\rho(y) = \rho_0 + \frac{D\tilde{\alpha}_0}{\gamma mg}(1 - e^{-\frac{\gamma mg}{D} y}). \tag{9.68}$$

Atividade 13 – Faça a integração da Equação (9.67) e obtenha o resultado mostrado na Equação (9.68).

Da equação da corrente para $t = 0$ e considerando $y = 0$, temos que

$$J_0 = -D\tilde{\alpha}_0 - \gamma mg \rho_0, \tag{9.69}$$

logo, isolando $\tilde{\alpha}_0$, temos que

$$\tilde{\alpha}_0 = -\frac{J_0}{D} - \frac{\gamma mg \rho_0}{D}. \tag{9.70}$$

Quando essa expressão é levada para a Equação (9.68), concluímos que

$$\rho(y) = \rho_0 + \left(\frac{J_0}{\gamma m g} + \rho_0\right)(e^{-\frac{\gamma m g}{D}y} - 1). \quad (9.71)$$

Duas considerações devem ainda ser feitas sobre a Equação (9.71). A primeira delas é que, em $t = 0$, considera-se que $\rho(0) = \rho_0$, onde $y = 0$ representa, por exemplo, o piso da sala onde o gás está confinado, estabelecendo assim o limite inferior de acesso às partículas. O segundo e não menos importante assegura que as partículas não podem penetrar o piso e são, portanto, refletidas. A fronteira em $y = 0$ é chamada, então, de refletora, o que matematicamente pode ser escrito como

$$J_0 = \frac{\partial \rho}{\partial y} = 0. \quad (9.72)$$

Quando este resultado é levado para a Equação (9.71), obtemos que

$$\rho(y) = \rho_0 e^{-\frac{\gamma m g}{D} y}. \quad (9.73)$$

Podemos notar, da Equação (9.73), que ocorre um decaimento exponencial na densidade de partículas (que podem representar o ar), à medida que a altitude aumenta. Esse é o motivo pelo qual é tão difícil se respirar quando se escalam montanhas. Um exemplo clássico é o pico *Huayna Picchu*[11] na cidade Inca de Machu Pichu, no Peru, localizado em torno de 2.720 metros acima do nível do mar.

9.4 Aplicação da equação da difusão em mapas hamiltonianos

Discutiremos, nesta seção, uma aplicação da equação da difusão em um mapeamento discreto que preserva a área[12] no espaço de fases. O Apêndice

---

[11]Também chamado de *Wayna Pikchu*.
[12]Para preservar a área, o determinante da matriz jacobiana deve ser igual a 1.

H discute uma forma de se obter o mapeamento discreto, a partir de um hamiltoniano. Os resultados apresentados nesta seção foram publicados em Oliveira[13] et al. (2013). O mapeamento que consideraremos é escrito como

$$\begin{cases} I_{n+1} = |I_n - \epsilon \sin(2\pi\theta_n)| \\ \theta_{n+1} = [\theta_n + \frac{1}{I_{n+1}^{\tilde{\gamma}}}] \pmod 1 \end{cases}, \quad (9.74)$$

onde ϵ é um parâmetro de controle que controla uma transição de integrabilidade quando $\epsilon = 0$ para não integrabilidade quando $\epsilon \neq 0$. I_n e θ_n são as variáveis ação e ângulo avaliadas na enésima iterada e $\tilde{\gamma} > 0$ é um parâmetro de controle livre. Podemos notar que, quando a variável I_{n+1} se torna suficientemente pequena, ocorre uma perda de correlação entre θ_{n+1} e seu antecessor θ_n. Isso faz com que a função $\sin(2\pi\theta_n)$ tenha um comportamento típico de uma função aleatória, levando, portanto, a uma difusão na variável I.

Por outro lado, quando I_{n+1} cresce, a variável θ_{n+1} começa a apresentar correlação com θ_n e o espaço de fases do mapeamento exibe regiões de regularidade, marcadas principalmente por ilhas de periodicidade[14]. Para valores ainda maiores de I_{n+1}, a correlação entre θ_{n+1} e θ_n aumenta, e curvas invariantes do tipo *spanning* são observadas no espaço de fases. A Figura 9.4 mostra o espaço de fases típico do mapeamento dado pelas Equações (9.74). Para tal foram escolhidos os parâmetros $\tilde{\gamma} = 1$ e $\epsilon = 10^{-2}$.

Para estudar o transporte de partículas no espaço de fases devemos primeiramente definir a região de interesse. Iremos nos concentrar particularmente na região de baixos valores de ação, ou seja, abaixo da primeira

---

[13] Juliano Antônio de Oliveira fez graduação em matemática pela Universidade do Estado de Minas Gerais, no campus de Divinópolis-MG, mestrado e doutorado em física pela UNESP, em Guaratinguetá, e é professor na UNESP, campus de São João da Boa Vista.

[14] De fato, as ilhas são observadas circundando os pontos fixos elipticos. Estes são obtidos a partir da condição $I_{n+1} = I_n$ e $\theta_{n+1} = \theta_n + 2l\pi$ (período 1) onde l é um inteiro. Sua estabilidade é determinada pelos autovalores da matriz jacobiana.

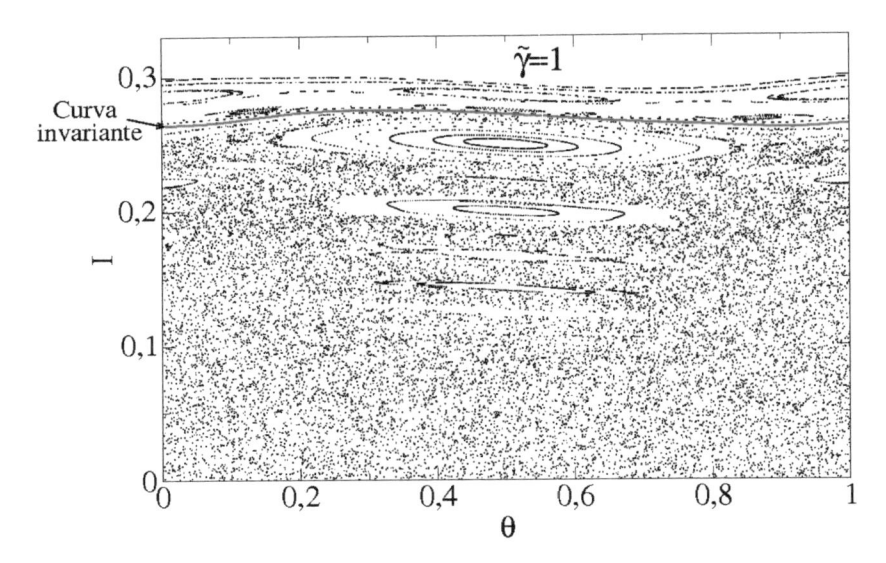

Figura 9.4 − Ilustração do espaço de fases do Mapeamento (9.74) para os parâmetros de controle $\tilde{\gamma} = 1$ e $\epsilon = 10^{-2}$.

curva invariante *spanning* e abaixo de ilha de estabilidade mais baixa. Para regiões acima da primeira ilha de estabilidade, pode ocorrer um fenômeno dinâmico chamado de *stickiness*[15]. O fenômeno, de fato, afeta a dinâmica significativamente, e confirmaremos isso por meio da análise do coeficiente de difusão, D.

Para obter o comportamento do coeficiente de difusão D, utilizaremos a solução da equação da difusão para fornecer a função densidade de probabilidade de ocupação no espaço de fase e também resultados de simulação numérica. Esses resultados fornecem, de fato, o histograma para o qual um conjunto de partículas atingiu uma determinada altura ou determinada posição no eixo das ações I, para um determinado instante n.

Antes de proceder com a solução da equação da difusão, podemos fazer uma estimativa analítica do coeficiente de difusão D. De fato, utilizando a

---

[15]Stickiness é conhecido como um regime dinâmico de ocorrência comum em sistemas hamiltonianos (conservativos), nos quais uma partícula passa suficientemente próxima a uma região de periodicidade ou quase periodicidade e fica ali *presa* nas proximidades da região por um longo período de tempo, maior do que ficaria na dinâmica usual.

primeira equação do Mapeamento (9.74), podemos escrever que

$$\Delta_n = I_{n+1} - I_n = -\epsilon \sin(2\pi\theta_n). \tag{9.75}$$

Elevando ambos os lados ao quadrado e fazendo a média para um ensemble de $\theta \in [0,1]$, concluímos que

$$\begin{aligned}\overline{\Delta^2} &= \int_0^1 \epsilon^2 \sin^2(2\pi\theta) d\theta, \\ &= \frac{\epsilon^2}{2}.\end{aligned} \tag{9.76}$$

O resultado mostrado pela Equação (9.76) fornece o desvio do segundo momento da variável I. Com isso, temos que

$$\begin{aligned}D &= \frac{\overline{\Delta^2}}{2}, \\ &= \frac{\epsilon^2}{4}.\end{aligned} \tag{9.77}$$

Para proceder com os cálculos e encontrar o resultado mostrado na Equação (9.77), admitimos que $I_n - \epsilon \sin(2\pi\theta_n) > 0$, o que nos permite ignorar o valor absoluto[16] que é imposto na primeira equação do Mapeamento (9.74).

Podemos agora passar à solução da equação da difusão propriamente. Nas variáveis dinâmicas envolvidas no problema, a equação da difusão é escrita como

$$\frac{\partial \rho(I,n)}{\partial n} = D \frac{\partial^2 \rho(I,n)}{\partial I^2}, \tag{9.78}$$

onde ρ fornece a função densidade de probabilidade. É importante mencionar duas condições de contorno:

1. A primeira diz que

$$\frac{d\rho(0,n)}{dI} = 0. \tag{9.79}$$

   Essa condição é estabelecida pelo fato de não poder haver fluxo de partículas em $I = 0$.

---

[16]O valor absoluto torna-se importante para garantir que as variáveis dinâmicas I e θ sejam sempre reais, caso $\tilde{\gamma}$ seja um semi-inteiro.

2. Quando a partícula atingir uma determinada altura ao longo do eixo da ação I, que chamaremos aqui simplesmente de h, consideraremos que ela escapou para regiões de mais altas ações que aquelas consideradas de interesse, o que leva a

$$\rho(h, n) = 0, \tag{9.80}$$

caracterizando um escape para regiões acima de h, portanto sem interesse para o estudo.

A função $\rho(I, n)$ pode ser obtida utilizando uma separação de variáveis, ou seja, chamando

$$\rho(I, n) = X(I)\tilde{T}(n). \tag{9.81}$$

Considerando as condições de contorno impostas pelas Equações (9.79) e (9.80), uma função que atende a tais requisitos é

$$X(I) = \cos\left(\frac{I\pi}{h}(k + \frac{1}{2})\right), \tag{9.82}$$

com $k = 0, 1, 2, \ldots$.

Atividade 14 – *Mostre que a função dada pela Equação (9.82) atende às duas condições de contorno necessárias do problema.*

A partir do resultado obtido de $X(I)$, podemos substituí-lo na equação da difusão e uma possível solução é escrita como

$$\rho(I, n) = \sum_{k=0}^{\infty} a_k \cos\left(\frac{I\pi}{h}(k + \frac{1}{2})\right) e^{-\frac{Dn\pi^2}{h^2}(k+\frac{1}{2})^2}, \tag{9.83}$$

onde os coeficientes a_k devem ser obtidos a partir das condições iniciais.

Atividade 15 – *Substitua a Equação (9.83) na Equação da difusão (9.78) e verifique sua validade.*

As condições iniciais utilizadas serão escolhidas como sendo I muito próximo de zero obedecendo a

$$\rho(I, 0) = \delta(I). \tag{9.84}$$

Igualando a Equação (9.84) a $a_k \cos(I\pi/h(k+1/2))$, multiplicando ambos os lados por $\cos(I\pi/h(\tilde{m}+1/2))$ e integrando o resultado no intervalo $I \in [0, h]$, obtemos

$$\rho(I,n) = \frac{2}{h} \sum_{k=0}^{\infty} a_k \cos\left(\frac{I\pi}{h}\left(k+\frac{1}{2}\right)\right) e^{-\frac{Dn\pi^2}{h^2}\left(k+\frac{1}{2}\right)^2}. \tag{9.85}$$

É importante mencionar que a Equação (9.85) também obedece à equação da difusão assim como as duas condições de contorno exigidas.

A integral da Equação (9.85) em relação a $I \in [0, h]$ fornece a probabilidade de sobrevivência de se obter uma partícula na faixa $I \in [0, h]$ em um determinado instante n, ou seja,

$$\wp(n) = \frac{2}{\pi} \sum_{k=0}^{\infty} \frac{\sin\left(\pi\left(k+\frac{1}{2}\right)\right)}{k+\frac{1}{2}} e^{-\frac{Dn\pi^2}{h^2}\left(k+\frac{1}{2}\right)^2}. \tag{9.86}$$

Assim, o negativo da derivada de $\wp(n)$ em relação a n, ou seja, $\wp'(n) = d\wp(n)/dn$ fornece o histograma para um determinado número de partículas que escaparam pela altura h, no instante n. A Figura 9.5 mostra um gráfico de $\wp'$ vs. n para os parâmetros[17] $h = 10$ e $D = 0,5$.

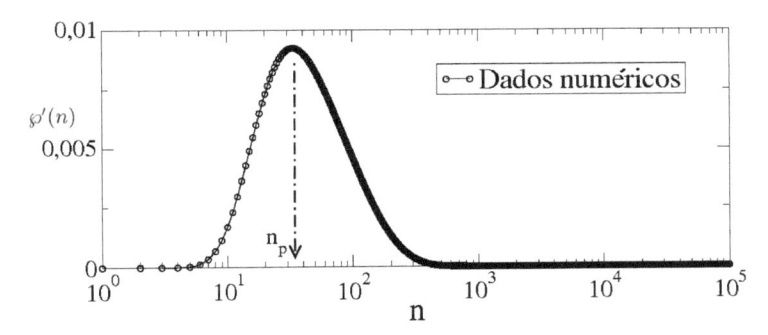

Figura 9.5 – Gráfico mostrando o comportamento de $\wp'$ vs. n para $h = 10$ e $D = 0,5$, que foram escolhas arbitrárias.

Atividade 16 – *Usando a Equação (9.86), faça a derivada $\wp'(n) = d\wp(n)/dn$ e avalie numericamente o resultado para confirmar o esboço mostrado na Figura 9.5.*

---
[17] Estas escolhas foram feitas arbitrariamente.

Podemos notar, pela Figura 9.5, que, para valores de n pequenos, o histograma exibe um regime de crescimento até atingir um máximo em n_p. O histograma, então, apresenta um decaimento para valores de $n > n_p$. Notamos que um conjunto pequeno de partículas atinge h, para tempos curtos. O pico, de fato, representa um número n_p típico em que a maioria significativa do ensemble escapa ao atingir h. Para tempos ainda maiores, o número de partículas que fica abaixo de h decresce, levando também a um decréscimo no histograma.

Ao analisar a Figura 9.5 e a expressão[18] de $\wp'(n)$, podemos perceber que, para valores elevados de h, um único termo $k = 0$ domina[19] sobre os demais. Dessa forma, temos que

$$e^{-\frac{Dn\pi^2}{4h^2}} \cong e^{-\tilde{A}n}, \qquad (9.87)$$

com isso, o coeficiente de difusão para esse problema pode ser escrito como

$$D = \frac{4h^2 \tilde{A}}{\pi^2}. \qquad (9.88)$$

Atividade 17 – *Obtenha a Equação (9.88) a partir da Equação (9.87).*

O coeficiente $\tilde{A}$ pode ser obtido simplesmente ajustando uma função exponencial à curva $\wp'(n)$ vs. n após o pico n_p, fornecendo assim um ajuste do decaimento do histograma e antes do final da cauda do histograma, que pode não ser descrito por uma exponencial, em virtude do efeito dinâmico do stickiness.

A Figura 9.6 mostra um gráfico do histograma $\wp'(n)$ vs. n obtido numericamente para os parâmetros $\tilde{\gamma} =^3/_4$ e $\epsilon = 10^{-4}$ e o valor fixo de $h = 10^{-3}$. Podemos notar que o resultado obtido via simulação do Mapeamento (9.74) é bastante semelhante àquele fornecido pelo procedimento teórico, conforme mostrado na Figura 9.5.

---

[18] O leitor é convidado a obter a derivada.

[19] O fato de considerar apenas um termo, facilita substancialmente os cálculos. Entretanto, ocorre um pequeno afastamento dos dados previstos teoricamente daqueles que são medidos experimentalmente por simulação numérica.

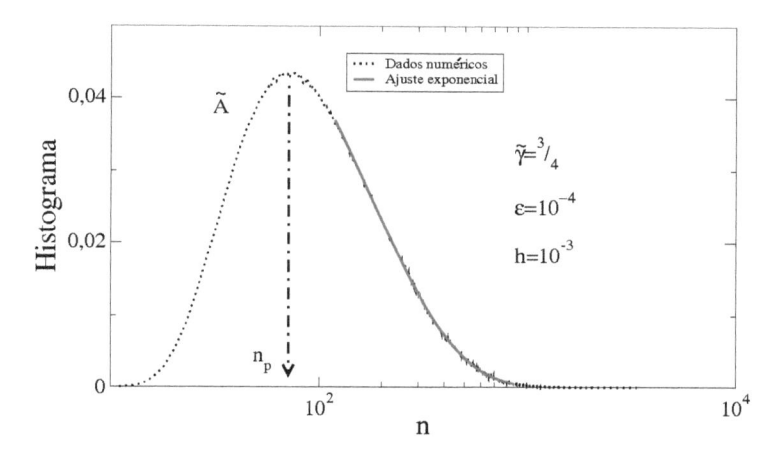

Figura 9.6 – Gráfico do histograma como função de n para os parâmetros de controle $\tilde{\gamma} = {}^3/_4$ e $\epsilon = 10^{-4}$ e o valor fixo de $h = 10^{-3}$.

Ao se variar a posição do escape h, o histograma sofre um deslocamento ao longo do eixo n, sendo ele para a direita se h cresce ou para a esquerda se h decresce. Um gráfico do ajuste $\tilde{A}$ vs. h é mostrado na Figura 9.7 para os parâmetros de controle $\tilde{\gamma} = 3/4$ e $\epsilon = 10^{-4}$. O resultado obtido da Figura

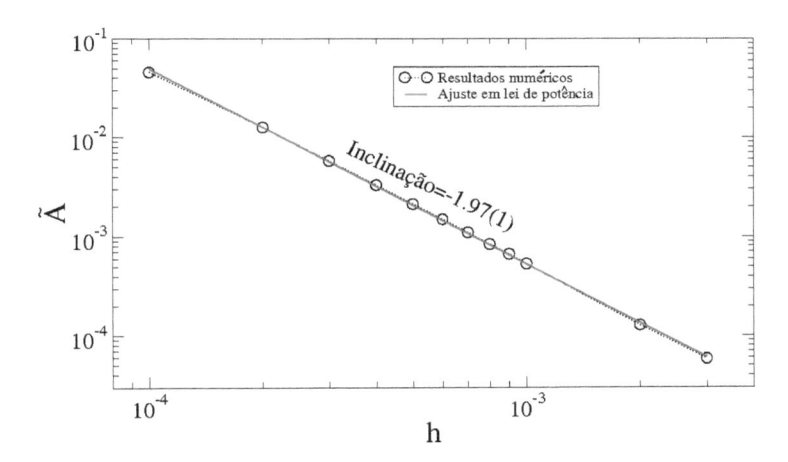

Figura 9.7 – Gráfico de $\tilde{A}$ vs. h considerando os parâmetros de controle $\tilde{\gamma} = {}^3/_4$ e $\epsilon = 10^{-4}$.

9.7 confirma a previsão teórica[20] dada pela Equação (9.88).

Conhecido então o comportamento de $\tilde{A}$ vs. h, podemos obter agora o comportamento do coeficiente de difusão D vs. h. A Figura 9.8 mostra um gráfico de D vs. h para diferentes parâmetros de controle, conforme mostrados na própria figura. Notamos que parâmetros de controle ϵ diferentes resultam em valores diferentes para o coeficiente de difusão D. Entretanto, ao reescalar o eixo vertical por $D \to D/\epsilon^2$, os resultados estão em bom acordo com a teoria, ou seja,

$$\frac{D}{\epsilon^2} \cong \frac{1}{4} = 0,25. \tag{9.89}$$

Obervamos também que D é aproximadamente constante para uma grande extensão de h, até que ele sofre uma repentina mudança, na verdade, um decréscimo. Essa redução repentina em D se deve ao fato de h ter atingido a posição da primeira ilha de estabilidade. Utilizando análise de estabilidade de ponto fixo, que será deixada para o leitor como exercício, é possível obter que a ilha de estabilidade de período 1 mais baixa[21] é dada por

$$I_{LSI} \cong \frac{\tilde{\gamma}\pi\epsilon^{\frac{1}{1+\tilde{\gamma}}}}{2}, \tag{9.90}$$

onde o subíndice de LSI se refere a *lowest stable island*, que foi a nomenclatura originalmente utilizada no artigo.

Quando a Equação (9.90) é utilizada para reescalar o eixo h, como $h \to h/I_{LSI}$, todas as curvas obtidas para diferentes coeficientes de difusão tendem a se sobrepor, como mostrado na Figura 9.8(b). Para valores de

---

[20] De fato, reescrevendo apropriadamente a Equação (9.88) obtemos

$$\tilde{A} = \frac{\pi^2 D}{4h^2},$$
$$\sim h^{-2},$$

conforme confirmado pela Figura 9.7.

[21] A primeira ilha de período 1 que aparece no mar de caos para I crescendo.

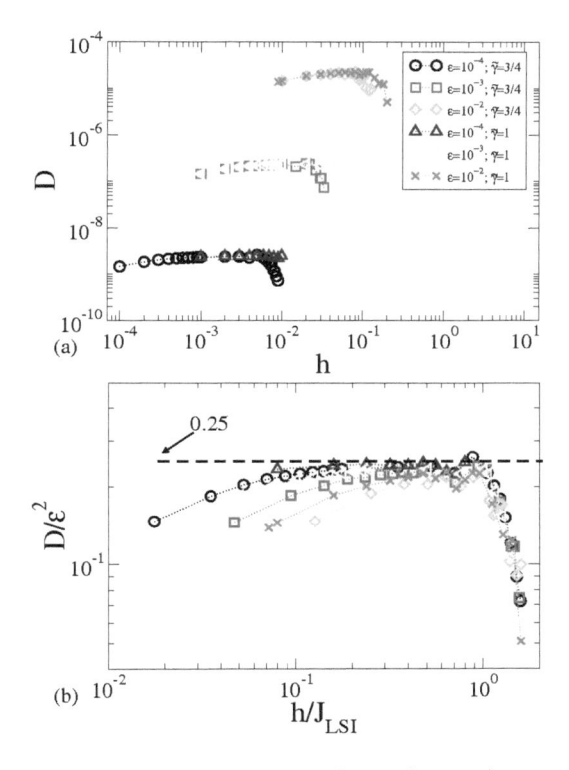

Figura 9.8 – (a) Gráfico de D vs. h considerando parâmetros de controle diferentes, conforme mostrado na figura. (b) Após reescalar os eixos apropriadamente, a figura mostra uma sobreposição parcial das curvas.

h pequenos, as curvas da difusão apresentam um ligeiro afastamento umas das outras. Isso se deve possivelmente ao fato de o coeficiente de difusão obtido pela Equação (9.88) se aplicar somente para valores de h mais elevados, como comentado ao longo do texto.

9.5 Resumo

Neste capítulo foram discutidas algumas propriedades do movimento Browniano unidimensional. Apresentamos e resolvemos a Equação de Langevin para as situações de força externa nula e não nula.

A equação da continuidade foi utilizada para o estudo de processos difusivos, e foi resolvida em algumas situações envolvendo o estado estacionário. Os casos de força externa nula e não nula também foram considerados.

Por fim, foi considerada uma aplicação envolvendo a dinâmica dada por um mapeamento discreto, e foram feitas discussões sobre o coeficiente de difusão para o sistema.

9.6 Exercícios propostos

1. Verifique se a Equação (9.41) satisfaz à Equação (9.39).

2. Mostre que a Equação (9.60) satisfaz à equação da difusão, no estado estacionário.

3. Mostre que a Equação (9.73) também satisfaz à equação da difusão, no estado estacionário.

4. Partindo da primeira equação do Mapeamento (9.74), mostre que

$$\overline{\Delta^2}_n = \overline{I^2}_{n+1} - \overline{I^2}_n = \frac{\epsilon^2}{2}. \tag{9.91}$$

5. Mostre que a Equação (9.85) satisfaz à Equação da difusão (9.78).

6. Considere o mapeamento dado pela Equação (9.74).

    (a) Obtenha uma expressão para os pontos fixos do mapeamento;

    (b) Classifique os pontos fixos obtidos em (a) como elípticos ou hiperbólicos;

    (c) Verifique se o resultado obtido para o ponto fixo de mais baixa ação (menos valor de I) está de acordo com a Equação (9.90).

7. Escreva um algoritmo e faça sua implementação computacional para obter o espaço de fases mostrado na Figura 9.4.

8. Considere que a distribuição de probabilidade para uma partícula com velocidade se movendo em um sistema isolado a uma temperatura T seja dada por

$$\wp(v) = \left(\frac{m}{2\pi K_B T}\right)^{\frac{3}{2}} 4\pi v^2 e^{-\frac{mv^2}{2K_B T}}, \tag{9.92}$$

com $0 \leq v \leq \infty$.

(a) Obtenha a expressão para

$$\bar{v} = \int_0^\infty v\wp(v)dv; \qquad (9.93)$$

(b) Considerando que a energia da partícula seja apenas dada na forma de energia cinética, ou seja, $E = mv^2/2$, obtenha a expressão da probabilidade na variável E.

Referências Bibliográficas

BALAKRISHNAN, V. **Elements of nonequilibrium statistical mechanics**. New Delhi: Ane Books India, 2008.

OLIVEIRA, J. A. et al. Scaling invariance of the diffusion coefficient in a family of two-dimensional Hamiltonian mappings. **Physical Review E**, College Park, v. 87, n. 6, p. 062904, 2013.

POTTIER, N. **Nonequilibrium statistical physics, linear irreversible processes**. Oxford: Oxford University Press, 2010.

REICHL, L. E. **A modern course in statistical physics**. Weinheim: Wiley-VCH, 2009.

REIF, F. **Fundamentals of statistical and thermal physics**. New York: McGraw-Hill, 1965.

SCHWABL, F. **Statistical mechanics**. Heidelberg: Springer-Verlag, 2006.

SETHNA, J. P. **Statistical mechanics:** entropy, order parameters, and complexity. Oxford: Oxford University Press, 2006.

Capítulo 10

Equação de Fokker-Planck

10.1 Objetivos

Discutiremos, neste capítulo, algumas propriedades básicas da equação de Fokker-Planck. Mostraremos como se obter a equação e apresentaremos uma solução geral para o caso do arrasto viscoso. O ponto de partida será a descrição do movimento Browniano, conforme discutido no capítulo anterior, assim como da equação de Langevin.

10.2 Obtenção da equação de Fokker-Planck

Para obter a equação de Fokker[1]-Planck, vamos partir do movimento Browniano discutido no capítulo anterior. Sendo assim, considerando a segunda lei de Newton para o caso unidimensional, temos que

$$m\frac{d^2x}{dt^2} = -\beta'\frac{dx}{dt} + F_{\text{EXT}}(x,t) + mA(t), \qquad (10.1)$$

---

[1]Adriaan Daniel Fokker (1887-1972) foi um físico holandês que contribui em estudos diversos da física incluindo relatividade (especial e geral) assim como estudos em difusão. Foi também músico, chegando inclusive a compor algumas peças.

onde $F_{\text{EXT}}(x,t)$ fornece todas as forças externas, β' é o coeficiente de viscosidade, m é a massa da partícula e $mA(t)$ é uma força que atua na partícula e tem caráter aleatório em virtude do movimento das moléculas no fluido. Considera-se também que ela tem média temporal nula. A Equação (10.1) é chamada de equação de Langevin.

Para os casos em que a força externa é nula, ou seja, $F_{\text{EXT}}(x,t) = 0$, temos que a equação se resume a

$$\frac{dv}{dt} = -\tilde{\beta}v + A(t), \tag{10.2}$$

onde $\tilde{\beta} = \beta'/m$. Veja o Apêndice K para uma pequena discussão sobre propriedades da função aleatória $A(t)$. Os casos em que a força externa não se anula serão considerados mais adiante, ainda neste capítulo. Porém antes de comentar especificamente sobre a equação de Fokker-Planck, vamos estabelecer o conceito de processo de difusão.

10.2.1 Processo markoviano

Para definir um processo[2] markoviano[3], vamos utilizar um conjunto de variáveis distintas daquelas utilizadas na Equação (10.2), porém de fácil comparação. Um processo de difusão é considerado um processo markoviano se satisfaz à seguinte equação diferencial estocástica

$$\dot{\xi} = f(\xi, t) + g(\xi, t) A(t), \tag{10.3}$$

onde $f(\xi, t)$ e $g(\xi, t)$ são funções quaisquer de seus argumentos e $A(t)$ é uma função aleatória de média temporal nula.

---

[2]Um processo markoviano, como o próprio nome diz, é um processo de Markov definido como um processo estocástico sendo que a probabilidade do sistema estar em um determinado estado a no instante $t+1$ depende única e exclusivamente de seu estado no instante t. Portanto em processos de Markov, só são de interesses os processos imediatos.

[3]Um processo markoviano tem o nome em homenagem a Andrei Andreyevich Markov (1856-1922), foi um matemático russo que trabalhou em processos estocásticos. Dentre suas contribuições para a literatura, provou o teorema do limite central.

Para se obter a solução de $\xi(t)$ no estado estacionário, é necessário[4] que ambas f e g não sejam dependentes do tempo e que eventuais efeitos de transiente já tenham sido eliminados. A equação de Fokker-Planck, que satisfaz à Equação (10.3) e fornece como solução a densidade de probabilidade de que uma partícula estando no estado ξ em um instante t mude para o estado $\xi + d\xi$ no instante $t + dt$, é dada por

$$\frac{\partial \wp(\xi,t)}{\partial t} = -\frac{\partial}{\partial \xi}\left[f(\xi,t)\wp(\xi,t)\right] + \frac{1}{2}\frac{\partial^2}{\partial \xi^2}\left[g^2(\xi,t)\wp(\xi,t)\right]. \qquad (10.4)$$

10.2.2 Escrevendo a equação de Fokker-Planck a partir da equação de Langevin

Comparando a Equação (10.3) com a Equação (10.2), levando os termos correspondentes para a Equação (10.4) e lembrando que a força $mA(t)$ tem média nula, porém com uma amplitude não nula (veja o Apêndice K), a Equação de Fokker-Planck correspondente à Equação (10.2) é dada por

$$\frac{\partial \wp(v,t)}{\partial t} = -\frac{\partial}{\partial v}\left[-\tilde{\beta}v\wp(v,t)\right] + D\frac{\partial^2}{\partial v^2}\left[\wp(v,t)\right], \qquad (10.5)$$

ou ainda

$$\frac{\partial \wp(v,t)}{\partial t} = \tilde{\beta}\wp(v,t) + \tilde{\beta}v\frac{\partial \wp(v,t)}{\partial v} + D\frac{\partial^2}{\partial v^2}(\wp(v,t)), \qquad (10.6)$$

10.2.3 Probabilidade e densidade de corrente

A partir da Equação (10.5) podemos também obter uma expressão para a densidade de corrente J. De fato, usando a equação da continuidade, temos que

$$\frac{\partial \rho}{\partial t} = -\frac{\partial J}{\partial v}, \qquad (10.7)$$

onde a corrente J pode ser escrita como

$$J = -\left[\tilde{\beta}v\wp(v,t) + D\frac{\partial \wp(v,t)}{\partial v}\right]. \qquad (10.8)$$

---
[4]Porém não é condição suficiente.

10.2.4 Solução geral para a equação de Fokker-Planck

Discutiremos aqui uma forma de se obter uma solução geral para a Equação de Fokker-Planck (10.6). Para obter a solução, devemos estabelecer uma condição inicial. Consideramos assim que a velocidade inicial seja bem definida e dada por v_0. A solução da Equação (10.6) deve fornecer uma função $\wp(v,t)$ que satisfaça à seguinte condição inicial

$$\wp(v,0) = \delta(v - v_0). \tag{10.9}$$

Aplicando a transformada de Fourier com relação a v em $\wp(v,t)$ obtemos

$$\wp(\xi,t) = \int_{-\infty}^{\infty} \wp(v,t) e^{i\xi v} dv, \tag{10.10}$$

que satisfaz à condição inicial

$$\wp(\xi,0) = e^{i\xi v_0}. \tag{10.11}$$

Após a aplicação da transformada de Fourier com a relação a v, a Equação de Fokker-Planck (10.6) é reescrita como

$$\frac{\partial \wp(\xi,t)}{\partial t} + \tilde{\beta}\xi \frac{\partial \wp(\xi,t)}{\partial \xi} = -D\xi^2 \wp(\xi,t). \tag{10.12}$$

Uma análise cuidadosa permite perceber que a Equação (10.12) pode ser escrita como uma equação diferencial total, na forma

$$\frac{\partial \wp}{\partial t} dt + \frac{\partial \wp}{\partial \xi} d\xi = d\wp. \tag{10.13}$$

Chamando as variáveis

$$dt = \frac{d\xi}{\tilde{\beta}\xi} = -\frac{d\wp}{D\xi^2 \wp}, \tag{10.14}$$

podemos agora obter por integrações separadas da Equação (10.14) que

$$dt = \frac{d\xi}{\tilde{\beta}\xi},$$

$$\xi(t) = \xi_0 e^{\tilde{\beta} t}, \tag{10.15}$$

e também que

$$dt = -\frac{d\wp}{D\xi^2\wp},$$
$$\wp = \wp_0 e^{-\frac{D\xi^2}{2\tilde{\beta}}}. \tag{10.16}$$

Das Equações (10.15) e (10.16) vemos que a solução geral para a Equação (10.12) é do tipo

$$\wp(\xi,t) = \tilde{\wp}(\xi e^{-\tilde{\beta}t})e^{-\frac{D\xi^2}{2\tilde{\beta}}}, \tag{10.17}$$

onde a função $\tilde{\wp}$ deve ser escolhida tal que $\wp(\xi,t)$ obedeça à Equação (10.11), logo

$$\tilde{\wp}(\xi) = e^{i\xi v_0} e^{-\frac{D\xi^2}{2\tilde{\beta}}}. \tag{10.18}$$

Com essas passagens, chegamos a

$$\wp(\xi,t) = e^{v_0 i\xi e^{-\tilde{\beta}t}} e^{\left[-\frac{D\xi^2}{2\tilde{\beta}}\right](1-e^{-2\tilde{\beta}t})}. \tag{10.19}$$

Aplicando a transformada inversa de Fourier na Equação (10.19), obtemos a solução geral como

$$\wp(v,t) = \sqrt{\frac{\tilde{\beta}}{2\pi D b(t)}} e^{-\frac{\tilde{\beta}}{2D}\frac{(v-a(t))^2}{b(t)}}, \tag{10.20}$$

onde as funções $a(t)$ e $b(t)$ são escritas como

$$a(t) = v_0 e^{-\tilde{\beta}t}, \ t > 0, \tag{10.21}$$
$$b(t) = 1 - e^{-2\tilde{\beta}t}, \ t > 0. \tag{10.22}$$

10.2.5 Solução para o estado estacionário

Para obter a solução da equação de Fokker-Planck dada pela Equação (10.6) para o estado estacionário, basta fazer $t \to \infty$ na Equação (10.20), o que leva às expressões

$$a(t) = \lim_{t\to\infty} v_0 e^{-\tilde{\beta}t},$$
$$= 0, \qquad (10.23)$$
$$b(t) = \lim_{t\to\infty} 1 - e^{-2\tilde{\beta}t},$$
$$= 1, \qquad (10.24)$$

o que conduz a

$$\wp(v) = \sqrt{\frac{\tilde{\beta}}{2\pi D}} e^{-\frac{\tilde{\beta}v^2}{2D}}. \qquad (10.25)$$

A Figura 10.1 ilustra um esboço da probabilidade dada pela Equação (10.25).

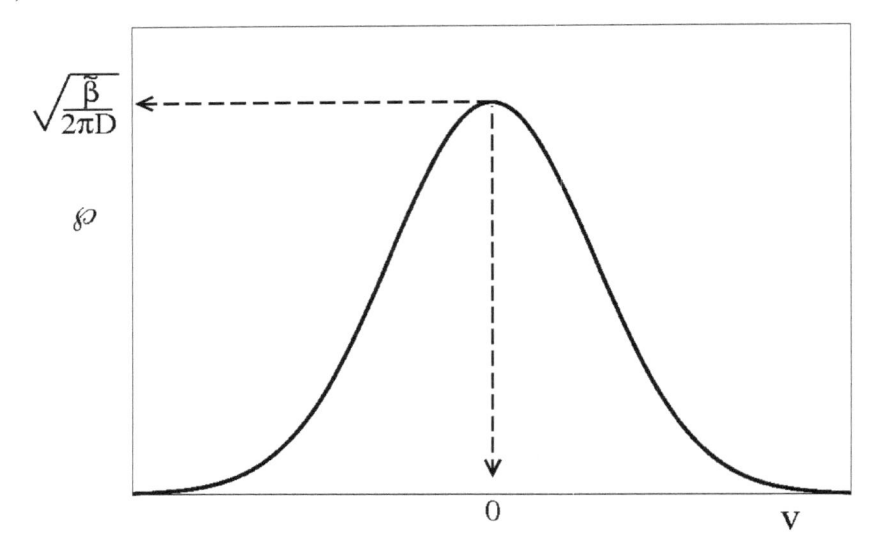

Figura 10.1 – Esboço da probabilidade $\wp$ vs. v.

10.3 Equação de Fokker-Planck para campos externos não nulos

Discutiremos agora algumas aplicações da equação de Fokker-Planck para problemas físicos em que a força externa seja não nula. Para tal, devemos considerar uma aproximação. Da Equação de Langevin (10.1) podemos supor que a massa da partícula seja suficientemente pequena e que o termo do lado esquerdo da Equação (10.1), ou seja, md^2x/dt^2, possa ser considerado desprezível. Nestas condições, a Equação (10.1) pode ser reescrita como

$$\beta' \frac{dx}{dt} = F_{\text{EXT}} + mA(t). \tag{10.26}$$

Podemos notar que a Equação (10.26) tem em sua essência, a mesma forma da Equação (10.3), o que permite então determinar uma equação de Fokker-Planck associada.

10.3.1 Equação de Fokker-Planck para força $F = -kx$

Considerando que a força externa seja do tipo elástica, dada pela lei de Hooke[5], ou seja, $F_{\text{EXT}} = -kx$, onde k é a constante elástica, a Equação (10.26) é reescrita como

$$\beta' \frac{dx}{dt} = -kx + mA(t), \tag{10.27}$$

ou ainda

$$\frac{dx}{dt} = -\tilde{k}x + \tilde{m}A(t), \tag{10.28}$$

onde $\tilde{k} = k/\beta'$ e $\tilde{m} = m/\beta'$. Como $mA(t)$ é uma força aleatória de média temporal nula, então o produto $\tilde{m}A(t)$ pode ser escrito como

$$\tilde{m}A(t) = \sqrt{\Gamma}A(t), \tag{10.29}$$

onde $\sqrt{\Gamma}$ fornece a amplitude do ruído externo causado pela força aleatória. Com isso, a equação de Fokker-Planck pode ser escrita como

$$\frac{\partial \wp(x,t)}{\partial t} = -\frac{\partial}{\partial x}\left(-\tilde{k}x\wp(x,t)\right) + D\frac{\partial^2 \wp(x,t)}{\partial x^2}, \tag{10.30}$$

---
[5]Robert Hooke (1635-1703) foi um cientista inglês que estudou, entre outras coisas, mecânica, ótica e gases.

onde D é o coeficiente de difusão. Desenvolvendo a derivada do termo dentro dos parênteses temos

$$\frac{\partial \varphi(x,t)}{\partial t} = \tilde{k}\varphi(x,t) + \tilde{k}x\frac{\partial \varphi(x,t)}{\partial x} + D\frac{\partial^2 \varphi(x,t)}{\partial x^2}. \tag{10.31}$$

A Equação (10.31) tem a mesma forma da Equação (10.6), portanto sua solução é dada por

$$\varphi(x,t) = \sqrt{\frac{\tilde{k}}{2\pi D b(t)}} e^{-\frac{\tilde{k}}{2D}\frac{(x-a(t))^2}{b(t)}}, \tag{10.32}$$

onde as funções $a(t)$ e $b(t)$ são escritas como

$$a(t) = x_0 e^{-\tilde{k}t}, \; t > 0, \tag{10.33}$$
$$b(t) = 1 - e^{-2\tilde{k}t}, \; t > 0. \tag{10.34}$$

10.3.2 Solução do estado estacionário

Para o estado estacionário temos que $t \to \infty$, logo $a(t \to \infty) = 0$ e $b(t \to \infty) = 1$, o que fornece

$$\varphi(x) = \sqrt{\frac{\tilde{k}}{2\pi D}} e^{-\frac{\tilde{k}x^2}{2D}}. \tag{10.35}$$

10.3.3 Equação de Fokker-Planck para força constante

Nesta seção, consideraremos a solução da equação de Fokker-Planck para uma força externa constante, em particular $F_{\text{EXT}} = c$.

Levando esta expressão para a Equação (10.26), temos que

$$\beta'\frac{dx}{dt} = c + mA(t), \tag{10.36}$$

que pode ainda ser escrita como

$$\frac{dx}{dt} = \tilde{c} + \tilde{m}A(t), \tag{10.37}$$

onde $\tilde{c} = c/\beta'$ e $\tilde{m} = m/\beta'$. O último termo da Equação (10.37) corresponde a uma força aleatória com amplitude $\sqrt{\Gamma}$, conforme discutido na Equação (10.29). Sendo assim, a equação de Fokker-Planck correspondente à equação de Langevin, dada por (10.37), é escrita como

$$\begin{aligned}\frac{\partial \wp(x,t)}{\partial t} &= -\frac{\partial}{\partial t}\left[\tilde{c}\wp(x,t)\right] + D\frac{\partial^2 \wp(x,t)}{\partial x^2}, \\ &= -\tilde{c}\frac{\partial \wp(x,t)}{\partial x} + D\frac{\partial^2 \wp(x,t)}{\partial x^2}.\end{aligned} \quad (10.38)$$

A solução de $\wp(x,t)$ para a Equação (10.38) é dada por

$$\wp(x,t) = \frac{1}{\sqrt{4\pi Dt}} e^{-\frac{(x-\tilde{c}t)^2}{4Dt}}. \quad (10.39)$$

10.3.4 Solução para o estado estacionário

A solução para o estado estacionário é dada considerando novamente o limite $t \to \infty$. A aplicação do limite diretamente na Equação (10.39) não pode ser avaliada por levar a uma indeterminação. Entretanto aplicando regra[6] de L'Hôpital[7], temos que

$$\wp(x, t \to \infty) = 0. \quad (10.40)$$

10.4 Solução estacionária: uma alternativa

A obtenção da solução da equação de Fokker-Planck, que leva em conta a dependência temporal, pode ser uma tarefa muito árdua, dependendo da forma da força externa. Na maioria dos casos, porém, o interesse é por obter

---

[6]Essa regra consiste basicamente em determinar o valor limite de frações em que existam indeterminações do tipo $0/0$ ou ∞/∞.
[7]Conhecido como Guillaume François Antoine, ou o Marquês de L'Hôpital (1661-1704) foi um matemático francês que ficou conhecido por determinar o valor limite de frações cujo numerador e denominador tendem, simultaneamente, a 0 ou ∞. O procedimento é conhecido hoje como regra de L'Hôpital.

soluções e, portanto, medir observáveis nas condições em que o sistema já atingiu o equilíbrio. Essas soluções são obtidas para tempos suficientemente longos e caracterizam soluções do estado estacionário.

Consideraremos aqui a equação de Fokker-Planck escrita na forma da equação da continuidade, ou seja,

$$\frac{\partial \wp(x,t)}{\partial t} = -\frac{\partial J(x,t)}{\partial x}, \tag{10.41}$$

onde $J(x,t)$ é a corrente de probabilidade que pode ser escrita a partir da equação de Langevin, o que leva a

$$J(x,t) = f(x)\wp(x,t) - D\frac{\partial \wp(x,t)}{\partial x}. \tag{10.42}$$

Integrando a Equação (10.41) de ambos os lados, em relação a x, considerando o intervalo $x \in [a,b]$, temos

$$\int_a^b \frac{\partial}{\partial t}\wp(x,t)dx = -\int_a^b \frac{\partial}{\partial x}J(x,t)dx, \tag{10.43}$$

o que conduz a

$$\frac{\partial}{\partial t}\int_a^b \wp(x,t)dx = J(a,t) - J(b,t). \tag{10.44}$$

Entretanto sabemos, da condição de normalização da probabilidade, que

$$\int_a^b \wp(x,t)dx = 1, \tag{10.45}$$

logo, obtemos a seguinte relação

$$J(a,t) = J(b,t), \tag{10.46}$$

que define as condições de contorno do problema. Na presente seção, consideraremos apenas o caso em que as condições de contorno são denominadas refletoras, ou seja,

$$J(a,t) = J(b,t) = 0. \tag{10.47}$$

No regime estacionário, deve-se notar que a densidade de probabilidade será independente do tempo t, ao mesmo tempo, que a corrente J deve também ser independente de x. Assim, da Equação (10.42), temos que

$$\begin{aligned} J(x) &= f(x)\wp(x) - D\frac{\partial \wp(x)}{\partial x}. \\ &= 0, \end{aligned} \qquad (10.48)$$

o que leva a

$$f(x)\wp(x) = D\frac{\partial}{\partial x}\wp(x). \qquad (10.49)$$

A equação anterior pode ainda ser escrita como

$$\frac{f(x)}{D} = \frac{d}{dx}\ln \wp(x). \qquad (10.50)$$

Atividade 1 – *Partindo da Equação (10.49), faça todas as passagens matemáticas necessárias para obter a Equação (10.50).*

Por outro lado, podemos observar que, se a força $f(x)$ que atua sobre a partícula for conservativa[8], ela poderá ser escrita a partir de um potencial $V(x)$, ou seja,

$$\begin{aligned} f(x) &= -\nabla V(x), \\ &= -\frac{dV(x)}{dx}. \end{aligned} \qquad (10.51)$$

Isso permite que a Equação (10.50) possa ser escrita como

$$-\frac{1}{D}\frac{dV(x)}{dx} = \frac{d\ln \wp(x)}{dx}. \qquad (10.52)$$

Quando integramos de ambos os lados a Equação (10.52), chegamos a

$$-\frac{1}{D}\int \frac{d}{dx}V(x)dx = \int \frac{d}{dx}\ln \wp(x), \qquad (10.53)$$

o que fornece

$$-\frac{1}{D}V(x) = \ln \wp(x) + C, \qquad (10.54)$$

---

[8]Uma força é dita conservativa se o trabalho realizado por ela ao longo de um circuito fechado for nulo.

onde C é uma constante de integração. Reagrupando apropriadamente a Equação (10.54), temos que

$$\wp(x) = \tilde{C} e^{-\frac{V(x)}{D}}, \qquad (10.55)$$

onde $\tilde{C}$ é uma constante de normalização para a probabilidade.

Atividade 2 – *Partindo da Equação (10.54), faça todas as passagens matemáticas necessárias para obter a Equação (10.55).*

Para exemplificar a aplicação da Equação (10.55), consideraremos dois casos distintos, conforme mostrados em seguida.

10.4.1 Aplicação da lei de Hooke

Vamos considerar aqui a aplicação do formalismo discutido na seção anterior. Para considerar o potencial $V(x)$, que deve ser obtido a partir do conhecimento da força externa, consideramos a força elástica dada pela lei de Hooke $F_{\text{EXT}} = -kx$. Essa força leva à seguinte expressão para a equação de Langevin (ver Equação (10.27))

$$\beta' \frac{dx}{dt} = -kx + mA(t), \qquad (10.56)$$

onde

$$f(x) = -\tilde{k}x. \qquad (10.57)$$

Considerando a força mostrada na Equação (10.57), podemos obter que o potencial $V(x)$ que a criou é dado por

$$\begin{aligned} V(x) &= -\int f(x)dx, \\ &= \frac{\tilde{k}x^2}{2}, \end{aligned} \qquad (10.58)$$

onde a constante de integração foi escolhida como sendo nula. Dessa forma, a probabilidade $\wp(x)$ para o estado estacionário é dada por

$$\begin{aligned} \wp(x) &= \tilde{A} e^{-\frac{V(x)}{D}}, \\ &= \tilde{A} e^{-\frac{\tilde{k}x^2}{2D}}, \end{aligned} \qquad (10.59)$$

onde $\tilde{A}$ é a constante de normalização da probabilidade. A obtenção dela é deixada como exercício.

10.4.2 Aplicação usando a força gravitacional

Consideraremos aqui a força externa dada pelo peso das partículas, ou seja,

$$F_{\text{EXT}} = -mg, \tag{10.60}$$

onde g identifica o campo gravitacional. Da Equação de Langevin, temos que

$$\beta' \frac{dy}{dt} = -mg + mA(t), \tag{10.61}$$

ou também

$$\frac{dy}{dt} = \frac{-mg}{\beta'} + \tilde{m}A(t), \tag{10.62}$$

onde podemos usar

$$\begin{aligned} f(y) &= \frac{-mg}{\beta'}, \\ &= -c. \end{aligned} \tag{10.63}$$

O potencial que gerou a força externa é então escrito como

$$\begin{aligned} V(y) &= -\int f(y) dy, \\ &= cy. \end{aligned} \tag{10.64}$$

Dessa forma, a probabilidade $\wp(y)$ é escrita como

$$\begin{aligned} \wp(y) &= \tilde{A} e^{-\frac{V(y)}{D}}, \\ &= \tilde{A} e^{-\frac{cy}{D}}, \end{aligned} \tag{10.65}$$

para $y \geq 0$. A Figura 10.2 ilustra um esboço dessa probabilidade. De fato, podemos ver que a probabilidade é máxima quando $y = 0$, o que é considerado uma condição de contorno e decai exponencialmente à medida que y aumenta, confirmando o resultado no capítulo anterior.

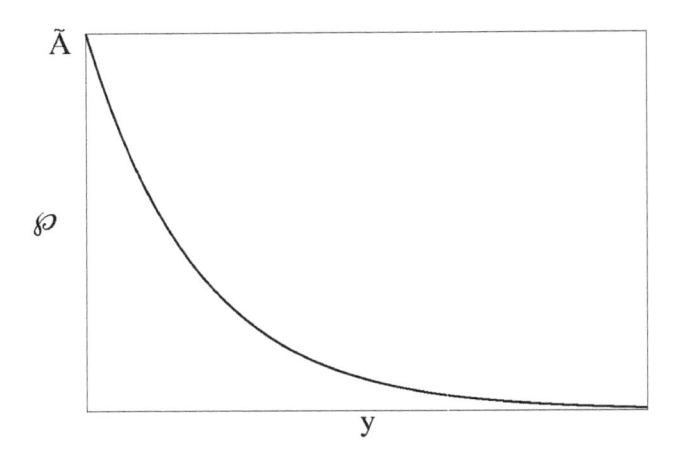

[Figure: curve decreasing from A on the y-axis, asymptotically approaching the x-axis, with axes labeled $\wp$ and y.]

Figura 10.2 – Esboço da probabilidade $\wp$ vs. y.

10.5 Resumo

Neste capítulo discutimos algumas propriedades elementares da equação de Fokker-Planck e encontramos uma solução para o caso do arrasto viscoso e da força externa nula. Mostramos também como escrever a equação de Fokker-Planck a partir de uma aproximação feita na equação de Langevin. A partir dela, aplicamos o formalismo para obter a densidade de probabilidade, considerando dois tipos de força externa, sendo uma delas a força elástica e outra dada por uma força constante.

Finalmente, discutimos uma forma alternativa para se encontrar a distribuição de probabilidades no estado estacionário, usando o potencial de uma força conservativa.

10.6 Exercícios propostos

1. Verifique se a densidade de probabilidade $\wp(v,t)$ dada pela Equação (10.20) satisfaz à equação de Fokker-Planck, dada em (10.6).

2. No estado estacionário, temos que $\partial\wp/\partial t = 0$. Utilize essa condição na Equação de Fokker-Planck, dada em (10.6), e verifique se a densidade de probabilidade dada pela Equação (10.25) satisfaz à equação de Fokker-Planck, no estado estacionário.

3. Verifique se a Equação (10.32) satisfaz à Equação (10.31).

4. Verifique a condição de normalização para a Equação (10.35).

5. Verifique se a Equação (10.39) satisfaz à Equação (10.38).

6. Aplique o limite $t \to \infty$ e mostre que $\wp(t)$ da Equação (10.39) vai a zero.

7. Obtenha a constante de normalização da probabilidade dada na Equação (10.59).

8. Obtenha a constante de normalização da Equação (10.65) para $y \in [0, \infty)$.

Referências Bibliográficas

BALAKRISHNAN, V. **Elements of nonequilibrium statistical mechanics**. New Delhi: Ane Books India, 2008.

POTTIER, N. **Nonequilibrium statistical physics, linear irreversible processes**. Oxford: Oxford University Press, 2010.

REICHL, L. E. **A modern course in statistical physics**. Weinheim: Wiley-VCH, 2009.

SALINAS, S. R. A. **Introdução à física estatística**. São Paulo: Edusp, 1997.

SETHNA, J. P. **Statistical mechanics:** entropy, order parameters, and complexity. Oxford: Oxford University Press, 2006.

Capítulo 11

Transições de fase: uma discussão inicial

11.1 Objetivos

Como objetivos deste capítulo pretendemos introduzir o conceito de transição de fases e exemplificar as propriedades de escala que estão presentes em um modelo uniaxial de um ferromagneto. Discutiremos também a aplicação do formalismo de escala, utilizando uma função homogênea generalizada para descrever a energia livre de Gibbs e, ao final, obteremos uma relação de escala envolvendo expoentes críticos.

11.2 Classificação de uma transição de fase

Aplicações de transições de fase e fenômenos críticos aparecem em uma variedade de sistemas físicos, incluindo mistura de fluidos, supercondutores e materiais magnéticos, dentre vários outros. De acordo com a classificação feita por Ehrenfest[1], a ordem de uma transição de fases em um

---

[1] Paul Ehrenfest (1880-1933) foi um físico austríaco que fez importantes contribuições na mecânica estatística e conexões com a mecânica quântica, assim como importantes

sistema termodinâmico corresponde à ordem da menor derivada da energia livre que apresenta uma descontinuidade em $T = T_c$, onde T_c identifica o ponto de transição de fase. Em uma transição de fase de primeira ordem a derivada primeira da energia livre apresenta uma descontinuidade. Tal descontinuidade afeta diretamente grandezas termodinâmicas, incluindo o calor latente e a magnetização, dentre vários outros observáveis. Em uma transição de fase de segunda ordem, a segunda derivada da energia livre apresenta descontinuidade. Para um sistema termodinâmico, observáveis como calor específico ou susceptibilidade exibem descontinuidades.

Uma classificação um pouco mais moderna de transição de fase em sistemas termodinâmicos mantém a definição de transição de fase de primeira ordem envolvendo uma descontinuidade no calor latente. Porém as transições que não envolvem o calor latente são denominadas transições de fase contínuas, e incluem, em um mesmo conjunto, todas as demais transições, incluindo as de segunda, terceira e demais ordens.

11.3 Ilustração de transições de fase em um fluido

Para ilustrar a discussão apresentada aqui vamos considerar um fluido simples, como, por exemplo, a água, e que tem as propriedades conforme mostrado na Figura 11.1. O ponto (P_t, T_t) identifica o ponto tríplice da água onde seus três estados coexistem, sendo líquido, sólido e gasoso. Por outro lado, o ponto (P_c, T_c) corresponde ao término da coexistência de fases. De fato, a coexistência entre fases é determinada pelas linhas contínuas no diagrama, e correspondem a uma transição de fases de primeira ordem. Quando a linha de separação de fases líquido–gás é percorrida até que o ponto (P_c, T_c) seja alcançado, as fases se tornam idênticas, caracterizando

---

avanços na teoria de transições de fase.

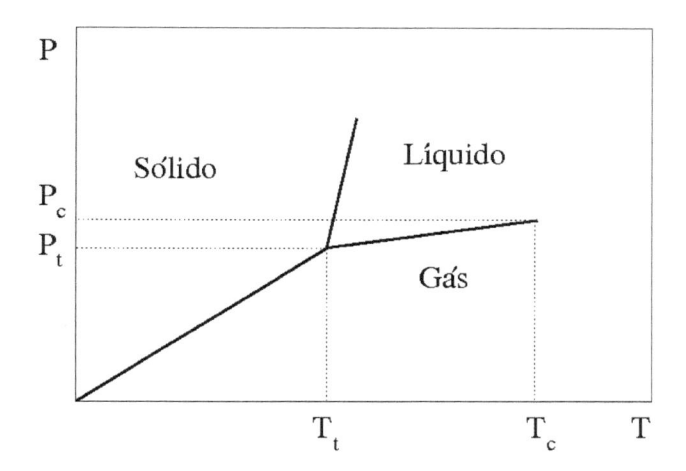

Figura 11.1 – Esboço esquemático ilustrando o diagrama de fases de um fluido simples, como a água.

uma transição de fase contínua ou de segunda ordem.

Notoriamente devemos ter a coexistência de fases ao longo de uma linha contínua. Nessa situação, devemos ter igualdade das correspondentes energias livre de Gibbs. Para tornar mais clara a discussão, considere uma linha contínua de líquido–gás. Da igualdade de energia livre de Gibbs, temos

$$g_G(P,T) = g_L(P,T), \qquad (11.1)$$

onde os índices representam $G \to$ gás e $L \to$ líquido.

A Equação (11.1) pode ser escrita na forma diferencial o que leva a

$$dg = \left(\frac{\partial g}{\partial P}\right) dP + \left(\frac{\partial g}{\partial T}\right) dT, \qquad (11.2)$$

onde conhecemos que $\partial g/\partial P = V$ e $\partial g/\partial T = -S$, logo obtemos

$$dg = -SdT + VdP. \qquad (11.3)$$

Com isso a Equação (11.1) pode ser escrita como

$$-S_G dT + V_G dP = -S_L dT + V_L dP. \qquad (11.4)$$

Reagrupando apropriadamente, temos

$$dT(-S_G + S_L) = dP(V_L - V_G), \tag{11.5}$$

o que leva a

$$\begin{aligned}\frac{dP}{dT} &= \frac{S_L - S_G}{V_L - V_G}, \\ &= \frac{\Delta S}{\Delta V}.\end{aligned} \tag{11.6}$$

Atividade 1 – *Partindo da Equação (11.4) faça as passagens apropriadas e obtenha a Equação (11.6).*

Da definção de entropia, temos que $S = \Delta Q/T$, onde ΔQ representa a quantidade de calor necessária para o sistema mudar de fase, portanto

$$\Delta Q = L, \tag{11.7}$$

onde L é o calor latente. Com isso, obtemos que

$$\frac{dP}{dT} = \frac{L}{T\Delta V}, \tag{11.8}$$

que é bem conhecida como equação de Clausius-Clapeyron.

11.4 Aplicações de transições de fase em um sistema magnético unidimensional

Vamos discutir, nesta seção, um sistema magnético simples. Consideraremos um ferromagneto unidimensional, que é constituído de uma rede de spins que, em princípio, podem interagir uns com os outros de forma localizada e com baixa intensidade, ou seja, uma interação fraca. Essa interação permite que ocorram domínios magnéticos ao longo da rede. Para o caso unidimensional, um diagrama de fases $B \times T$, onde B identifica o campo magnético e T é a temperatura, exibe três tipos de comportamento,

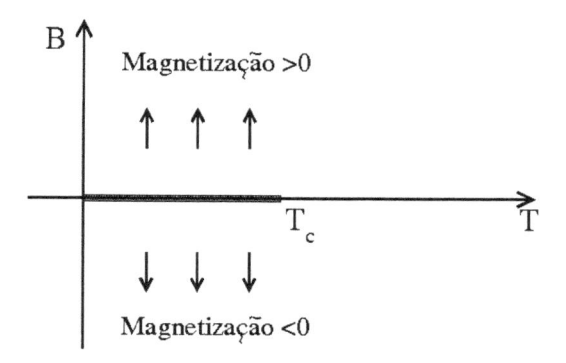

Figura 11.2 – Esboço do diagrama $B \times T$ para um ferromagneto unidimensional.

conforme ilustrado na Figura 11.2. Para $T < T_c$ os spins se alinham conforme o campo magnético externo. Assim para $B > 0$, os spins criam uma magnetização $m > 0$, ao passo que para $B < 0$, os spins se organizam tal que a magnetização seja $m < 0$. Ao longo da linha $B = 0$ a ordenação levando a $m > 0$ ou a $m < 0$ depende unicamente da distribuição inicial dos spins. Na linha em que $B = 0$ deve-se ter igualdade entre as energias livres de Gibbs das fases up and down, e as magnetizações das fases devem ter mesmo módulo, porém sinais opostos.

Para extrair as propriedades físicas próximas à transição, devemos definir um observável físico que leve à quebra de simetria do sistema. Para $T < T_c$, o sistema exibe magnetização espontânea, caracterizada pelo alinhamento de todos os spins no mesmo sentido. Tem-se, dessa forma, uma fase simétrica. Por outro lado, para $T > T_c$, ocorre uma quebra dessa simetria, e o sistema tem magnetização nula. Para o modelo do ferromagneto unidimensional, o parâmetro de ordem[2] natural que determina a quebra da

---

[2] Um parâmetro de ordem é assim chamado, pois define, de alguma forma, um grau de organização ou ordem no sistema. Geralmente, pode variar de zero, em uma fase ordenada – abaixo da temperatura crítica – para valores não nulos, acima da temperatura crítica. De um ponto de vista mais geral, parâmetros de ordem surgem de algum tipo de quebra de simetria do problema. A quebra de simetria pode não necessariamente depender somente da temperatura, mas também de outros parâmetros de controle externos.

simetria é a magnetização m.

Para determinar o comportamento dos observáveis próximos à transição de fases em $T = T_c$, podemos definir a temperatura reduzida como

$$t = \frac{T - T_c}{T_c}. \tag{11.9}$$

Para o ferromagneto unidimensional, as seguintes propriedades são conhecidas (ver também CARDY, 1996; SALINAS, 1997):

1. Expoente α. O calor específico c é dado por

$$c = A|t|^{-\alpha}, \tag{11.10}$$

onde A é uma constante e α é um expoente crítico. A Equação (11.10) é escrita para campo externo $B = 0$. Resultados experimentais indicam que $\alpha > 0$, porém é um valor pequeno.

2. Expoente $\tilde{\beta}$. A magnetização espontânea, escolhida como o próprio parâmetro de ordem para o ferromagneto unidimensional, deve se anular para campo nulo em $T > T_c$, logo

$$m \propto (-t)^{\tilde{\beta}}, \tag{11.11}$$

para $t < 0$. Para o ferromagneto uniaxial, conclui-se que $\tilde{\beta} \cong 1/3$.

3. O expoente γ. A susceptibilidade magnética $\chi(T, B)$ que fornece a variação da magnetização em razão da variação do campo magnético externo é escrita, para campo $B = 0$ como

$$\chi \propto |t|^{-\gamma}, \tag{11.12}$$

onde $\gamma > 0$ e $\gamma = 1,3 \pm 0,1$.

4. O expoente δ. Por fim, a magnetização por partícula em $T = T_c$ para $B \neq 0$ é dada por

$$m \propto B^{1/\delta}, \tag{11.13}$$

onde o expoente $\delta \cong 3$.

Na próxima seção utilizaremos teoria de campo médio para a obtenção aproximada dos expoentes discutidos aqui.

11.5 Teoria de campo médio

Os expoentes caracterizando os observáveis físicos nas vizinhanças da criticialidade podem ser estimados utilizando-se uma aproximação de campo médio. Para iniciar a discussão, consideraremos o hamiltoniano que descreve o paramagneto ideal, dado por

$$H = -B \sum_{i=1}^{N} \sigma_i, \qquad (11.14)$$

com $\sigma = \pm 1$. Entretanto, e como já discutimos anteriormente, é sabido que um paramagneto ideal não apresenta magnetização espontânea, pois os spins não interagem com seus vizinhos. Para descrever a magnetização espontânea pode-se ter na expressão do hamiltoniano, interação entre vizinhos, como, por exemplo,

$$H = -B \sum_{i=1}^{N} \sigma_i - J \sum_{i=1}^{N} \sigma_i \sigma_{i+1}, \qquad (11.15)$$

novamente com $\sigma_i = \pm 1$. A Equação (11.15) é conhecida como hamiltoniano de Ising[3]. A aproximação de campo médio consiste em utilizar os resultados e discussões do modelo dado pelo Hamiltoniano (11.14), portanto um hamiltoniano paramagnético que não admite magnetização espontânea, e introduzir um campo médio do tipo

$$B_{\text{ef}} = B + \lambda m, \qquad (11.16)$$

onde B é o campo externo, m é a magnetização por spin e λ é um parâmetro de controle externo que fornece a intensidade do campo magnético criado pelos spins vizinhos.

---
[3]Ernst Ising (1900-1998) foi um físico alemão famoso por ter estudado um modelo de spins magnéticos conhecido como o modelo de Ising.

A utilização do campo médio dado pela Equação (11.16) pressupõe que os resultados do modelo paramagnético sejam conhecidos. O que já discutimos desse modelo ao longo do livro pode ser resumido como:

1. Função de partição por partícula. É escrita como

$$\begin{aligned} Z &= e^{\beta H} + e^{-\beta H}, \\ &= 2\cosh(\beta B), \end{aligned} \qquad (11.17)$$

onde $\beta = 1/(K_B T)$.

2. Energia livre por partícula. Tem a forma dada por

$$g(T,B) = -\frac{1}{\beta} \ln[2\cosh(\beta B)]. \qquad (11.18)$$

3. Entropia por partícula. É dada por

$$\begin{aligned} s &= -\frac{\partial g}{\partial T}, \\ &= K_B[\ln(2\cosh(\beta B)) - \beta B \tan(\beta B)]. \end{aligned} \qquad (11.19)$$

4. Magnetização por partícula. É escrita da forma

$$\begin{aligned} m &= -\left(\frac{\partial g}{\partial B}\right), \\ &= \tanh(\beta B). \end{aligned} \qquad (11.20)$$

5. Susceptibilidade magnética. Fornece a resposta da magnetização a uma variação de campo magnético externo. É escrita como

$$\begin{aligned} \chi(T,B) &= \frac{\partial m}{\partial B}, \\ &= \frac{\beta}{\cosh^2(\beta B)}. \end{aligned} \qquad (11.21)$$

Se $B = 0$ temos que $\chi(T,0) = \beta$, que recupera a lei de Curie.

Utilizando a equação de campo médio dado pela Equação (11.16) e levando na equação da magnetização por partícula temos

$$m = \tanh(\beta B + \beta \lambda), \tag{11.22}$$

que pode ainda ser reescrita de forma mais conveniente como

$$\operatorname{arctanh}(m) = \beta B + \beta \lambda m. \tag{11.23}$$

Próximo à transição de fases, a magnetização vai a zero, o que permite considerar m suficientemente pequeno. Com isso, podemos expandir o termo do lado esquerdo da Equação (11.23) em série de Taylor, o que leva a

$$\beta B + \beta \lambda m = m + \frac{1}{3}m^3 + \frac{1}{5}m^5 + \frac{1}{7}m^7 + \ldots. \tag{11.24}$$

Para campo magnético externo nulo e desconsiderando os termos de potências maiores que m^3 encontramos que

$$\beta \lambda m \propto m + \frac{1}{3}m^3. \tag{11.25}$$

Reagrupando apropriadamente obtemos que

$$m \propto \pm\sqrt{3}\sqrt{\beta \lambda - 1}. \tag{11.26}$$

Atividade 2 – *Obtenha Equação (11.26) a partir da Equação (11.25).*

Podemos, ainda, definir

$$\beta \lambda - 1 = -t = \frac{T - T_c}{T_c}, \tag{11.27}$$

o que leva à seguinte expressão para a magnetização

$$m = \pm\sqrt{3}(-t)^{1/2}, \tag{11.28}$$

para $T < T_c$. O resultado obtido da Equação (11.28) difere do resultado apresentado pela Equação (11.11). Isso se deve à aproximação considerada pelo campo médio. Embora os resultados sejam ligeiramente diferentes, mesmo assim a aproximação de campo médio fornece uma noção razoável para a ordem de grandeza do expoente da magnetização.

O próximo passo seria a obtenção da susceptibilidade magnética que é encontrada a partir da derivada da Equação (11.24) em relação a m, o que leva a

$$\beta \frac{\partial B}{\partial m} + \beta\lambda = 1 + m^2 + m^4 + \ldots. \qquad (11.29)$$

Reescrevendo de forma mais conveniente após desprezar os termos de ordens maiores ou iguais a m^2, temos

$$\beta \left[\frac{1}{\frac{\partial m}{\partial B}} + \lambda \right] = 1,$$

$$= \beta \left[\frac{1}{\chi} + \lambda \right],$$

$$= 1. \qquad (11.30)$$

Isolando χ encontramos que

$$\chi \propto \beta t^{-1}. \qquad (11.31)$$

Atividade 3 – *Partindo da Equação (11.29) e considerando apenas termos de m^2, faça as passagens apropriadas e obtenha a Equação (11.31).*

Quando o resultado da Equação (11.31) é comparado com a Equação (11.12) podemos notar novamente uma ligeira discrepância nos expoentes, mas que fornecem uma aproximação razoável para a ordem de grandeza dos mesmos.

Por fim é conveniente ainda considerar o caso crítico $T = T_c$, o que leva a $\beta\lambda = 1$. Da Equação (11.24) temos que

$$\beta B + m = m + \frac{1}{3}m^3 + \frac{1}{5}m^5 + \frac{1}{7}m^7 + \ldots. \qquad (11.32)$$

Desprezando os termos de ordens maiores que m^5 temos que

$$\beta B \propto \frac{1}{3}m^3, \qquad (11.33)$$

o que leva a obter

$$m \propto (3\beta B)^{1/3},$$
$$\propto B^{1/3}. \quad (11.34)$$

Este resultado, por sua vez, está em bom acordo com a Equação (11.13).

11.6 Função de escala para a energia livre

Discutiremos, nesta seção, uma abordagem envolvendo formalismo de escala nas proximidades de uma transição de fase. A ideia central desta seção é escrever, de forma conveniente, a expressão da energia livre em duas partes. Uma delas é a função regular, contínua e sem divergências. A outra delas é chamada de parte singular e agrega toda a criticalidade do problema. Com isso, a energia livre de Gibbs pode ser escrita como

$$g(T,B) = g_r(T,B) + g_s(T,B), \quad (11.35)$$

onde g_r e g_s indicam as partes regulares e singulares da energia livre de Gibbs. Próximo à transição de fase é conveniente utilizar a temperatura reduzida, o que traz a criticalidade do sistema para $t = 0$ quando $T = T_c$. Assim temos que

$$g(T,B) = g_r(T,B) + g_s(t,B). \quad (11.36)$$

Na hipótese de escala, é suposto que a parte singular da energia livre possa ser escrita como uma função homogênea generalizada de suas variáveis t e B. Isso leva a

$$g_s(t,B) = \ell g_s(\ell^a t, \ell^b B), \quad (11.37)$$

onde ℓ é um fator de escala, a e b são expoentes característicos. Como ℓ é um fator de escala, podemos escolher que

$$\ell^a t = 1 \quad \to \quad \ell = t^{-1/a}, \quad (11.38)$$

o que permite escrever a Equação (11.37) como

$$g_s(t, B) = t^{-1/a} g_s(1, t^{-b/a} B). \tag{11.39}$$

Podemos ainda definir, de forma conveniente,

$$F(t^{-b/a} B) = g_s(1, t^{-b/a} B), \tag{11.40}$$

logo, a energia livre pode ser escrita como

$$g_s(t, B) = t^{-1/a} F(t^{-b/a} B). \tag{11.41}$$

É importante mencionar que as formas analíticas de g_s e F não são conhecidas. Apenas se pressupõe que F seja uma função bem comportada e sem divergências nas proximidades de $t = 0$.

A entropia e a magnetização podem ser escritas a partir da energia livre de Gibbs como $s = -\partial g_s / \partial T$ e $m = -\partial g_s / \partial B$. Sendo assim, temos

$$S = -\left[-\frac{1}{a} t^{-1/a-1} \frac{\partial t}{\partial T} F(t^{-b/a} B) + t^{-1/a} \frac{\partial F(t^{-b/a} B)}{\partial T} \left(-\frac{b}{a} t^{-b/a-1} B \frac{\partial t}{\partial T} \right) \right], \tag{11.42}$$

onde $t = (T - T_c)/T_c$, o que fornece

$$\frac{\partial t}{\partial T} = \frac{1}{T_c}, \tag{11.43}$$

portanto

$$S = \frac{1}{T_c} \left[\frac{1}{a} t^{-1/a-1} F(t^{-b/a} B) + \frac{b}{a} B t^{(-1-b)/a-1} \frac{\partial F(t^{-b/a} B)}{\partial T} \right]. \tag{11.44}$$

Para campo externo nulo, temos

$$S(t, B = 0) = \frac{1}{aT_c} t^{-1/a-1} F(0). \tag{11.45}$$

A magnetização é dada por

$$\begin{aligned} m &= -\frac{\partial g_s}{\partial B}, \\ &= -\left[t^{-1/a - b/a} \frac{\partial F(t^{-b/a} B)}{\partial B} \right]. \end{aligned} \tag{11.46}$$

Para campo externo $B = 0$, temos

$$m(B = 0) = -t^{(-1-b)/a}\frac{\partial F(0)}{\partial B}. \qquad (11.47)$$

Como discutimos anteriormente, a magnetização comporta-se próxima à criticalidade, como

$$m \propto -t^{\tilde{\beta}}. \qquad (11.48)$$

Quando compararmos a Equação (11.48) com a (11.47) chegamos a

$$\tilde{\beta} = -\frac{1}{a} - \frac{b}{a}. \qquad (11.49)$$

Por outro lado, o expoente crítico α é obtido a partir do calor específico como

$$\begin{aligned} C(t, B = 0) &= T\frac{\partial S}{\partial T}, \\ &= -\frac{T}{aT_c^2}\left(\frac{1}{a} + 1\right)t^{-1/a-2}F(0). \end{aligned} \qquad (11.50)$$

Atividade 4 – *Partindo do conhecimento da entropia dada pela Equação (11.45), faça a derivada em relação a T e obtenha o resultado mostrado na Equação (11.50).*

Como o calor específico é escrito da forma

$$C \propto t^{-\alpha}, \qquad (11.51)$$

a comparação entre as Equações (11.51) e (11.50) fornece

$$\alpha = \frac{1}{a} + 2. \qquad (11.52)$$

O próximo passo é a análise da susceptibilidade magnética, que é obtida pela expressão

$$\begin{aligned} \chi(T, B) &= \frac{\partial m}{\partial B}, \\ &= -t^{-1/a-b/a}\frac{\partial^2 F(t^{-b/a}B)}{\partial B^2}t^{-b/a}. \end{aligned} \qquad (11.53)$$

Para $B = 0$, temos que

$$\chi(T,0) = -t^{-1/a-2b/a}\frac{\partial^2 F(0)}{\partial B^2}. \tag{11.54}$$

Uma vez que a susceptibilidade magnética é definida como

$$\chi(T,0) \propto -t^{-\gamma}, \tag{11.55}$$

uma simples comparação entre as Equações (11.55) e (11.54) conduz a

$$\gamma = \frac{1}{a} + \frac{2b}{a}. \tag{11.56}$$

Podemos agora agrupar as expressões envolvendo os expoentes críticos α, $\tilde{\beta}$ e γ, o que leva a

$$\gamma + \alpha + 2\tilde{\beta} = 2. \tag{11.57}$$

A Equação (11.57) é, de fato, uma relação de escala. A partir do conhecimento de dois expoentes críticos dentre α, $\tilde{\beta}$ e γ, o terceiro expoente pode ser obtido numericamente.

11.7 Resumo

Neste capítulo, foram discutidos os conceitos elementares sobre transições de fase. Foi mostrado que, próximo à criticalidade, a energia livre de Gibbs pode ser escrita utilizando uma parte regular, que é suave, contínua e tem derivadas contínuas, e outra parte, que é singular e que carrega as informações referentes à transição de fase.

Foi considerado o modelo do ferromagneto uniaxial e aplicada a teoria de campo médio. Como se trata de uma teoria aproximada, ela não fornece com precisão os expoentes críticos próximos à criticalidade. Entretanto ela pode ser utilizada para se estimar, ou, pelo menos, se ter um noção da ordem de grandeza, dos expoentes críticos envolvidos.

11.8 Exercícios propostos

1. A transição de fases que ocorre ao longo de uma linha de fase do tipo líquido–gás, conforme mostrado na Figura 11.1 é de primeira ou segunda ordem? Justifique.

2. Utilize as expressões para os expoentes críticos α, $\tilde{\beta}$ e γ, obtidos ao longo do texto, e mostre que

$$\gamma + \alpha + 2\tilde{\beta} = 2. \tag{11.58}$$

3. Considere que em um sistema que exibe uma transição de fases, a energia livre de Gibbs possa ser separada em uma forma regular e outra que carregue toda a informação da criticalidade. Próximo à transição de fases, a energia livre de Gibbs que apresenta a singularidade pode ser escrita na forma de uma função homogênea generalizada das variáveis $t = (T - T_c)/T_c$ e B que representam a temperatura reduzida e o campo magnético externo. Obtenha uma expressão para:

   (a) A entropia do sistema;

   (b) A magnetização por partícula;

   (c) O calor específico do sistema;

   (d) Avalie os resultados obtidos em (a), (b) e (c) considerando $B = 0$.

4. Considere a expressão da magnetização dada a seguir, obtida utilizando teoria de campo médio

$$m = \tanh(\beta B + \beta \lambda m). \tag{11.59}$$

   (a) Obtenha uma expressão para a susceptibilidade $\chi(T, B)$;

   (b) Determine a expressão de χ quando $\beta\lambda = 1$;

   (c) Qual a expressão de χ quando $B \to 0$?

Referências Bibliográficas

ALLEN, H. B. **Thermodynamics and an introduction to thermostatistics**. 2. ed. New York: John Wiley & Sons, 1985.

BLUNDELL, S. J.; BLUNDELL, K. M. **Concepts in thermal physics**. Oxford: Oxford University Press, 2006.

CARDY, J. **Scaling and renormalization in statistical physics**. Cambridge: Cambridge University Press, 1996.

CHANDLER, D. **Introduction to modern statistical mechanics**. Oxford: Oxford University Press, 1987.

HUANG, K. **Statistical mechanics**. New York: John Wiley & Sons, 1963.

KADANOFF, L. P. **Statistical physics:** statics, dynamics and renormalization. Singapore: World Scientific, 1999.

MA, S. K. **Statistical mechanics**. Singapore: World Scientific, 2004.

McCOMB, W. D. **Renormalization methods:** a guide for beginners. Oxford: Oxford University Press, 2009.

SALINAS, S. R. A. **Introdução à física estatística**. São Paulo: Edusp, 1997.

SETHNA, J. P. **Statistical mechanics:** entropy, order parameters, and complexity. Oxford: Oxford University Press, 2006.

Capítulo 12

Caracterização de transições de fase em um sistema magnético e em uma família de mapeamentos discretos

12.1 Objetivos

Discutiremos, neste capítulo, a caracterização de transição de fases em dois sistemas. Um deles é um sistema magnético, contendo um conjunto de spins que assumem orientações discretas, e o outro consiste de uma família de mapeamentos discretos não lineares. Começaremos com um sistema magnético, em particular o modelo Clock-4 estados, que exibe uma transição na magnetização. Para caracterizá-la faremos uso de um procedimento numérico chamado de método de Monte Carlo, com implementação do algoritmo de Metrópolis. Na sequência, discutiremos uma transição de fases em um sistema dinâmico conservativo e que é controlado por um parâmetro de controle. Esse parâmetro controla uma transição de integrável para não integrável. Usando função homogênea generalizada, associada a algumas hipóteses de escala, caracterizamos uma lei de escala que determina os expoentes críticos nas vizinhanças da transição de integrável para não integrável.

12.2 O método de Monte Carlo

Discutiremos, nesta seção, de forma sucinta, o método de Monte Carlo. De fato, a dinâmica de sistemas com muitas partículas pode ser feita a partir de duas classes gerais: (i) dinâmica molecular e (ii) método de Monte Carlo. Para a primeira delas, ou seja, na dinâmica molecular, a trajetória de um conjunto de partículas fornece a evolução cronológica dos estados e é obtida via solução das equações do movimento. Isso implica que dado um hamiltoniano $H = H(q_i, p_i)$ com $i = 1, 2, 3, ...n$, temos que

$$\dot{p}_i = -\frac{\partial H}{\partial q_i}, \tag{12.1}$$

$$\dot{q}_i = \frac{\partial H}{\partial p_i}. \tag{12.2}$$

Entretanto, se o número de partículas que compõem o sistema é demasiadamente grande, a simulação computacional associada e consequentemente as análises dos resultados ficam comprometidos.

A segunda delas é o método de Monte Carlo. Este por sua vez tem maior aplicabilidade que o método de dinâmica molecular no estudo de sistemas envolvendo modelos de rede, sistemas quânticos e um conjunto de moléculas. Entretanto o método de Monte Carlo não fornece uma forma direta para obter informações dinâmicas dependentes do tempo.

Para ilustrar a aplicação do método de Monte Carlo, consideraremos um conjunto de spins (s) dispostos em uma rede unidimensional. Cada spin pode assumir, em um determinado intervalo de tempo, apenas um de dois possíveis estados: *up* ($\uparrow$) ou *down* ($\downarrow$). Dessa forma, a orientação dos spins em um determinado instante define a configuração da rede, ou seja, $s_1 = (\uparrow$

, ↑, ↓, ↑, ↓, ..., ↑). A evolução dessas configurações define a sequência a partir da qual os spins mudam de estados, logo temos, $s_2 = (\uparrow, \downarrow, \uparrow, \uparrow, \downarrow, \ldots, \uparrow)$, $s_3 = (\downarrow, \downarrow, \uparrow, \uparrow, \downarrow, \ldots, \uparrow)$, $s_4 = (\downarrow, \downarrow, \uparrow, \downarrow, \downarrow, \ldots, \uparrow)$ e assim sucessivamente, que definem uma trajetória do sistema.

Uma vez que as configurações do sistema mudam conforme a evolução temporal, uma determinada grandeza física que depende das configurações, $F(s_1, s_2, s_3, \ldots, s_N)$, é avaliada como

$$\overline{F}_M = \frac{1}{M} \sum_{i=1}^{M} F_i(s_1, s_2, \ldots, s_N), \tag{12.3}$$

onde M define o número de sequências temporais de F. No método de Monte Carlo, as evoluções/simulações são realizadas buscando-se sempre o estado de equilíbrio, ou seja, o estado estacionário, caso este exista. Para tal, toma-se o limite em que $M \to \infty$, ou seja,

$$\overline{F} = \lim_{M \to \infty} \overline{F}_M. \tag{12.4}$$

Em termos práticos, uma simulação com $M \to \infty$ é inviável computacionalmente de forma que apenas uma estimativa de $\overline{F}$ é obtida. Nesse caso, torna-se importante ter uma noção da precisão estatística de $\overline{F}$. Essa informação pode ser obtida considerando diferentes realizações de F a partir de condições iniciais diferentes do estado inicial, o que conduz a uma média sobre um conjunto de $\tilde{M}$ condições iniciais diferentes. Logo

$$<F> = \frac{1}{\tilde{M}} \sum_{i=1}^{\tilde{M}} \left[\frac{1}{M} \sum_{j=1}^{M} F_{i,j}(s_1, s_2, s_3, \ldots, s_N) \right]. \tag{12.5}$$

O cálculo do desvio padrão fornece uma medida aproximada da incerteza estatística, ou seja,

$$\Delta <F> = \sqrt{\frac{1}{\tilde{M}^2} \sum_{i=1}^{\tilde{M}} [<F> - F_i]^2}. \tag{12.6}$$

É importante mencionar que na ausência de órbitas periódicas, a frequência relativa com que as configurações são visitadas estão de acordo com a lei de distribuição de Boltzmann.

12.3 Regras de atualização no método de Monte Carlo: algoritmo de Metrópolis

Discutiremos, nesta seção, um procedimento para evoluir a dinâmica do método de Monte Carlo. Consideraremos um algoritmo conhecido como algoritmo de Metrópolis. Para ilustrar o método, consideraremos um modelo magnético de spins onde cada um deles pode assumir apenas um entre dois estados possíveis: (i) *up* (↑) ou; (ii) *down* (↓). Os spins estão dispostos em uma rede quadrada de lado n. A Figura 12.1 ilustra um sistema com 16 spins.

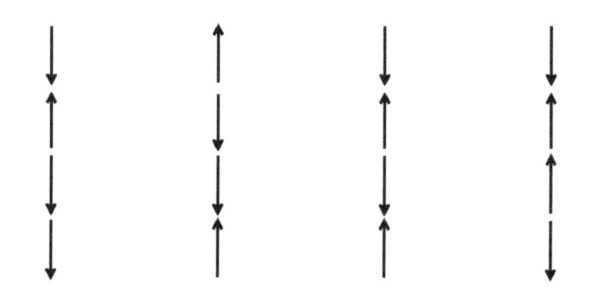

Figura 12.1 – Ilustração de um sistema de 16 spins em uma rede quadrada.

O primeiro passo consiste em difinir uma configuração inicial, para o modelo magnético bidimensional, isso implica escolher ao acaso a configuração de spin para cada sítio. Definida a configuração inicial, a rede de spins pode ser percorrida de forma sequencial ou de forma aleatória. As visitas sequenciais são ilustradas na Figura 12.2 e podem ser facilmente implementadas por meio de comandos de repetição em qualquer linguagem de programção

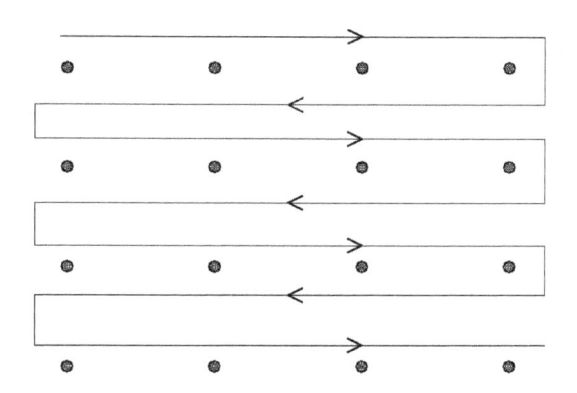

Figura 12.2 – Ilustração da forma com que os spins são sequencialmente visitados.

computacional dispostos na forma de ninho de do's, ou seja,

do i = 1, n

do j = 1, n

...

end do

end do

onde o índice i percorre as linhas e j as colunas.

Quando a rede é percorrida de forma aleatória, as coordenadas do sítio (i, j) são dadas da seguinte forma:

1. Sorteia-se um número aleatório $z \in [0, 1)$ e calcula-se $i = \text{int}(nz) + 1$, onde n identifica o tamanho linear da rede e int representa a parte inteira de (nz);

2. Sorteia-se novamente outro número aleatório $z \in [0, 1)$ e calcula-se $j = \text{int}(nz) + 1$.

Independentemente do tipo de evolução escolhida, seja sequencial ou aleatória, a determinação de um novo estado depende da nova energia. Dessa forma, escolhido um determinado sítio (i, j), a energia do sistema naquela configuração é E_ν. Muda-se, então, o estado do spin e calcula-se a nova energia $E_{\nu'}$. A Figura 12.3 ilustra a mudança de configuração

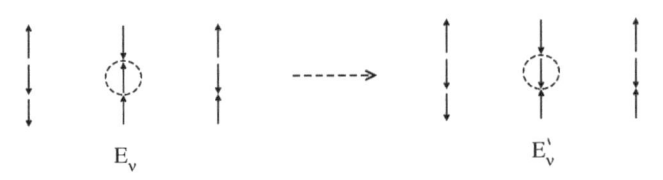

$$E_\nu \qquad\qquad E'_\nu$$

Figura 12.3 – Ilustração das configurações anterior e posterior à mudança de estado.

A variação de energia será dada por $\Delta E_{\nu\nu'} = E_\nu - E_{\nu'}$. A nova energia governa a probabilidade relativa da nova configuração a partir da distribuição de Boltzmann. Isso implica que, se $\Delta E_{\nu\nu'} \leq 0$, a nova configuração é aceita. Se, por outro, lado $\Delta E_{\nu\nu'} > 0$, a nova configuração pode ou não ser aceita. Para testá-la sorteia-se um número aleatório $z \in [0,1)$ e compara-se com a probabilidade de transição

$$P = e^{-\frac{\Delta E_{\nu\nu'}}{K_B T}}. \tag{12.7}$$

Se $P \geq z$, a nova configuração é aceita. Caso contrário é rejeitada. Desse modo a configuração será dada por

$$\nu(t+1) = \nu' \quad \text{se} \quad \Delta E_{\nu\nu'} \leq 0, \tag{12.8}$$

ou também

$$\nu(t+1) = \begin{cases} \nu' & \text{se} \quad e^{-\frac{\Delta E_{\nu\nu'}}{K_B T}} \geq z \in [0,1) \\ \nu & \text{se} \quad e^{-\frac{\Delta E_{\nu\nu'}}{K_B T}} < z \in [0,1) \end{cases}. \tag{12.9}$$

Para se observar as grandezas físicas assintóticas, ou seja, aquelas observadas no estado estacionário, o algoritmo deve ser aplicado algumas milhões ou até mesmo bilhões de vezes dependendo do tamanho da rede e da temperatura do sistema. Podemos ainda observar que, quando um novo estado produz um decréscimo de energia, a nova configuração é aceita. Quando o novo estado leva a um aumento de energia, este pode ser aceito ou não, de acordo com a probabilidade de Boltzmann.

12.4 Uma aplicação de transições de fase: modelo Clock-4 estados

Nesta seção discutiremos uma aplicação do método de Monte Carlo, usando o algoritmo de Metrópolis sequencial, em um sistema magnético, o modelo Clock-4 estados. As grandezas físicas a serem exploradas e discutidas são a magnetização, a susceptibilidade magnética, uma grandeza chamada de cumulante de Binder[1] assim como o calor específico.

12.4.1 Descrição do modelo

O modelo ferromagnético do Clock-q estados[2] é uma versão discreta do modelo clássico conhecido como modelo[3] XY. É definido em uma rede quadrada onde em cada sítio encontra-se um spin que está orientado em um plano e que pode assumir apenas q-posições ou orientações discretas. A energia de interação entre os spins adjacentes é dada pelo hamiltoniano

$$H = -J \sum_{i,j=1}^{N} \cos(\theta_i - \theta_j), \qquad (12.10)$$

onde J é a constante de acoplamento entre os spins e a soma é realizada sobre os pares de vizinhos próximos. O valor numérico do ângulo θ_i, que especifica a orientação do spin é dado por

$$\theta_i = \frac{2\pi p_i}{q}, \quad p_i = 0, 1, 2, \ldots q-1. \qquad (12.11)$$

Para o caso em que $q = 2$, o hamiltoniano descreve o modelo de Ising ao passo que, no limite em que $q \to \infty$, tem-se o modelo contínuo XY. Para o caso especial considerado neste capítulo em que $q = 4$, os valores possíveis que θ_i pode assumir são:

---

[1]Kurt Binder, é um cientista austríaco nascido em Korneuburg (1944) e foi agraciado com o prêmio Boltzmann no ano de 2007.

[2]Também conhecido como modelo Potts q-estados.

[3]É conhecido também como rotor planar.

1. $\theta_i = 0$, o que indica que a orientação do spin está ao longo do eixo X no sentido positivo, ou seja, $\rightarrow$;

2. $\theta_i = \pi/2$, o que indica que a orientação do spin está ao longo do eixo Y no sentido positivo, ou seja, $\uparrow$;

3. $\theta_i = \pi$, o que indica que a orientação do spin está ao longo do eixo X no sentido negativo, ou seja, $\leftarrow$;

4. $\theta_i = 3\pi/2$, o que indica que a orientação do spin está ao longo do eixo Y no sentido negativo, ou seja, $\downarrow$.

A interação considerada para os spins é a ferromagnética, e em particular, consideraremos o valor $J = 1$. O modelo apresenta uma transição de fases em $T = T_c$ de ordenamento magnético para $T < T_c$ em que a magnetização espontânea pode ser observada, para desordenamento magnético, que ocorre para $T \geq T_c$, em que a magnetização média é nula. Essa transição pode ser observada diretamente na magnetização, que vai a zero em $T = T_c$ e na susceptibilidade, que diverge para $T = T_c$.

A magnetização do sistema é dada por

$$m_L = \sqrt{m_x^2 + m_y^2}, \tag{12.12}$$

onde m_x e m_y correspondem, respectivamente, às magnetizações ao longo dos eixos x e y e são determinadas por

$$m_x = \frac{1}{N} \sum_{i,j=1}^{L} \cos(\theta_{i,j}), \tag{12.13}$$

$$m_y = \frac{1}{N} \sum_{i,j=1}^{L} \sin(\theta_{i,j}), \tag{12.14}$$

onde $N = L^2$ e L identifica o tamanho linear da rede.

O conhecimento da magnetização m_L permite o cálculo de uma outra grandeza de interesse físico que é a susceptibilidade magnética χ_L. Essa grandeza informa como é a resposta da magnetização a um estímulo magnético externo e pode ser calculada a partir de

$$\chi_L = \frac{1}{K_B T}[< m_L^2 > - < m_L >^2]. \tag{12.15}$$

Para $T \geq T_c$, temos que $< m_L >= 0$, e a susceptibilidade magnética pode ser aproximada por

$$\chi_L = \frac{1}{K_B T} < m_L^2 > . \tag{12.16}$$

Por meio da magnetização, pode-se definir outra quantidade de interesse físico que é o cumulante de Binder, o qual é definido como

$$U_4^L = 1 - \frac{< m^4 >}{3 < m^2 >^2}. \tag{12.17}$$

O cumulante de Binder é uma quantidade de interesse, pois pode ser usado para distinguir a fase ordenada da fase desordenada. O superscrito L que aparece em U reforça que o cumulante de Binder é uma grandeza que depende do tamanho da rede L. Ele também depende da temperatura T. As curvas do cumulante de Binder, obtidas via simulação numérica ambas em função da temperatura e do tamanho da rede L devem se interceptar em três pontos:

1. $T = 0$, levando a $U = 2/3$;

2. $T \to \infty$, acarretando em $U = 0$; e

3. $T = T_c$, que caracteriza a temperatura de transição.

A energia de cada sítio é obtida a partir do hamiltoniano H, dado pela Equação (12.10), e tem a forma

$$\begin{aligned} E_{i,j} &= \cos(\theta_{i,i} - \theta_{i,j-1}) + \cos(\theta_{i,i} - \theta_{i,j-1}) + \cos(\theta_{i,i} - \theta_{i,j+1}) + \\ &+ \cos(\theta_{i,i} - \theta_{i-1,j}) + \cos(\theta_{i,i} - \theta_{i+1,j}), \end{aligned} \tag{12.18}$$

onde o índice i refere-se a uma linha, e j, a uma coluna. Desse modo, $(i - 1)$ corresponde à uma linha imediatamente anterior a i, $(i + 1)$ é a linha imediatamente posterior, $(j-1)$ é a coluna à esquerda de j e $(j+1)$ corresponde à coluna à direita de j. A energia total do sistema é a soma das energias de todos os sítios, ou seja,

$$E = \sum_{i,j=1}^{L} E_{i,j}. \tag{12.19}$$

O calor específico c_L é obtido a partir da energia do sistema, e é escrito como

$$c_L = \frac{1}{K_B T}[<E_L^2> - <E_L>^2]. \tag{12.20}$$

Como os dados são obtidos por simulação numérica, é bastante razoável de se obter um valor mais provável para a localização da grandeza de interesse. Uma estimativa da incerteza da grandeza física pode ser feita usando a Equação (12.6).

12.4.2 Parte computacional

A simulação computacional do modelo foi realizada usando-se método de Monte Carlo com algoritmo de Metrópolis e visita sequencial aos sítios. A configuração inicial dos spins é escolhida aleatoriamente, levando cada spin a se orientar em um dos quatro possíveis estados: (i) $\theta = 0$; (ii) $\theta = \pi/2$; (iii) $\theta = \pi$ e; (iv) $\theta = 3\pi/2$. A partir da configuração inicial, escolhe-se um sítio e determina-se a energia daquele sítio, E_0. Um número aleatório w é então sorteado no intervalo $[0, 1)$. Caso $0 \leq w < 0,25$, a nova configuração de spin será $\theta = 0$. Se $0,25 \leq w < 0,5$, então $\theta = \pi/2$. Para $0,5 \leq w < 0,75$, a configuração será $\theta = \pi$ e, finalmente, para $0,75 \leq w < 1$, $\theta = 3\pi/2$. A nova energia E_n do estado é determinada usando-se a Equação (12.18). Caso $\Delta E = E_n - E_0 \leq 0$, a nova configuração é aceita. Por outro lado, mesmo se $\Delta E > 0$, a nova configuração pode ser aceita ou não. Para tal, sorteia-se um novo número aleatório $w \in [0, 1)$ e compara-se com a probabilidade de transição $P = \exp(-\Delta E/K_B T)$. Quando $P \geq w$, o spin é alterado para a nova configuração, caso contrário o spin permanece inalterado.

Nas simulações computacionais usadas nesta seção foram utilizadas condições de contorno periódicas. Isso implica que os spins localizados em $(1, j)$ ou (L, j) têm como vizinhos à esquerda/direita (L, j) ou $(1, j)$ respectivamente. De forma análoga aqueles localizados em $(i, 1)$ ou (i, L) têm vizinhos (i, L) ou $(i, 1)$ respectivamente.

Uma dificuldade que o algoritmo de Metrópolis apresenta é a baixa velocidade de convergência para o estado estacionário próximo à região de temperatura crítica, T_c, que define a temperatura de transição de ordenado (magnetizado) com $T < T_c$ para desordenado (magnetização média nula) com $T \geq T_c$. Isso exige um grande número de passos de Monte Carlo para estabilizar o sistema. O tempo de relaxação, ou seja, o número de passos de Monte-Carlo exigidos para estabilizar o sistema é proporcional a

$$\tau \propto L^2, \tag{12.21}$$

onde L é a dimensão linear da rede. Isso implica que, para redes grandes, o número de passos de Monte Carlo necessários para estabilizar o sistema pode ser demasiadamente grande, comprometendo o tempo de simulação.

O comportamento da energia média como função do número de passos de Monte Carlo é mostrado na Figura 12.4(a,c) para $T < T_c$ com redes de tamanho $L = 50$ e $L = 100$. Por outro lado a magnetização média para os mesmos parâmetros acima é mostrado na Figura 12.4(b,d). Para realizar as simulações foram escolhidos $K_B = 1$, $J = 1$ e $T = 1 < T_c$. Podemos notar que, para $L = 50$, o tempo de relaxação é da ordem de 3×10^3 passos de Monte Carlo, enquanto, para $L = 100$, o valor observado para a convergência é da ordem de 10^4.

Para $T < T_c$, a evolução temporal do sistema, a partir de uma configuração inicial aleatória, conduz a uma condição de equilíbrio, levando o sistema ao estado magnetizado. A Figura 12.5 mostra a evolução temporal medida em número de passos de Monte Carlo para a orientação de spins em uma rede de tamanho $L = 25$. A Figura 12.5(a) mostra a orientação dos spins

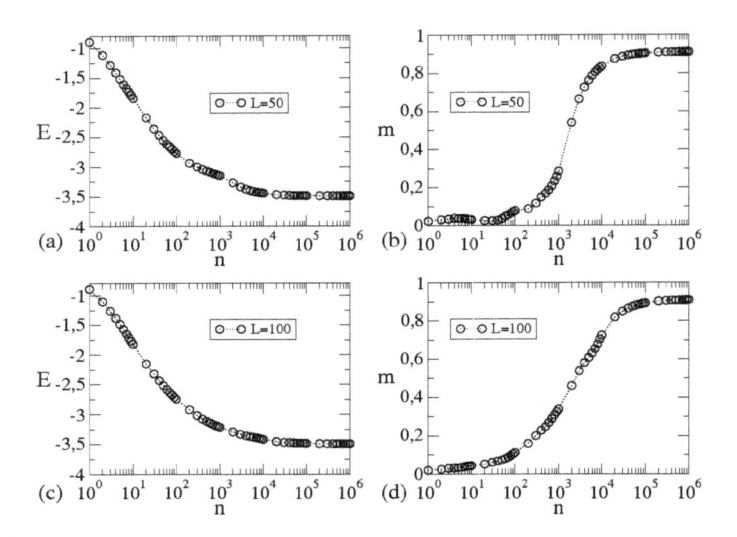

Figura 12.4 – Comportamento da energia média (a,c) e magnetização média (b,d) como função dos passos de Monte Carlo para $T < T_c$ e redes: $L = 50$ (a,b) e $L = 100$ (c,d) respectivamente. Para realizar as simulações foram escolhidos $K_B = 1$, $J = 1$ e $T = 1 < T_c$.

para 10 passos de Monte Carlo, enquanto que (b) foi obtida para 50 passos de Monte Carlo, (c) para 100 passos e finalmente (d) para 10.000 passos. Pode-se observar claramente que para um número de passos de Monte Carlo pequeno, como é o caso de (a) e (b), a configuração dos spins é bastante aleatória prevalecendo magnetização média nula. Surgem então domínios magnéticos que conduzem o sistema a um estado magnetizado para tempos longos e $T < T_c$, conforme pode ser observado na Figura 12.5.

Nas simulações usadas neste capítulo, a configuração inicial para a orientação dos spins na rede foi aleatória. Como destacado pela Equação (12.21), o tempo de relaxação ao equilíbrio é da ordem de L^2. Consideramos em nossas simulações um número mínimo de $N_{\text{MCS}} = 10L^2$ como tempo de simulação. Foram também escolhidas como fixos os parâmetros $K_B = 1$ e $J = 1$.

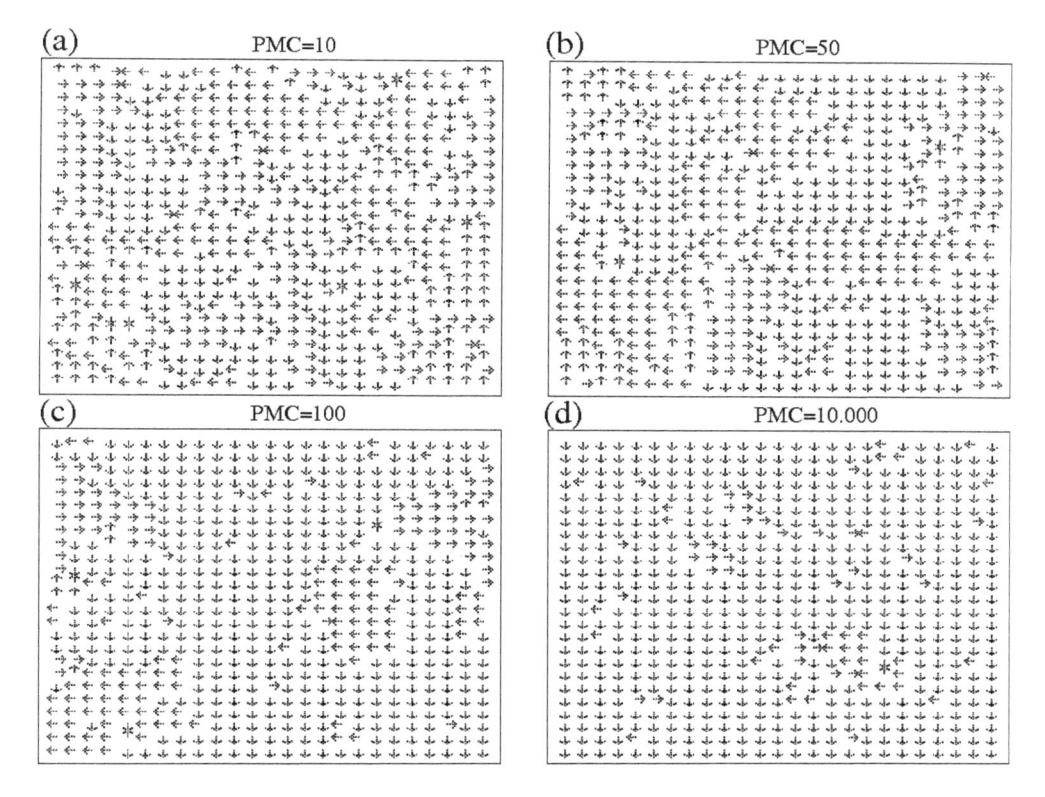

Figura 12.5 – Orientação dos spins com $L = 25$ e $T = 1$ para os números de passos de Monte Carlo: (a) 10; (b) 50; (c) 100 e finalmente; (d) 10.000.

12.4.3 Resultados numéricos

Discutiremos aqui os resultados obtidos por simulação numérica das grandezas magnetização, susceptibilidade magnética, calor específico e cumulante de Binder, ambos em função da temperatura e para redes de tamanho L diferentes. O objetivo principal é determinar a temperatura crítica T_c, em que o sistema exibe uma transição de fases de ordenado, $T < T_c$ para desordenado em $T \geq T_c$.

Começaremos discutindo o comportamento da magnetização do sistema como função da temperatura para diferentes valores de L, conforme mostrado na Figura 12.6.

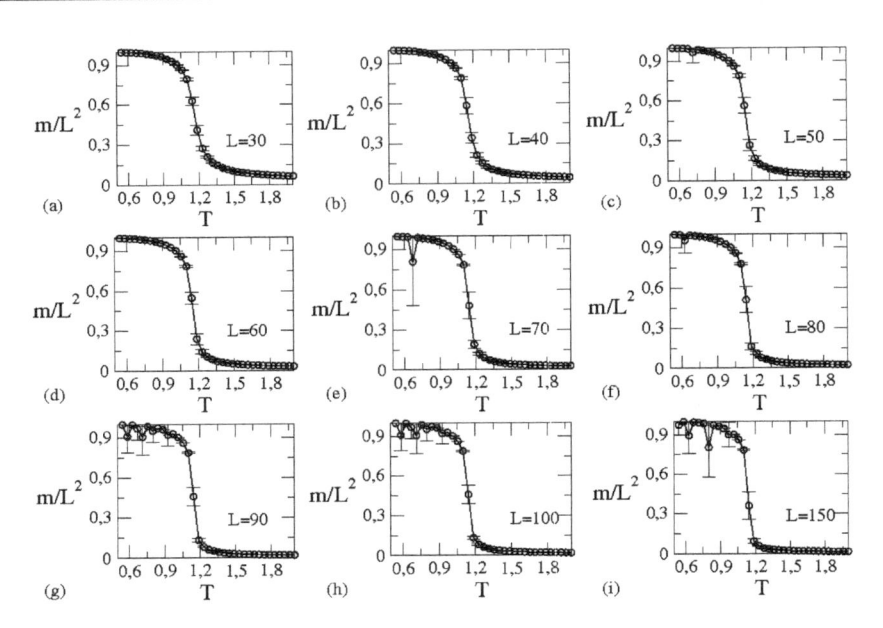

Figura 12.6 – Esboço do comportamento da magnetização por partícula em função da temperatura T para diferentes valores de L.

Podemos observar claramente que o tamanho da rede influencia diretamente o comportamento da magnetização. Após a temperatura de transição, ou seja, para $T \geq T_c$, o sistema deve apresentar magnetização média nula. No entanto isso não ocorre para redes pequenas, como pode ser observado para $L = 30$ na Figura 12.6(a). Isso ocorre em decorrência do efeito de tamanho finito. Para $L = 150$, a magnetização já se aproxima bem mais de zero para $T > T_c$, quando comparado com $L = 30$. Uma análise grosseira da Figura 12.6 permite estimar que a temperatura de transição T_c deve estar entre $T_c \in [1,1;1,2]$. Uma forma mais precisa de se estimar a temperatura de transição é tomando a derivada da magnetização em relação à temperatura e verificando onde esta quantidade assume, em módulo, o maior valor. Passaremos agora à discussão da susceptibilidade magnética.

O comportamento da susceptibilidade magnética em função da temperatura é mostrado na Figura 12.7 para diferentes tamanhos de rede L. A temperatura de transição pode ser estimada onde a susceptibilidade apresenta

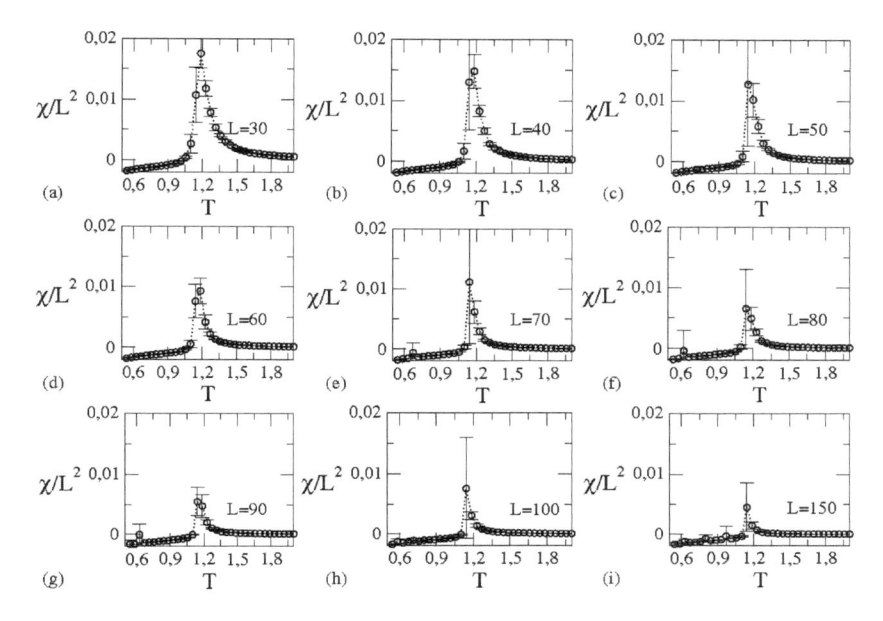

Figura 12.7 – Comportamento da susceptibilidade χ vs. T para diferentes tamanhos de rede L.

um pico. Podemos observar que o pico da susceptibilidade é fortemente influenciado pelo tamanho da rede L e, com o aumento de L, o pico caminha suavemente para a esquerda. A Figura 12.7 confirma que a temperatura de transição está na faixa de $T_c \in [1,1;1,2]$.

O calor específico, obtido como a variância da energia é mostrado na Figura 12.8 como função da temperatura T para diferentes valores de L. A temperatura crítica T_c é também estimada onde a curva do calor específico apresenta um pico. O procedimento, de fato, usado para determinar T_c consiste em ajustar uma função do tipo

$$f(T) = \tilde{a} + \tilde{b}T + \tilde{c}T^2, \quad \tilde{a}, \tilde{b}, \tilde{c} \in \Re, \tag{12.22}$$

em torno do pico da curva do calor específico e determinar o valor de T_c tal que $f'(T_c) = df(T_c)/dT = 0$. Conhecidos os valores de $\tilde{b}$ e $\tilde{c}$, T_c é dada por $T_c = -\tilde{b}/(2\tilde{c})$. Esse procedimento foi utilizado para estimar T_c nas curvas da susceptibilidade, assim como do calor específico.

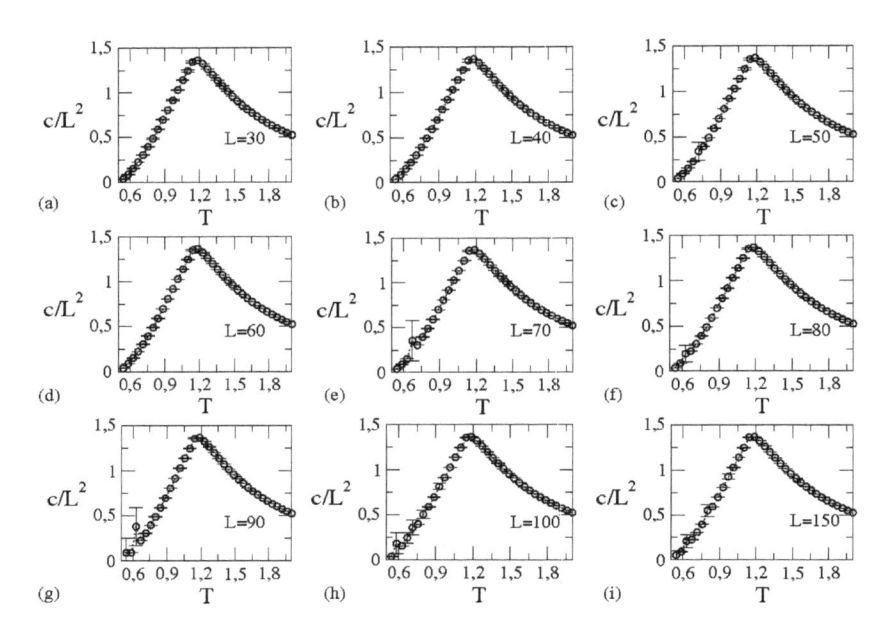

Figura 12.8 – Comportamento do calor específico c vs. T para diferentes tamanhos de rede L.

O comportamento do cumulante de Binder como função da temperatura é mostrado na Figura 12.9 para diversos valores de L. A temperatura crítica é obtida a partir da interseção das curvas para diferentes valores de L. Como pode ser observado no comportamento do cumulante, para redes pequenas, o decréscimo é mais lento que para redes maiores. Esse fato é uma consequência direta do comportamento da magnetização, que é também sensível ao tamanho da rede.

12.4.4 Obtenção da temperatura de transição

Conforme discutido na seção anterior, a temperatura crítica é obtida usando-se os picos da susceptibilidade, do calor específico e os pontos de interseção do cumulante de Binder, ambos para diferentes valores de L. A Figura 12.10 mostra a evolução dos valores obtidos para a temperatura crítica T_c, como função de $1/L$. Para cada curva da Figura 12.10, foi feito

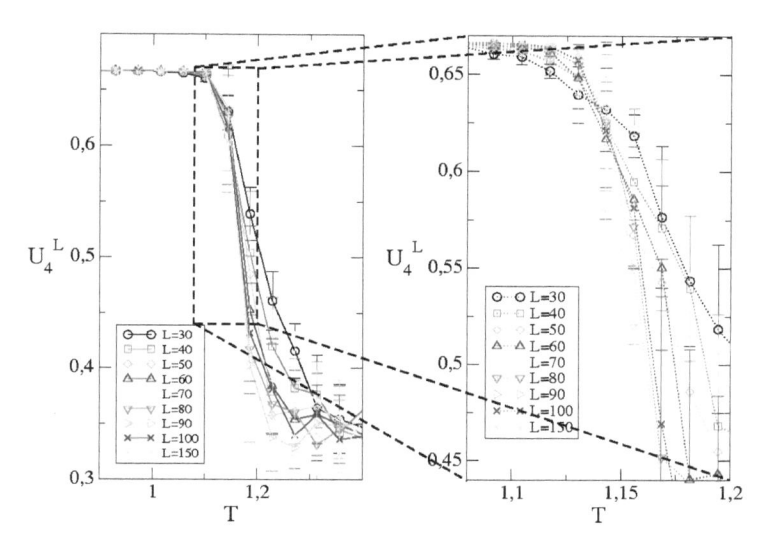

Figura 12.9 – Comportamento do cumulante de Binder U_4 vs. T para diferentes tamanhos de rede L.

um ajuste linear e o ponto de interseção da curva com o eixo T mostra uma estimativa para a temperatura crítica, visto que na interseção, $L \to \infty$, consequentemente $1/L \to 0$. Utilizando o comportamento do calor específico, a temperatura de transição, obtida pela extrapolação $L \to \infty$ é $T_c = 1,159 \pm 0,001$. Considerando o comportamento da susceptibilidade magnética, chegamos a $T_c = 1,147 \pm 0,004$. Por fim, usando o cumulante de Binder, a temperatura de transição obtida foi $T_c = 1,149 \pm 0,004$. A partir dos três procedimentos usados, chegamos ao valor médio de T_c como $T_c = 1,152 \pm 0,009$.

12.5 Transição de integrabilidade para não integrabilidade

Nesta seção, discutiremos os procedimentos para descrever algumas propriedades médias do espaço de fases de um sistema caótico nas proximidades de uma transição de integrável para não integrável. Começaremos com uma

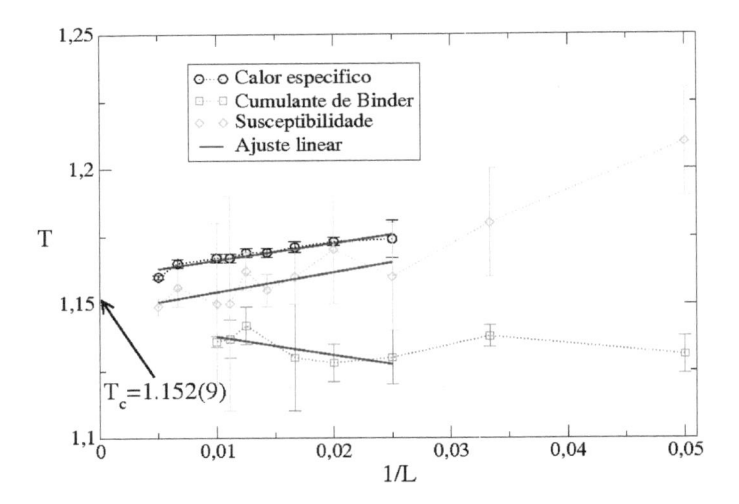

Figura 12.10 – Comportamento da temperatura crítica T_c vs. $1/L$ obtida a partir dos picos da susceptibilidade, do calor específico e dos cruzamentos das curvas do cumulante de Binder.

discussão geral envolvendo um sistema hamiltoniano que pode ser separado em uma parte regular que é integrável e outra que é não integrável e é controlada por um parâmetro de controle. Consideraremos que existe um sistema dinâmico qualquer, bidimensional cujo hamiltoniano é dado por

$$H(I_1, I_2, \theta_1, \theta_2) = H_0(I_1, I_2) + \epsilon H_1(I_1, I_2, \theta_1, \theta_2), \tag{12.23}$$

onde I_i e θ_i, $i = 1, 2$ representam as variáveis ação e ângulo, respectivamente. A parte integrável é dada por H_0 ao passo que H_1 está relacionada com a parte não integrável e é controlada por um parâmetro de controle ϵ. Se $\epsilon = 0$, o sistema é integrável, ao passo que para $\epsilon \neq 0$, o sistema é não integrável. Temos, então, um regime envolvendo uma transição de fases de integrabilidade para não integrabilidade.

Uma vez que a Equação (12.23) não envolve o tempo explicitamente, logo a energia do sistema é uma constante. Como o sistema é descrito pelo conjunto de quatro variáveis dinâmicas, I_1, I_2, θ_1 e θ_2, podemos reduzir uma delas utilizando a energia. Desse modo o sistema passa a ser descrito pelo conhecimento de apenas três variáveis, por exemplo I_1, θ_1 e θ_2. A interseção deste fluxo de soluções no plano $I_1 \times \theta_1$, para θ_2 constante pode ser descrito por um mapeamento discreto dado por[4]

$$\begin{cases} I_{n+1} = I_n + \epsilon h(\theta_n, I_{n+1}) \\ \theta_{n+1} = [\theta_n + K(I_{n+1}) + \epsilon p(\theta_n, I_{n+1})] \mod(2\pi) \end{cases}, \qquad (12.24)$$

onde h, K e p são funções não lineares de suas variáveis. O índice n indica a enésima iterada do mapeamento. Nesta seção, consideraremos o caso particular onde $h(\theta_n, I_{n+1}) = \sin(\theta_n)$ e $K = 1/I_{n+1}^\gamma$ com $\gamma > 0$ e $p(\theta_n, I_{n+1}) = 0$. O mapeamento assume a forma

$$\begin{cases} I_{n+1} = I_n + \epsilon \sin(\theta_n) \\ \theta_{n+1} = [\theta_n + \frac{1}{I_{n+1}^\gamma}] \mod(2\pi) \end{cases}, \qquad (12.25)$$

onde $\gamma > 0$ é um parâmetro. O Apêndice H traz um conjunto de funções K e p que apresentam diversas aplicações físicas.

12.5.1 Propriedades do espaço de fases

Escolhido o conjunto de parâmetros de controle ϵ e γ, a evolução dinâmica do Mapeamento (12.25) parte de uma condição inicial (I_0, θ_0). A partir do conhecimento do estado inicial (I_0, θ_0), a iteração do Mapeamento (12.25) fornece (I_1, θ_1) que, quando iterado, fornece (I_2, θ_2), e assim sucessivamente. A sequência de estados $(I_0, \theta_0) \to (I_1, \theta_1) \to (I_2, \theta_2) \to \ldots (I_n, \theta_n)$ recebe o nome de órbita e ao conjunto de todas as órbitas dá-se o nome de espaço de fases ou espaço de estados. A Figura 12.11 ilustra a forma do espaço de fases para o mapeamento dado pela Equação (12.25), considerando $\epsilon = 0,01$ e $\gamma = 1$. Podemos notar que o espaço de fases exibe um conjunto de ilhas de estabilidade que são circundadas por uma região chamada de mar de caos. Este, por sua vez, é limitado por um conjunto de curvas invariantes do tipo *spanning*. Uma órbita no mar de caos é proibida de entrar nas ilhas de estabilidade assim como não pode cruzar as curvas invariantes

---
[4] Ver o Apêndice H para mais detalhes da construção mapeamento.

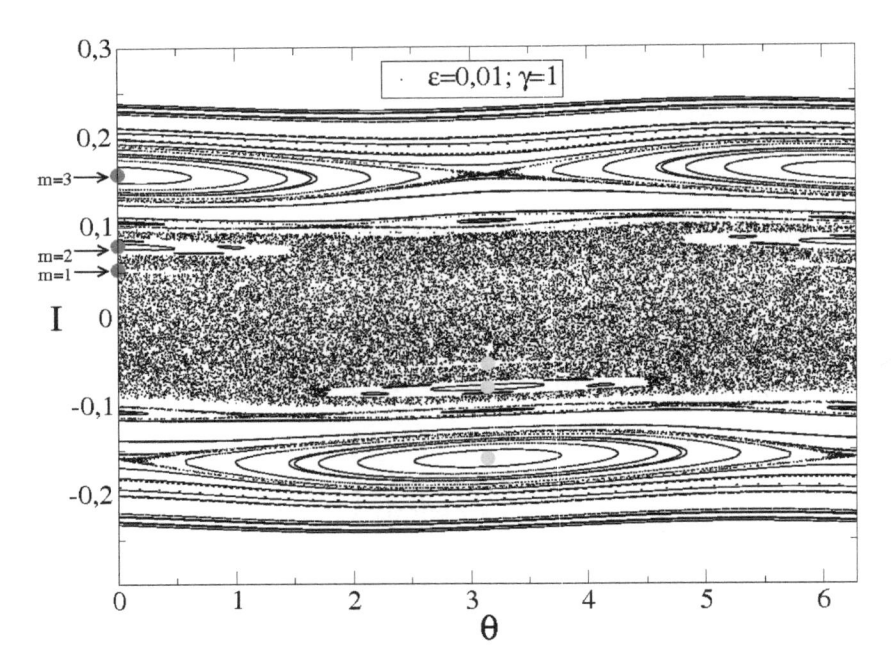

Figura 12.11 – Espaço de fases para o Mapeamento (12.25) para os parâmetros $\epsilon = 0,01$ e $\gamma = 1$.

spanning. As ilhas de estabilidade são criadas em torno de pontos fixos que são classificados como elípticos e sua classificação depende dos autovalores da matrix Jacobiana. Uma discussão sobre a classificação de pontos fixos de mapeamentos bidimensionais conservativos é apresentada no Apêndice B.

Os pontos fixos são obtidos a partir da condição

$$I_{n+1} = I_n = I, \qquad (12.26)$$

$$\theta_{n+1} = \theta_n = \theta + 2m\pi, \quad m = 1, 2, 3 \ldots \qquad (12.27)$$

A solução das Equações (12.26) e (12.27), aplicada ao Mapeamento (12.25), produz os pontos fixos

$$(\theta, I) = \begin{cases} 0, \left(\frac{1}{2m\pi}\right)^{\frac{1}{\gamma}} \\ \pi, \left(\frac{1}{2m\pi}\right)^{\frac{1}{\gamma}} \end{cases}. \qquad (12.28)$$

O ponto fixo $(0, (1/(2m\pi))^{1/\gamma})$ é classificado como elíptico, quando

$$m < \frac{1}{2\pi}\left[\frac{4}{\epsilon\gamma}\right]^{\frac{\gamma}{\gamma+1}}. \tag{12.29}$$

Para

$$m \geq \frac{1}{2\pi}\left[\frac{4}{\epsilon\gamma}\right]^{\frac{\gamma}{\gamma+1}}, \tag{12.30}$$

o ponto fixo é dito ser hiperbólico e é, portanto, instável.

Por outro lado, o ponto fixo $(\pi, (1/(2m\pi))^{1/\gamma})$ é sempre classificado como ponto fixo hiperbólico. A Figura 12.11 identifica os pontos fixos elípticos que satisfazem a Equação (12.29) para os parâmetros $\epsilon = 0,01$ e $\gamma = 1$. Podemos notar que em torno das ilhas de estabilidade centradas no ponto fixo elíptico, existe uma região de caos. Essa região preenche o espaço de fases, mas não invade as ilhas e tampouco cruza as curvas invariantes *spanning*. As curvas, por sua vez, funcionam como uma barreira física que limita o crescimento do mar de caos. A região do mar de caos e suas propriedades serão discutidas na sequência.

12.5.2 Propriedades do mar de caos: uma descrição fenomenológica

O espaço de fases do Mapeamento (12.25), conforme mostrado na Figura 12.11, exibe uma estrutura mista, onde o mar de caos circundando um conjunto de ilhas de estabilidade é confinado a uma região limitada por um conjunto de curvas invariantes *spanning*. Podemos notar, para $\gamma = 1$, que o espaço de fases é simétrico em relação a I, de forma que a parte negativa tem as mesmas propriedades da parte positiva. Essa simetria resulta em $\overline{I} = 0$, portanto, ao longo do mar de caos, a variável $\overline{I}$ não constitui um bom observável a ser investigado. Consideramos a variável $\overline{I^2}$ e, em seguida, determinamos $I_{\text{RMS}} = \sqrt{\overline{I^2}}$. O observável $\overline{I^2}$ é determinado a partir de duas

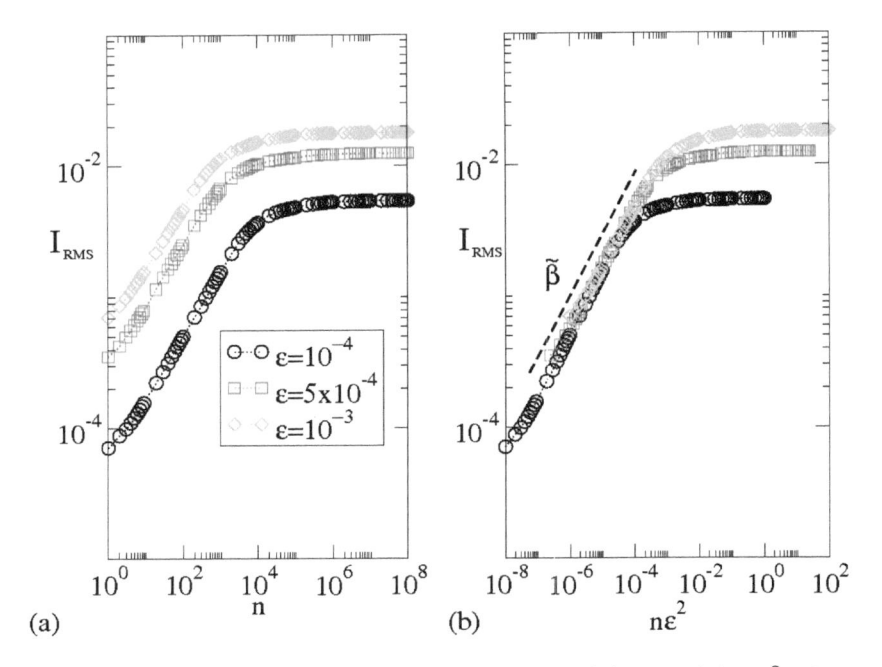

Figura 12.12 – Esboço de I_{RMS} como função de: (a) n, e (b) $n\epsilon^2$. Os parâmetros de controle utilizados foram $\gamma = 1$ e $\epsilon = 10^{-4}$, $\epsilon = 5 \times 10^{-4}$ e $\epsilon = 10^{-3}$, conforme mostrado na figura.

médias

$$\overline{I^2} = \frac{1}{M} \sum_{i=1}^{M} \left[\frac{1}{n} \sum_{j=1}^{n} I_{i,j}^2 \right], \tag{12.31}$$

onde n identifica o número de iterações do mapa e M especifica o número de condições iniciais diferentes utilizadas. O somatório em j especifica uma média ao longo da órbita, ao passo que o somatório em i especifica uma média ao longo de um ensemble de condições iniciais. De fato, foram escolhidos M valores de $\theta_0 \in [0, 2\pi]$ uniformemente distribuídos para um valor inicial fixo $I_0 = 10^{-3}\epsilon$. Este valor assegura que a condição inicial está localizada no mar de caos, bem distante das curvas invariantes *spanning* permitindo assim uma análise da dinâmica difusiva de I. A Figura 12.12 mostra o comportamento de I_{RMS} como função de: (a) n e; (b) $n\epsilon^2$ para três valores do parâmetro de controle.

Cada curva apresentada da Figura 12.12(a) exibe um comportamento semelhante para diferentes valores do parâmetro de controle. Partindo de uma condição inicial I_0, cada curva cresce de acordo com uma lei de potência para valores de n pequenos e se aproxima de um regime de saturação para n suficientemente longo. A mudança de regime de crescimento para saturação, caracterizado por um platô constante, ocorre em um número de iterações característico n_x. Podemos também notar que as curvas crescem e saturam em valores diferentes, conforme o parâmetro de controle. À medida que o parâmetro de controle aumenta, o platô de saturação também aumenta. Por outro lado, as curvas crescem, partindo de alturas diferentes, e todas elas crescem para $n < n_x$, paralelas umas às outras. A transformação[5] $n \to n\epsilon^2$ reescala o eixo horizontal, de modo que as curvas agora crescem juntas e separam-se em platôs de saturação diferentes, como pode ser visto na Figura 12.12(b).

O comportamento mostrado na Figura 12.12 permite que as seguintes hipóteses de escala sejam feitas:

1. Para $n \ll n_x$, as curvas de crescimento são descritas por

$$I_{\text{RMS}} \propto (n\epsilon^2)^{\tilde{\beta}}, \tag{12.32}$$

   onde $\tilde{\beta}$ é chamado de expoente de escala ou também de expoente de aceleração;

2. Para $n \gg n_x$, as curvas se aproximam de um regime de platô constante, onde

$$I_{\text{RMS,SAT}} \propto \epsilon^{\alpha}, \tag{12.33}$$

   onde α é o expoente de crescimento;

3. O número de iterações que marca a mudança de crescimento para saturação é dado por

$$n_x \propto \epsilon^z, \tag{12.34}$$

---
[5]Discutiremos essa transformação na próxima seção.

onde z é um expoente de escala.

Com essas três hipóteses de escala, podemos descrever o comportamento de I_{RMS}, usando uma função homogênea generalizada, do tipo

$$I_{\text{RMS}}(n\epsilon^2, \epsilon) = l I_{\text{RMS}}(l^a n\epsilon^2, l^b \epsilon), \tag{12.35}$$

onde l é um fator de escala, a e b são expoentes característicos. Como l é um fator de escala, podemos escolher $l^a n\epsilon^2 = 1$, o que conduz a

$$l = (n\epsilon^2)^{-\frac{1}{a}}. \tag{12.36}$$

Levando este resultado para a Equação (12.35), temos que

$$I_{\text{RMS}}(n\epsilon^2, \epsilon) = (n\epsilon^2)^{-\frac{1}{a}} I_A((n\epsilon^2)^{-\frac{b}{a}} \epsilon), \tag{12.37}$$

onde

$$I_A((n\epsilon^2)^{-\frac{b}{a}} \epsilon) = I_{\text{RMS}}(1, (n\epsilon^2)^{-\frac{b}{a}} \epsilon), \tag{12.38}$$

e que é considerada constante para $n \ll n_x$. Comparando a Equação (12.37) com a Equação (12.32), chegamos a $\tilde{\beta} = -1/a$. Nossas simulações fornecem $\tilde{\beta} \cong 1/2$, logo $a = -2$.

Escolhendo agora $l^b \epsilon = 1$, temos

$$l = \epsilon^{-\frac{1}{b}}. \tag{12.39}$$

Substituindo esta expressão na Equação (12.35), temos

$$I_{\text{RMS}}(n\epsilon^2, \epsilon) = \epsilon^{-\frac{1}{b}} I_B(\epsilon^{-\frac{a}{b}} n\epsilon^2), \tag{12.40}$$

onde a função

$$I_B(\epsilon^{-\frac{a}{b}} n\epsilon^2) = I_{\text{RMS}}(\epsilon^{-\frac{a}{b}} n\epsilon^2, 1), \tag{12.41}$$

é considerada constante para $n \gg n_x$. Uma comparação imediata com a Equação (12.33) permite concluir que $\alpha = -1/b$.

Resta, agora, determinar o exponente z. Este, por sua vez, aparece quando comparamos as diferentes expressões para o fator de escala l, conforme mostrado nas Equações (12.36) e (12.39). Desse modo, das Equações (12.36) e (12.39) temos que $(n\epsilon^2)^{\tilde{\beta}} = \epsilon^{\alpha}$. Quando isolamos n temos

$$n_x = \epsilon^{\frac{\alpha}{\tilde{\beta}}-2}. \tag{12.42}$$

A Equação (12.42) quando comparada com Equação (12.34) fornece

$$z = \frac{\alpha}{\tilde{\beta}} - 2. \tag{12.43}$$

A Equação (12.43) define uma relação entre os expoentes críticos e estabelece assim uma lei de escala.

O conhecimento dos expoentes α e $\tilde{\beta}$ definem o expoente z. De forma complementar, o conhecimento de z e $\tilde{\beta}$ definem α. Os expoentes α, $\tilde{\beta}$ e z podem ser obtidos de várias formas distintas. Nesta seção, os expoentes críticos serão obtidos utilizando simulação numérica. Na próxima seção, os mesmos expoentes obtidos a seguir serão determinados utilizando-se um procedimento diferente e que envolve localização da posição da primeira curva invariante *spanning*.

O exponente de aceleração é obtido simplesmente ajustando-se uma lei de potência ao comportamento do crescimento de curva de I_{RMS}, como mostrado na Figura 12.12(b). Para diversos valores dos parâmetros de controle ϵ e γ, chegamos a $\tilde{\beta} \cong 1/2$, com isso o expoente característico $a = -2$.

O expoente α é obtido para $n \gg n_x$, e determina o comportamento assintótico de I_{RMS}. Para obter o expoente α, o parâmetro γ foi mantido fixo, ao passo que o parâmetro ϵ era variado. Como a transição de fases de interesse é a transição de integrável para não integrável, o parâmetro de controle ϵ é considerado pequeno e consideramos na faixa $\epsilon \in [10^{-4}, 10^{-2}]$. A Figura 12.13(a) mostra o comportamento de $I_{\text{RMS,SAT}}$ *vs.* ϵ para o parâmetro de controle $\gamma = 1$. O expoente α obtido numericamente após um ajuste em lei de potência foi $\alpha = 0,508(4)$. Considerando $\gamma = 2$ concluímos que o expoente $\alpha = 0,343(2)$, conforme mostrado na Figura 12.13(b).

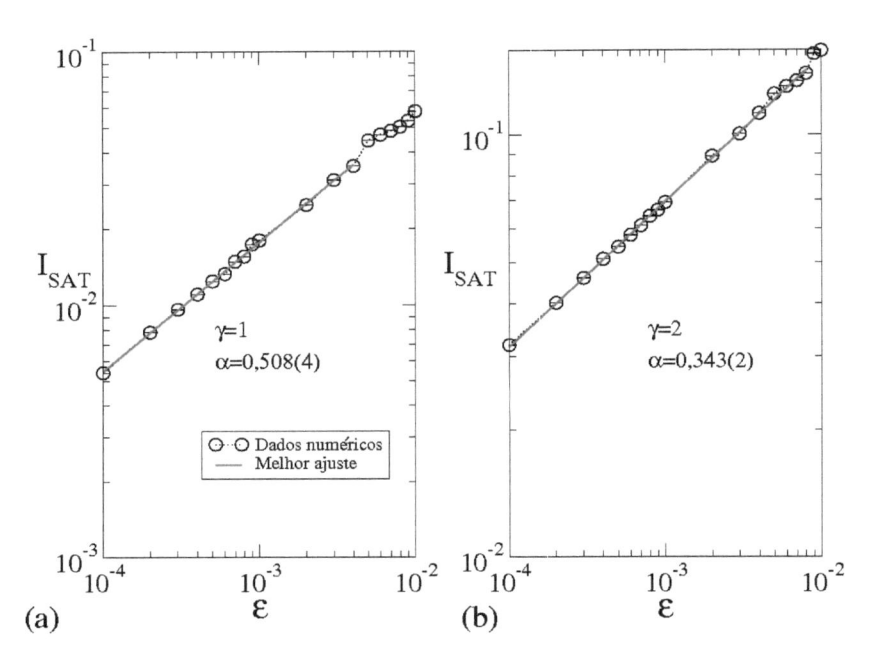

Figura 12.13 – Comportamento de $I_{\text{RMS,SAT}}$ vs. ϵ para: (a) $\gamma = 1$ e (b) $\gamma = 2$. Os expoentes críticos obtidos foram: (a) $\alpha = 0,508(4)$ e (b) $\alpha = 0,343(2)$.

O expoente z é obtido a partir do comportamento de n_x vs. ϵ para γ fixo. Aqui n_x identifica o ponto onde a curva de I_{RMS} muda de regime de crescimento para o platô constante. A Figura 12.14(a) mostra o comportamento de n_x vs. ϵ para $\gamma = 1$. O expoente obtido foi $z = -0,98(2)$. O expoente obtido pelo ajuste da curva está em bom acordo com a previsão teórica dada pela Equação (12.43). Considerando $\gamma = 2$ chegamos a $z = -1,30(2)$, conforme mostrado na Figura 12.14(b), também em bom acordo com a Equação (12.43).

A relação entre os expoentes críticos, obtida a partir da função homogênea generalizada na descrição do mar de caos, demonstra que a região caótica é invariante de escala, quando o parâmetro que controla a transição de fases de integrabilidade e não integrabilidade é variado. De fato, ao aplicar as seguintes transformações $I_{\text{RMS}} \to I_{\text{RMS}}/\epsilon^\alpha$ e $n \to n/\epsilon^z$, em diferentes

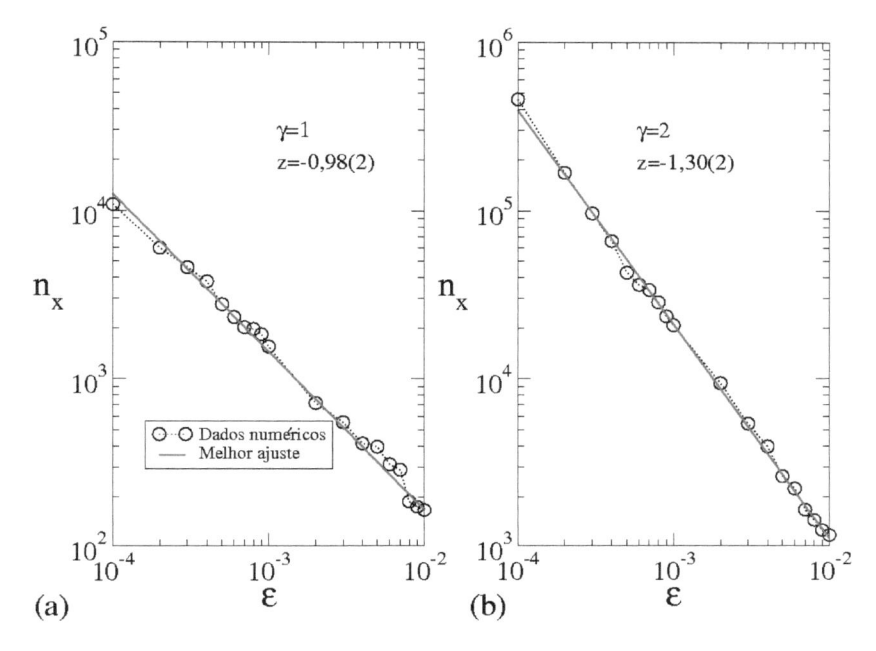

Figura 12.14 – Comportamento de n_x vs. ϵ para: (a) $\gamma = 1$ e (b) $\gamma = 2$. O expoente crítico obtido foi: (a) $z = -0,98(2)$ e (b) $z = -1,30(2)$.

curvas de I_{RMS} obtidas para parâmetros distintos, todas elas se sobrepõem em uma única curva universal. Esse comportamento pode ser visto na Figura 12.15, confirmando a invariância de escala do mar de caos em relação ao parâmetro de controle ϵ.

12.5.3 Propriedades do mar de caos: uma descrição teórica

Discutiremos, nesta seção, uma forma de se obter os expoentes α, β e z, usando um procedimento distinto daquele utilizado na seção anterior. De fato, o mar de caos é limitado pela primeira curva invariante *spanning*, que se torna de grande relevância na determinação e caracterização de I_{RMS}. Acima da primeira curva invariante, o espaço de fases é caracterizado principalmente por regiões regulares, incluindo um conjunto de outras curvas

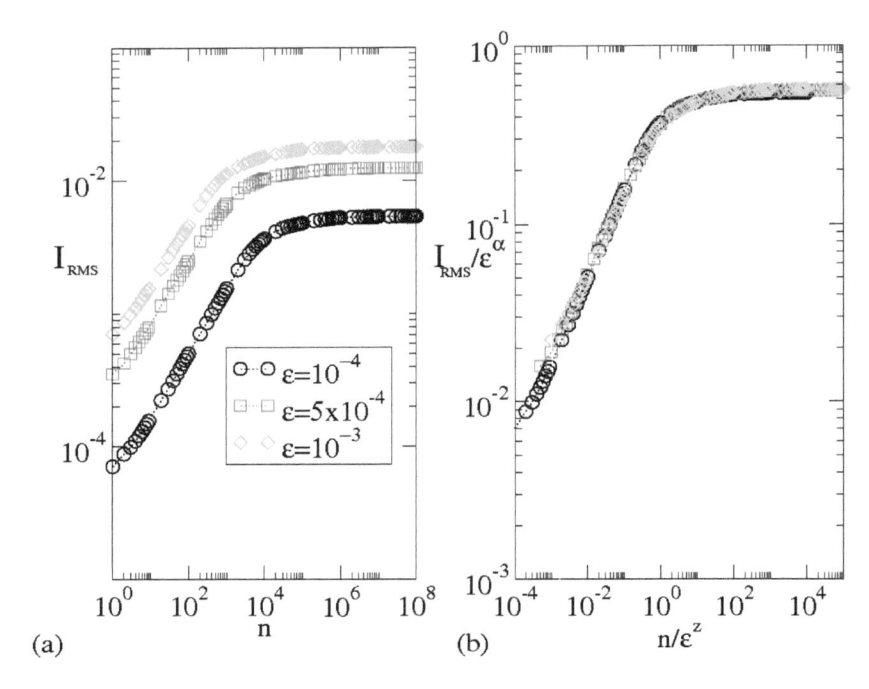

Figura 12.15 – (a) Comportamento de I_{RMS} vs. n para $\gamma = 1$ e diferentes valores de ϵ, conforme mostrado na figura. (b) Sobreposição das curvas mostradas em (a) em uma única curva universal após as transformações $I_{\text{RMS}} \to I_{\text{RMS}}/\epsilon^\alpha$ e $n \to n/\epsilon^z$.

invariantes *spanning*, ilhas de periodicidade e, quando existir, pequenas regiões de caos. Para a região abaixo da primeira curva invariante existem ilhas de periodicidade, uma extensa região de caos e, principalmente, ausência de outras curvas invariantes *spanning*. Dessa forma, a primeira curva invariante *spanning* separa duas regiões: (i) acima da curva, onde pode-se ter comportamento caótico local, e (ii) abaixo da curva, onde se tem um comportamento caótico global.

Um regime dinâmico, semelhante ao descrito aqui, com transição de caos local para caos global, foi observado no mapa padrão. O mapa é descrito como

$$\begin{cases} I_{n+1} = I_n + K\sin(\theta_n) \\ \theta_{n+1} = [\theta_n + I_{n+1}] \mod(2\pi) \end{cases}, \qquad (12.44)$$

onde K é um parâmetro de controle. Para $K = 0$, o mapa é integrável, ao passo que, para $K \neq 0$, o mapa é não integrável. O espaço de fases é misto para K pequeno e admite uma transição de caos local para $K < 0,9716\ldots$ para caos global $K \geq 0,9716\ldots$ onde a última curva invariante *spanning* é destruída. Usaremos esta propriedade para discutir as propriedades do mar de caos do mapeamento discreto dado pela Equação (12.25).

O primeiro passo consiste em supor que, nas proximidades da curva invariante, a variável I possa ser escrita como

$$I_n = \tilde{I} + \Delta I_n, \tag{12.45}$$

onde $\tilde{I}$ corresponde a um valor característico ao longo da curva invariante, e ΔI_n é uma pequena perturbação de $\tilde{I}$. Com isso, a primeira Equação de (12.25) fica escrita como

$$\Delta I_{n+1} = \Delta I_n + \epsilon \sin(\theta_n). \tag{12.46}$$

Por outro, lado a segunda Equação de (12.25) assume a forma

$$\begin{aligned}\theta_{n+1} &= \theta_n + \frac{1}{(\tilde{I} + \Delta I_{n+1})^\gamma}, \\ &= \theta_n + \frac{1}{\tilde{I}^\gamma}\left(1 + \frac{\Delta I_{n+1}}{\tilde{I}}\right)^{-\gamma}.\end{aligned} \tag{12.47}$$

Expandindo a Equação (12.47) em série de Taylor, e considerando apenas o primeiro termo, temos

$$\begin{aligned}\theta_{n+1} &= \theta_n + \frac{1}{\tilde{I}^\gamma}\left(1 - \gamma\frac{\Delta I_{n+1}}{\tilde{I}}\right), \\ &= \left[\theta_n + \frac{1}{\tilde{I}^\gamma} - \frac{\gamma \Delta_{n+1}}{\tilde{I}^{\gamma+1}}\right].\end{aligned} \tag{12.48}$$

Para estabelecer uma conexão com o mapa padrão, devemos multiplicar a Equação (12.46) por $-\gamma/\tilde{I}^{\gamma+1}$ e, em seguida, adicionar o termo $1/\tilde{I}^\gamma$. Podemos, então, definir as variáveis

$$J_n = \frac{1}{\tilde{I}^\gamma} - \frac{\gamma \Delta I_n}{\tilde{I}^{\gamma+1}}, \tag{12.49}$$

$$\phi_n = \theta_n + \pi. \tag{12.50}$$

O Mapeamento (12.25) pode ser escrito nas vizinhanças da curva invariante como

$$\begin{cases} J_{n+1} = J_n + \frac{\gamma \epsilon}{\tilde{I}^{\gamma+1}} \sin(\phi_n) \\ \phi_{n+1} = [\phi_n + J_{n+1}] \mod(2\pi) \end{cases}, \quad (12.51)$$

O Mapeamento (12.51) traz uma combinação de parâmetros de controle que podem ser agrupados como

$$K_{ef} = \frac{\gamma \epsilon}{\tilde{I}^{\gamma+1}}. \quad (12.52)$$

Nas proximidades da curva invariante, temos que $K_{ef} \cong 0,9716\ldots$ Podemos, então, concluir que a posição da primeira curva invariante pode ser estimada por

$$\begin{aligned} \tilde{I} &= \left[\frac{\gamma \epsilon}{K_{ef}} \right]^{\frac{1}{\gamma+1}}, \\ &= \left[\frac{\gamma}{K_{ef}} \right]^{\frac{1}{\gamma+1}} \epsilon^{\frac{1}{\gamma+1}}. \end{aligned} \quad (12.53)$$

A posição da primeira curva invariante define o limite superior da região de caos. O comportamento de I_{RMS} deve também estar sempre limitado a $\tilde{I}$. De fato, o valor numérico de $I_{\text{RMS,SAT}}$, que ocorre para $n \gg n_x$, é definido a partir de uma fração de $\tilde{I}$. Assim $\tilde{I}$ define a regra que I_{RMS} deve obedecer como uma função de ϵ. Portanto uma comparação imediata da Equação (12.53) com Equação (12.33) permite concluir que

$$\alpha = \frac{1}{\gamma + 1}. \quad (12.54)$$

Desse modo, a Equação (12.54) define a relação entre o expoente crítico α e o parâmetro de controle γ.

Vamos agora caracterizar o expoente $\tilde{\beta}$. Para tal, utilizaremos a primeira Equação de (12.25). Elevando ao quadrado ambos os lados temos que

$$I_{n+1}^2 = I_n^2 + 2\epsilon I_n \sin(\theta_n) + \epsilon^2 \sin^2(\theta_n). \quad (12.55)$$

Realizando, agora, uma média da Equação (12.55) em um ensemble de $\theta \in [0, 2\pi]$ chegamos a

$$\overline{I^2}_{n+1} = \overline{I^2}_n + \frac{\epsilon^2}{2}, \tag{12.56}$$

visto que $\overline{\sin(\theta)} = 0$ e $\overline{\sin^2(\theta)} = 1/2$. Considerando a situação em que ϵ é suficientemente pequeno, $\overline{I^2}_{n+1} - \overline{I^2}_n$ é pequeno, podemos usar a seguinte aproximação

$$\begin{aligned}\overline{I^2}_{n+1} - \overline{I^2}_n &= \frac{\overline{I^2}_{n+1} - \overline{I^2}_n}{(n+1) - n}, \\ &\cong \frac{d\overline{I^2}}{dn} = \frac{\epsilon^2}{2}.\end{aligned} \tag{12.57}$$

Assim, temos uma equação diferencial de primeira ordem que pode ser integrada facilmente. Logo temos que

$$\int_{I_0}^{I(n)} d\overline{I^2} = \int_0^n \frac{\epsilon^2}{2} dn, \tag{12.58}$$

o que fornece

$$\overline{I^2}(n) = I_0^2 + \frac{\epsilon^2}{2} n. \tag{12.59}$$

Aplicando raiz quadrada de ambos lados, temos que

$$I_{\text{RMS}} = \sqrt{I_0^2 + \frac{\epsilon^2}{2} n}. \tag{12.60}$$

No limite em que I_0 é suficientemente pequeno, temos que

$$I_{\text{RMS}} \cong \frac{1}{\sqrt{2}} (n\epsilon^2)^{\frac{1}{2}}. \tag{12.61}$$

Podemos então comparar com a Equação (12.32), na qual concluímos que $\tilde{\beta} = 1/2$ em excelente acordo com as simulações numéricas. Outro ponto que é importante observar é que o termo $n\epsilon^2$ aparece naturalmente na Equação (12.61), sem a necessidade de fazer a transformação $n \to n\epsilon^2$, como discutido na seção anterior.

O expoente z também pode ser obtido analiticamente. Para tal, basta usar os limites de integração da Equação (12.58) como sendo $I_0 \to 0$ e $I(n) = \tilde{I}$. Nesses limites, obtemos uma boa aproximação para n_x, o que conduz a

$$\left[\frac{\gamma\epsilon}{K_{ef}}\right]^{\frac{1}{\gamma+1}} = \left[\frac{n_x\epsilon^2}{2}\right]^{\frac{1}{2}}. \tag{12.62}$$

Quando isolamos n_x apropriadamente, chegamos a

$$n_x = 2\frac{\gamma}{K_{ef}}^{\frac{2}{\gamma+1}} \epsilon^{\frac{-2\gamma}{\gamma+1}}. \tag{12.63}$$

A Equação (12.63) pode ser comparada com a Equação (12.34), o que leva à seguinte expressão

$$z = -\frac{2\gamma}{\gamma+1}. \tag{12.64}$$

As expressões analíticas obtidas para os expoentes α, β e z nesta seção estão em bom acordo com as simulações numéricas.

12.6 Resumo

Neste capítulo, estudamos uma transição de fases que ocorre no modelo magnético Clock-4 estados. Para caracterizar a transição, introduzimos os conceitos básicos sobre o método de Monte Carlo e o algoritmo de Metrópolis, com visita sequencial aos sítios. A partir do conhecimento do método, apresentamos os resultados obtidos por simulação numérica e fizemos uma estimativa para a temperatura de transição, usando os observáveis calor específico, susceptibilidade magnética assim como o cumulante de Binder. A partir dos três procedimentos, a temperatura de transição obtida foi $T_c = 1,152\pm0,009$. Na sequência, estudamos uma transição em uma família de mapeamentos discretos que preservam a área no espaço de fases. Usamos um conjunto de hipóteses de escala, associadas a uma função homogênea generalizada, e encontramos uma lei de escala para os expoentes críticos dada por $z = \alpha/\tilde{\beta} - 2$. Os expoentes críticos foram verificados numericamente para diferentes valores de parâmetros de controle, e a lei de escala forneceu excelente acordo com os dados numéricos. Por fim, os expoentes críticos α, $\tilde{\beta}$ e z foram obtidos analiticamente usando propriedades do espaço de fases e uma conexão com o mapa padrão.

12.7 Exercícios propostos

1. Considere o seguinte mapeamento discreto

$$\begin{cases} I_{n+1} = I_n + 2\epsilon \sin(\theta_n) \\ \theta_{n+1} = [\theta_n + I_{n+1}] \bmod(2\pi) \end{cases}, \quad (12.65)$$

onde ϵ é um parâmetro de controle não negativo.

(a) Verifique se o mapeamento preserva a área no espaço de fases;

(b) Descreva analiticamente o comportameto de I_{RMS} vs. n usando que $I_{\text{RMS}} = \sqrt{\overline{I^2}}$, onde

$$\overline{I^2} = \frac{1}{M} \sum_{i=1}^{M} I_i^2, \quad (12.66)$$

e M corresponde a um esnemble de M condições iniciais diferentes para $\theta \in [0, 2\pi]$ com I_0 fixo.

2. Ao introduzir dissipação no mapeamento do problema anterior temos

$$\begin{cases} I_{n+1} = \gamma I_n + (1+\gamma)\epsilon \sin(\theta_n) \\ \theta_{n+1} = [\theta_n + I_{n+1}] \bmod(2\pi) \end{cases}, \quad (12.67)$$

onde γ é um parâmetro de controle que modela a dissipação, sendo $\gamma < 1$.

(a) Determine a expressão para o determinante da matriz Jacobiana;

(b) Qual o comportamento de $\overline{I^2}$ no estado estacionário?

(c) Determine a forma analítica para I_{RMS} vs. n;

(d) Qual o comportamento de I_{RMS} quando $I_0 \gg \epsilon$?

(e) Discuta a dinâmica para I_{RMS} vs. n quando $I_0 \ll \epsilon$;

(f) Pode-se concluir algo em relação aos expoentes críticos?

(g) Que tipo de transição está sendo considerada quando γ é introduzido?

3. Considere o mapeamento

$$x_{n+1} = x_n - x_n^2. \tag{12.68}$$

(a) Determine o comportamento de x vs. n usando a aproximação que

$$x_{n+1} - x_n = \frac{x_{n+1} - x_n}{(n+1) - n} \cong \frac{dx}{dn}; \tag{12.69}$$

(b) A partir do resultado obtido em (a), pode-se concluir algo em relação a algum expoente crítico?

4. Repita o procedimento do exercício anterior considerando

$$x_{n+1} = x_n - x_n^3. \tag{12.70}$$

5. Considere o mapeamento

$$\begin{cases} X_{n+1} = \left[X_n + \left(\frac{1}{\gamma_n} + \frac{1}{\gamma_{n+1}} \right) \right] \mod(2\pi) \\ \gamma_{n+1} = \gamma_n + 2\delta \sin \left(X_n + \frac{1}{\gamma_n} \right) \end{cases}, \tag{12.71}$$

onde δ é o parâmetro de controle que controla a transição de integrabilidade para não integrabilidade.

(a) Faça uma estimativa da posição da primeira curva invariante *spanning*;

(b) Verifique se o mapeamento preserva a área no espaço de fases;

(c) Determine o comportamento de γ_{RMS} vs. n;

(d) O que se pode concluir sobre os expoentes críticos?

Referências Bibliográficas

AGUILAR-SÁNCHEZ, R.; LEONEL, E. D.; MÉNDEZ-BERMÚDEZ, J. A. Dynamical properties of a dissipative discontinuous map: a scaling investigation. **Physics Letters A**, Amsterdam, v. 377, n. 44, p. 3216-3222, 2013.

BLUNDELL, S. J.; BLUNDELL, K. M. **Concepts in thermal physics**. Oxford: Oxford University Press, 2006.

CARDY, J. **Scaling and renormalization in statistical physics**. Cambridge: Cambridge University Press, 1996.

CHALLA, M. S. S.; LANDAU, D. P. Finite-size effects at temperature-driven first-order transitions. **Physics Review B**, Woodbury, v. 34, p. 1841, Aug. 1986.

CHANDLER, D. **Introduction to modern statistical mechanics**. Oxford: Oxford University Press, 1987.

FUJIKI, S.; HORIGUCHI, T. Monte Carlo Study of the Ferromagnetic Six-State Clock Model on the Triangular Lattice. **Journal of the Physical Society of Japan**, Tokyo, v. 64, n. 4, p. 1293-1304, 1995.

KADANOFF, L. P. **Statistical physics: statics, dynamics and renormalization**. Singapore: World Scientific, 1999.

LEONEL, E. D.; COSTA, D. R.; DETTMANN, C. P. Scaling invariance for the escape of particles from a periodically corrugated waveguide. **Physics Letters A**, Amsterdam, v. 376, n. 4, p. 421-425, 2012.

LEONEL, E. D.; McCLINTOCK, P. V. E.; SILVA, J. K. L. Fermi-Ulam model under scaling analysis. **Physical Review Letters**, Woodbury, v. 93, n. 1, 014101, 2004.

LEONEL, E. D.; OLIVEIRA, J. A.; SAIF, F. Critical exponents for a transition from integrability to non-integrability via localization of invariant tori in the Hamiltonian system. **Journal of Physics A: Mathematical and Theoretical**, Bristol, v. 44, n. 30, p. 302001, 2011.

LICHTENBERG, A. J.; LIEBERMAN, M. A. **Regular and chaotic dynamics**. New York: Springer, 1992. Applied Mathematical Sciences, v. 38.

OLIVEIRA, J. A.; BIZÃO, R. A.; LEONEL, E. D. Finding critical exponents for two-dimensional Hamiltonian maps. **Physical Review E**, College Park, v. 81, p. 046212, Apr. 2010.

RESENDE, F. J.; COSTA, B. V. Using random number generators in Monte Carlo simulations. **Physical Review E**, College Park, v. 58, p. 5183, Oct. 1998.

SALINAS, S. R. A. **Introdução à física estatística**. São Paulo: Edusp, 1997.

SETHNA, J. P. **Statistical mechanics:** entropy, order parameters, and complexity. Oxford: Oxford University Press, 2006.

TOBOCHNIK, J. Properties of the q-state clock model for $q = 4, 5$, and 6. **Physics Review B**, Woodbury, v. 26, p. 6201, Jun. 1982.

Apêndice A

Mudança de referencial

A.1 Introdução

Neste apêndice, apresentamos o procedimento utilizado para o cálculo da velocidade da partícula no instante do choque com a parede móvel. Esse procedimento é necessário porque a parede está em movimento acelerado, sendo, portanto, um referencial não inercial. Admitiremos que a colisão é instantânea e que, no instante do choque, a fronteira está momentaneamente em repouso. Considere, então, os dois referenciais como mostrados na Figura A.1.

A partir da Figura A.1 vemos que, pela soma vetorial, temos que

$$\vec{R}(t) = \vec{r}(t) + \vec{r'}(t), \tag{A.1}$$

onde $\vec{R}(t)$ denota a posição da partícula medida pelo referencial inercial, $\vec{r'}(t)$ fornece a posição da partícula medida por meio do referencial não inercial (parede móvel) e $\vec{r}(t)$ fornece a posição do referencial não inercial medida em relação ao referencial fixo.

Considerando que todos os vetores da Equação (A.1) são dependentes do tempo, podemos derivá-los e chegar a

$$\frac{d\vec{R}(t)}{dt} = \frac{d\vec{r}(t)}{dt} + \frac{d\vec{r'}(t)}{dt}, \tag{A.2}$$

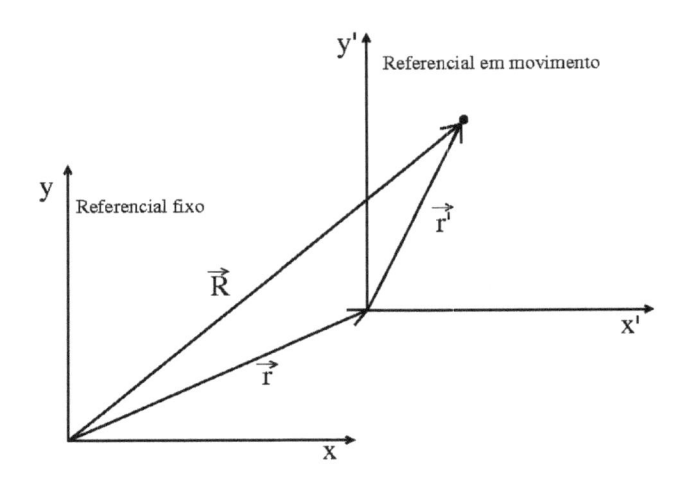

Figura A.1 – Ilustração da posição de uma partícula medida por dois referenciais sendo um deles inercial (esquerda) e o outro não inercial (direita).

onde $\frac{d\vec{R}(t)}{dt} = \vec{v}_n$ corresponde à velocidade da partícula medida no referencial inercial, $\frac{d\vec{r}(t)}{dt} = \vec{V}_w(t)$ é a velocidade da parede móvel medida também no referencial inercial e finalmente $\frac{d\vec{r'}(t)}{dt} = \vec{v'}_n(t)$ é a velocidade da partícula medida no referencial não inercial.

Consideraremos aqui duas situações. A primeira, na qual os choques são admitidos como sendo perfeitamente elásticos (sem perda de energia), e outra, em que os choques são considerados inelásticos levando a uma perda fracional de energia após a colisão.

A.2 Colisões elásticas

Quando a colisão é elástica ocorre conservação da energia e momentum no instante da colisão, logo, temos que a lei de reflexão é

$$\vec{v'}_{n+1} = -\vec{v'}_n, \tag{A.3}$$

onde o sinal negativo (−) indica que houve inversão no sentido da velocidade da partícula. Dessa forma, temos que

$$\vec{v}_{n+1}(t) - \vec{V}_w(t) = -[\vec{v}_n(t) - \vec{V}_w(t)], \tag{A.4}$$

o que conduz a

$$\vec{v}_{n+1}(t) = -\vec{v}_n(t) + 2\vec{V}_w(t). \tag{A.5}$$

No modelo Fermi-Ulam e pelo fato de ser um modelo unidimensional, podemos desconsiderar a notação vetorial sem nenhuma perda de generalidade. Podemos também reconhecer duas situações: (1) choques sucessivos onde $v_{n+1} = -v_n + 2V_w$ e; (2) choques indiretos onde $v_{n+1} = v_n + 2V_w$. Note que a troca de sinal do primeiro termo após a igualdade faz-se necessária em razão da inversão de sinal da velocidade da partícula após colidir com a parede fixa localizada em $X = \ell$. Como a expressão da posição da parede móvel é $X_w(t) = \varepsilon \cos(wt)$, temos que a expressão de $V_w(t) = -\varepsilon w \sin(wt)$.

A.3 Colisões inelásticas

Vamos agora considerar que a partícula sofre uma perda fracional de energia após a colisão. Tal perda é caracterizada por um coeficiente de restituição $\gamma \in [0,1]$, de forma que para $\gamma = 0$, após o choque a partícula permanece *grudada* na parede, ao passo que $\gamma = 1$ recupera a discussão dos choques elásticos. Dessa forma, temos que

$$\vec{v'}_{n+1} = -\gamma \vec{v'}_n, \tag{A.6}$$

o que leva a

$$\vec{v}_{n+1}(t) - \vec{V}_w(t) = -\gamma[\vec{v}_n(t) - \vec{V}_w(t)], \tag{A.7}$$

logo obtemos que

$$\vec{v}_{n+1}(t) = -\gamma \vec{v}_n(t) + (1+\gamma)\vec{V}_w(t). \tag{A.8}$$

Notamos novamente aqui que dois casos podem ocorrer: (1) os choques diretos, que, sem usar a notação vetorial, nos levam a $v_{n+1} = -\gamma v_n + (1+\gamma)V_w$ e; (2) colisões indiretas onde $v_{n+1} = \gamma v_n + (1+\gamma)V_w$. Neste caso foi considerado que o choque com a parede fixa foi elástico, sendo inelástica apenas a colisão com a parede móvel. Entretanto, se esse choque também for um choque inelástico e com o mesmo coeficiente de restituição, é possível mostrar que $v_{n+1} = \gamma^2 v_n + (1+\gamma)V_w$. Este resultado é deixado a cargo do leitor, para que faça sua devida verificação.

Apêndice B

Classificação de pontos fixos

Neste apêndice, discutiremos a classificação dos pontos fixos para mapeamentos bidimensionais. Restringiremos a discussão para a classe de mapeamentos conservativos, ou seja, aqueles que apresentam determinante da matriz jacobiana $det\ J = \pm 1$.

Seja $\tilde{T}$ um mapeamento bidimensional escrito como

$$(X_{n+1}, Y_{n+1}) = \tilde{T}(X_n, Y_n) = (F(X_n, Y_n), G(X_n, Y_n)). \tag{B.1}$$

O mapa admite um ponto fixo se

$$\tilde{T}(X^*, Y^*) = (F(X^*, Y^*), G(X^*, Y^*)). \tag{B.2}$$

Para se estudar a estabilidade de (X^*, Y^*), toma-se um ponto em sua vizinhança $(X^* + \epsilon_n, Y^* + \eta_n)$, onde ϵ_n e η_n são pequenas perturbações e expande-se $(F(X^* + \epsilon_n, Y^* + \eta_n))$ e $G(X^* + \epsilon_n, Y^* + \eta_n)$ em série de Taylor de forma que

$$\epsilon_{n+1} = \frac{\partial F}{\partial X}(X^*, Y^*)\epsilon_n + \frac{\partial F}{\partial Y}(X^*, Y^*)\eta_n + \bigcirc(\epsilon_n^2, \eta_n^2), \tag{B.3}$$

$$\eta_{n+1} = \frac{\partial G}{\partial X}(X^*, Y^*)\epsilon_n + \frac{\partial G}{\partial Y}(X^*, Y^*)\eta_n + \bigcirc(\epsilon_n^2, \eta_n^2). \tag{B.4}$$

Considerando na expansão em série apenas os termos de primeira ordem em ϵ e η, pode-se definir o mapa linear bidimensional J pela linearização de $\tilde{T}$

no mapa (X^*, Y^*), como

$$(\epsilon_{n+1}, \eta_{n+1}) = J_{(X^*,Y^*)}(\epsilon_n, \eta_n), \tag{B.5}$$

onde

$$J_{(X^*,Y^*)} = \begin{pmatrix} \frac{\partial F}{\partial X}(X^*, Y^*) & \frac{\partial F}{\partial Y}(X^*, Y^*) \\ \frac{\partial G}{\partial X}(X^*, Y^*) & \frac{\partial G}{\partial Y}(X^*, Y^*) \end{pmatrix}. \tag{B.6}$$

A estabilidade linear do ponto fixo (X^*, Y^*) é determinada por meio dos autovalores da matriz J.

B.1 Ponto fixo hiperbólico

Se os autovalores da matriz J são reais e apresentam módulo diferente de um, o ponto fixo (X^*, Y^*) é dito ser hiperbólico. Pode-se diagonalizar a matriz jacobiana J e escrevê-la na base de seus autovalores que são λ_1 e $\lambda_2 = 1/\lambda_1$, ou seja,

$$J_{(X^*,Y^*)} = \begin{pmatrix} \lambda_1 & 0 \\ 0 & \frac{1}{\lambda_2} \end{pmatrix}, \tag{B.7}$$

de modo que, nestas coordenadas, pode-se escrever dois mapeamentos unidimensionais como

$$u_1 = \lambda_1 u_0, \tag{B.8}$$
$$v_1 = \frac{1}{\lambda_1} v_0. \tag{B.9}$$

A aplicação repetida deste mapeamento fornece as seguintes relações: $u_n = \lambda_1^n u_0$ e $v_n = (1/\lambda_1)^n v_0$. Dessa forma, pequenas perturbações iniciais se aproximarão em uma direção e se afastarão em outra direção.

B.2 Ponto fixo elíptico

Se os autovalores de J são complexo conjugados e escritos na forma $\lambda_\pm = a \pm ib$, então diz-se que o ponto fixo (X^*, Y^*) é elíptico. Em coordenadas polares, os autovalores são dados por $\lambda_\pm = re^{\pm i\theta}$, onde $r = \sqrt{a^2 + b^2}$ e o mapeamento pode ser escrito como

$$r_{n+1} = r_n, \tag{B.10}$$
$$\theta_{n+1} = \theta_n + \theta. \tag{B.11}$$

Dessa forma, a dinâmica deste mapeamento linear é caracterizada por curvas invariantes fechadas que circundam o ponto fixo elíptico, já que estas órbitas são rotações sobre os círculos. Se a razão $\theta/(2\pi)$ for racional, a órbita é periódica, caso contrário as órbitas são densas sobre círculos vizinhos ao ponto fixo elíptico.

B.3 Ponto fixo parabólico

Se ambos os autovalores são reais e iguais a ± 1, o ponto fixo é denominado parabólico ou neutro.

B.4 Caracterização via polinômio característico

Outra forma de se caracterizar os pontos fixos é por meio do polinômio característico escrito como

$$\lambda^2 - \lambda(\text{Tr}J^*) + 1 = 0. \tag{B.12}$$

A solução da equação nos fornece

$$\lambda_\pm = \frac{\text{Tr}J^* \pm \sqrt{(\text{Tr}J^*)^2 - 4}}{2}. \tag{B.13}$$

Com a utilização de $\text{Tr}J^*$, os pontos fixos podem ser classificados como:

- (i) Se $|\text{Tr}J^*| < 2$, o ponto fixo (X^*, Y^*) é dito ser elíptico;

- (ii) Se $|\text{Tr} J^*| = 2$, o ponto fixo (X^*, Y^*) é dito ser parabólico;

- (ii) Se $|\text{Tr} J^*| > 2$, o ponto fixo (X^*, Y^*) é dito ser hiperbólico.

Como leitura complementar são sugeridos os seguintes livros:

ALMEIDA, A. M. O. **Sistemas hamiltonianos, caos e quantização**. Campinas: Unicamp, 1995.

FIELDER-FERRARA, N.; PRADO, C. P. C. **Caos:** uma introdução. São Paulo: Blucher, 1994.

GUCKENHEIMER, P.; HOLMES, P. **Nonlinear oscillations, dynamical systems and bifurcations of vector fields**. New York: Springer-Verlag, 1983.

HILBORN, R. C. **Chaos and nonlinear dynamics, an introduction for scientists and engineers**. Oxford: Oxford University Press, 1994.

STROGATZ, S. H. **Nonlinear dynamics and chaos, with applications to physics, biology, chemistry, and engineering**. Cambridge: Perseus Books Publishing LCC, 1994.

Apêndice C

Aproximação de Stirling

Discutiremos, neste apêndice, um argumento utilizado para a obtenção da expansão de Stirling. Em problemas de mecânica estatística, frequentemente, devemos lidar com valores demasiadamente grandes de n, que podem denotar número de partículas, estados de energia, microestados etc. Vimos também, da Tabela 3.1, que $n!$ cresce muito rapidamente, à medida que n cresce, e que, por outro lado, $\ln n!$ comporta-se mais *suavemente*, crescendo bem mais lentamente do que $n!$.

O argumento para se obter a expansão de Stirling é bem simples e parte da definição de $n!$, ou seja,

$$n! = 1 \times 2 \times 3 \times 4 \times \ldots \times (n-1) \times n. \tag{C.1}$$

Quando aplicamos ln na Equação (C.1), chegamos a

$$\begin{aligned} \ln n! &= \ln 1 + \ln 2 + \ln 3 + \ldots + \ln(n-1) + \ln n, \\ &= \sum_{x=1}^{n} \ln x, \end{aligned} \tag{C.2}$$

onde x é uma variável discreta que assume valores de $x = 1$ até $x = n$. Para o limite em que n é grande, podemos transformar (aproximar) o somatório da Equação (C.2) em uma integral do tipo

$$\sum_{x=1}^{n} \ln x \cong \int_{1}^{n} \ln x \, dx. \tag{C.3}$$

Resolvendo a integral, temos que

$$\ln n! \cong (x \ln x - x)|_{1}^{n},$$
$$= n \ln n - n + 1. \tag{C.4}$$

Para o limite em que $n \gg 1$, podemos ainda aproximar como

$$\ln n! \cong n \ln n - n, \tag{C.5}$$

que foi a expressão utilizada ao longo do texto.

Para se ter uma noção da validade desta aproximação, a Figura C.1 mostra uma comparação entre os resultados exatos de $\ln n!$ e a aproximação de Stirling. Vemos que para n pequeno há uma pequena diferença da aproximação (Figura C.1(b)) e que esta torna-se menos significativa à medida que n cresce (Figura C.1(c)).

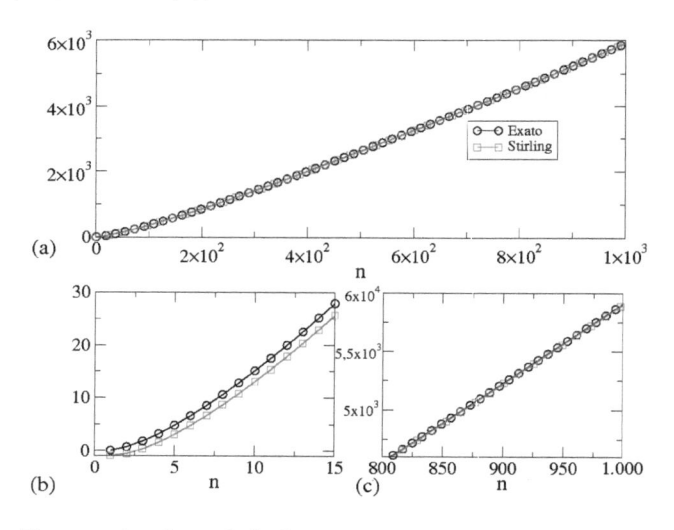

Figura C.1 – Ilustração da validade da expansão de Stirling mostrando o comportamento de $\ln n!$ e $n \ln n - n$.

Apêndice D

Momento de dipolo magnético orbital

Neste apêndice, utilizamos argumentos de formalismo clássico para obter o momento de dipolo orbital. Considere que um elétron realiza um movimento circular, conforme dado na Figura D.1.

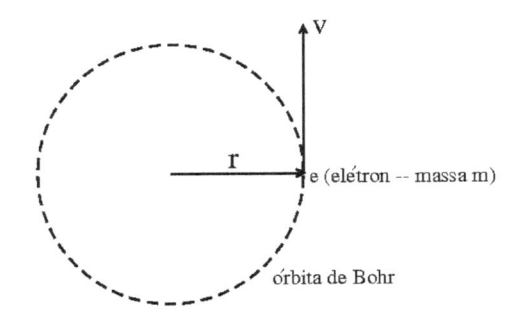

Figura D.1 – Ilustração esquemática para um elétron em uma órbita de Bohr.

A corrente elétrica devido ao giro do elétron é dada por

$$i = \frac{q}{t}, \qquad (D.1)$$

onde q denota a carga do elétron e t é o período de uma volta completa, ou seja, o período orbital. Entretanto é sabido que

$$t = \frac{1}{f} = \frac{1}{\omega/(2\pi)}, \qquad (D.2)$$

onde f é a frequência do movimento e ω é a frequência angular. Sabendo também que a velocidade do elétron pode ser escrita como $v = \omega r$ onde r é o raio da órbita, encontramos que $\omega = v/r$, portanto

$$t = \frac{2\pi r}{v}, \tag{D.3}$$

o que conduz a

$$i = \frac{qv}{2\pi r}. \tag{D.4}$$

Essa corrente elétrica produz um momento magnético de dipolo dado por

$$\mu = iA, \tag{D.5}$$

onde $A = \pi r^2$. Com isso, chegamos a

$$\begin{aligned}\mu &= \frac{qv}{2\pi r}\pi r^2, \\ &= \frac{q}{2}rv.\end{aligned} \tag{D.6}$$

Por outro lado, o momento magnético angular é dado por

$$\vec{L} = \vec{r} \times \vec{p}, \tag{D.7}$$

o que leva a uma quantidade que tem módulo

$$L = mvr. \tag{D.8}$$

Dividindo as Equações (D.6) pela Equação (D.8) temos que

$$\begin{aligned}\frac{\mu}{L} &= \frac{qrv}{2mvr}, \\ &= \frac{q}{2m}.\end{aligned} \tag{D.9}$$

Logo, chegamos a

$$\frac{\mu}{L} = \frac{\mu_b}{\hbar}, \tag{D.10}$$

onde a grandeza μ_b dada por

$$\mu_b = \frac{\hbar q}{2m}, \tag{D.11}$$

é chamada de magneton de Bohr[1].

---

[1]Niels Henrik David Bohr (1885-1962) foi um físico dinamarquês que fez contribuições importantes para a compreensão da estrutura atômica.

Apêndice E

Paradoxo de Gibbs

O paradoxo de Gibbs surge em decorrência da formulação clássica da função de partição, sem levar em consideração a indistinguibilidade das partículas. Como consequência, a entropia obtida não obedece ao princípio da aditividade e não é, portanto, extensiva.

Para ilustrar o paradoxo, vamos partir da equação que define a função de partição canônica para partículas distinguíveis, ou seja,

$$Z_d = \left[\frac{1}{h^3}\left(\frac{2\pi m}{\beta}\right)^{3/2} V\right]^N. \tag{E.1}$$

Veremos de fato que a equação de estado não é afetada. A energia livre de Hemlholtz pode ser dada por

$$\begin{aligned} f &= \frac{F}{N}, \\ &= -\frac{1}{\beta}\frac{1}{N} \ln Z_d, \\ &= -\frac{1}{\beta}\left[\ln V + \ln\left(\frac{1}{h^3}\right) + \frac{3}{2}\ln\left(\frac{2\pi m}{\beta}\right)\right]. \end{aligned} \tag{E.2}$$

A partir da expressão de f, podemos determinar a pressão média como

$$\begin{aligned} \overline{p} &= -\frac{\partial f}{\partial V}, \\ &= \frac{1}{\beta V}. \end{aligned} \tag{E.3}$$

Como $\beta = \frac{1}{K_B T}$, chegamos a

$$\overline{p}V = K_B T, \tag{E.4}$$

que é, de fato, a equação de estado do gás ideal. Note que a distinguibilidade das partículas não afeta a equação de estado.

De modo análogo, a energia média do sistema pode ser obtida como

$$\overline{U} = -\frac{\partial}{\partial \beta} \ln Z_d, \tag{E.5}$$

o que leva a

$$\overline{U} = \frac{3}{2} N K_B T. \tag{E.6}$$

Atividade 1 – *Faça as passagens matemáticas apropriadas para, partindo da Equação (E.5), chegar à Equação (E.6).*

O paradoxo de Gibbs, de fato, ocorre quando a entropia é obtida. Para tal, consideraremos a energia livre de Helmholtz F, logo

$$\begin{aligned}
S &= -\frac{\partial F}{\partial T}, \\
&= -\frac{\partial}{\partial T}\left[-K_B T \ln Z_d\right], \\
&= \frac{\partial}{\partial T}\left[K_B T N \ln\left(\frac{1}{h^{3N}}\left(\frac{2\pi m}{\beta}\right)^{3/2} V\right)\right], \\
&= K_B N \ln V + \frac{3}{2} K_B N \ln T + C K_B N, \tag{E.7}
\end{aligned}$$

onde a constante C é dada por

$$C = \frac{3}{2} + \ln\left[\frac{(2\pi m K_B)^{3/2}}{h^3}\right]. \tag{E.8}$$

Atividade 2 – *Faça as passagens matemáticas apropriadas para obter a constante C a partir da Equação (E.7).*

Esta expressão obtida para a entropia dada pela Equação (E.8) não é extensiva, ou seja, não obedece à propriedade de aditividade. Para ilustrar a não extensividade da entropia, considere a situação na qual temos dois

Paradoxo de Gibbs

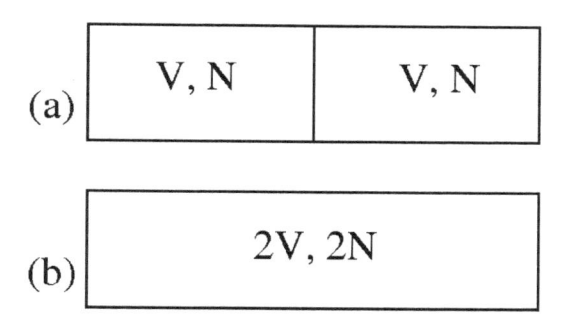

```
        ┌─────────────┬─────────────┐
   (a)  │   V, N      │   V, N      │
        └─────────────┴─────────────┘

        ┌───────────────────────────┐
   (b)  │         2V, 2N            │
        └───────────────────────────┘
```

Figura E.1 – (a) Ilustra dois recipientes com mesmo volume, mesmo número de partículas, porém separados um do outro por meio de uma parede adiabática. (b) Mesmo sistema de (a) porém sem o vínculo interno.

recipientes de mesmo volume e contendo a mesma quantidade de partículas, conforme mostra a Figura E.1.

Neste caso, a entropia total do sistema será

$$S_{\text{ANTES}} = S + S = 2S. \tag{E.9}$$

De acordo com a Equação (E.7) temos

$$S_{\text{ANTES}} = K_B(2N) \ln V + \frac{3}{2} K_B(2N) \ln T + C K_B(2N). \tag{E.10}$$

Agora vamos considerar que o vínculo interno tenha sido removido dobrando, assim, o número de partículas e o volume do sistema. Como não houve mudança na energia, a temperatura do sistema se mantém constante. De acordo com a Equação (E.7), temos

$$S_{\text{DEPOIS}} = K_B(2N) \ln(2V) + \frac{3}{2} K_B(2N) \ln T + C K_B(2N). \tag{E.11}$$

Fazendo então o cálculo da diferença das entropias temos

$$\begin{aligned} \Delta S &= S_{\text{DEPOIS}} - S_{\text{ANTES}}, \\ &= 2K_B \ln 2 \neq 0. \end{aligned} \tag{E.12}$$

Atividade 3 – *Utilize as Equações (E.10) e (E.11) para obter o resultado mostrado, da Equação (E.12).*

O problema da extensividade é totalmente corrigido, quando se leva em consideração na construção da função de partição, a indistinguibilidade das partículas.

Apêndice F

Resolvendo a integral $\int_0^n \sqrt{\frac{x}{1+x}} dx$

O objetivo deste apêndice é discutir o termo dominante da integral $\int_0^n \sqrt{\frac{x}{1+x}} dx$ no limite em que n é um inteiro não negativo e é relativamente grande. De fato, o resultado da integral fornece

$$\int_0^n \sqrt{\frac{x}{1+x}} dx = -\frac{1}{2}\ln(n) + \sqrt{n^2+n} - \ln\left[1 + \frac{1}{n}\sqrt{n^2+n}\right]. \quad (F.1)$$

Se $n \gg 1$, temos que o termo $1/n \to 0$, logo

$$\begin{aligned}\int_0^n \sqrt{\frac{x}{1+x}} dx &= -\frac{1}{2}\ln(n) + \sqrt{n^2+n} - \ln\left[1 + \frac{1}{n}\sqrt{n^2+n}\right], \\ &\cong n - \ln(2) - \frac{1}{2}\ln(n), \\ &\cong n. \end{aligned} \quad (F.2)$$

Este foi o resultado aproximado utilizado quando discutimos a relação entre tempo e número de colisões no Capítulo 8.

Apêndice G

Localização de curvas invariantes no espaço de fases

Neste apêndice, discutiremos como localizar a curva invariante do tipo *spanning* de mais baixa energia (mais baixa ação) e imediatamente acima do mar de caos no espaço de fases. Uma referência para este procedimento pode ser vista em um trabalho[1] meu com colaboração de Juliano Antônio de Oliveira e Farhan Saif[2].

Para se localizarem as curvas invariantes *spanning*, em particular a primeira delas (ou de mais baixa energia), uma propriedade dinâmica deve ser observada nos mapeamentos discretos. De fato, devem ser mapeamentos que façam com que a variável presente no argumento da função h (veja o mapeamento dado pela Equação (H.2) no Apêndice H), ou seja, θ_{n+1}, seja descorrelacionado com sua antecessora θ_n, no limite em que a ação é suficientemente pequena. Isso faz com que a função h tenha comportamento típico de uma função aleatória e leve à difusão na variável ação (I) cau-

---

[1] Critical exponents for a transition from integrability to non-integrability via localization of invariant tori in the Hamiltonian system, **Journal of Physics A: Mathematical and Theoretical**, Bristol, v. 44, n. 30, p. 1-7, 2001.

[2] Farhan Saif é professor da Universidade Quaid-i-Azam, em Islamabad – Paquistão.

sando assim o comportamento caótico no espaço de fases. Por outro lado, quando a variável ação se torna suficientemente grande, a variável ângulo se torna correlacionada e portanto regularidade, medida por meio de ilhas de periodicidade, é observada no espaço de fases. Para valores ainda mais altos de I, começam a aparecer as curvas invariantes *spanning*. Nosso foco neste apêndice é, portanto, localizar a primeira delas, ou, pelo menos estimar sua posição.

Consideraremos o mapeamento discreto obtido no Apêndice H e que atende aos requisitos impostos[3]

$$\begin{cases} I_{n+1} = |I_n + \varepsilon \sin(\theta_n)| \\ \theta_{n+1} = [\theta_n + \frac{1}{I_{n+1}^\gamma}] \mod(2\pi) \end{cases} \quad . \tag{G.1}$$

Conforme mostrado na Figura H.1 do Apêndice H, as curvas invariantes estão localizadas acima do mar de caos, e sua variação ao longo do eixo das ações é muito pequena, quando comparada com a dimensão[4] do mar de caos[5]. Assim, podemos supor que, próximo à curva invariante, a seguinte aproximação seja válida

$$I_{n+1} \cong I^* + \Delta I_{n+1}, \tag{G.2}$$

onde I^* é um valor característico[6] ao longo da curva invariante, e que ΔI_{n+1} seja uma pequena perturbação do valor médio. Levando a Equação (G.2)

---

[3]Por simplicidade de notação, consideramos $h = \sin(\theta_n)$ e não $h = \sin(2\pi\theta_n)$, conforme anteriormente. Com isso, a função *mod* será tomada em 2π. Entretanto, o procedimento é genérico e não leva a nenhum prejuízo matemático usar ou não o 2π diretamente no argumento da função periódica.

[4]Dimensão é usada aqui com significado de extensão.

[5]O procedimento a ser adotado, de fato, consiste em reescrever o Mapeamento (G.1) de forma a ser comparado com o mapa padrão (*standard map*). Esse procedimento se aplica porque o mapa padrão apresenta uma transição de localmente caótico para globalmente caótico para o parâmetro de controle $K = 0,9716\ldots$. Caos global, no nosso problema, corresponde à região abaixo da curva invariante, e caos local, acima. Portanto, podemos aplicar essa propriedade na primeira curva invariante *spanning*.

[6]Corresponde ao valor médio da curva.

para a primeira equação do Mapeamento (G.1), temos que

$$\begin{aligned}\theta_{n+1} &= \theta_n + \frac{1}{(I^* + \Delta I_{n+1})^\gamma}, \\ &= \theta_n + \frac{1}{I^{*\gamma}}\left[1 + \frac{\Delta I_{n+1}}{I^{*\gamma}}\right]^{-\gamma}.\end{aligned} \quad (G.3)$$

Podemos expandir em série de Taylor o último termo da Equação (G.3) em torno de $\Delta I_{n+1}/I^*$. Tomando apenas termos de primeira ordem, e reagrupando apropriadamente, chegamos a

$$\theta_{n+1} = \theta_n + \frac{1}{I^{*\gamma}} - \frac{\gamma \Delta I_{n+1}}{I^{*\gamma+1}}. \quad (G.4)$$

Atividade 1 – *Faça a expansão em série de Taylor, agrupe apropriadamente os termos, e obtenha a Equação (G.4).*

Ao substituirmos a Equação (G.2) na primeira equação do Mapeamento (G.1) encontramos que

$$\Delta I_{n+1} = \Delta I_n - \varepsilon \sin(\theta_n). \quad (G.5)$$

Atividade 2 – *Substitua a Equação (G.2) na primeira equação do Mapeamento (G.1) e obtenha a Equação (G.5).*

Para se comparar com o mapa padrão[7] devemos multiplicar ambos os lados da Equação (G.5) por $-\gamma/I^{*\gamma+1}$ e somar também de ambos lados o termo $1/I^*$. Podemos definir uma variável auxiliar

$$\tilde{J} = -\frac{\gamma \Delta I}{I^{*\gamma+1}} + \frac{1}{I^{*\gamma}}, \quad (G.7)$$

---

[7]O mapa padrão é escrito como

$$\begin{cases} I_{n+1} = I_n + K\sin(\theta_n) \\ \theta_{n+1} = [\theta_n + I_{n+1}] \mod(2\pi) \end{cases}, \quad (G.6)$$

onde K é o parâmetro de controle. Para os casos em que $K \geq 0,9716\ldots$, as curvas invariantes *spanning* são destruídas, e o caos difunde no espaço de fases. Por outro lado para $K < 0,9716\ldots$, curvas invariantes *spanning* existem no espaço de fases e impedem a difusão ilimitada da ação.

e fazendo $\theta_n \to \theta_n + \pi$, o que permite que o mapeamento seja escrito como

$$\begin{cases} \tilde{J}_{n+1} = \tilde{J}_n + \frac{\gamma\varepsilon}{I^{*\gamma+1}} \sin(\theta_n) \\ \theta_{n+1} = [\theta_n + I_{n+1}] \mod(2\pi) \end{cases} \quad (G.8)$$

Atividade 3 – *Faça as transformações sugeridas aqui e obtenha o mapeamento dado em (G.8).*

Quando comparamos a Equação (G.8) com a expressão do mapa padrão, vemos que existe um parâmetro de controle efetivo K_{eff} que pode ser escrito como

$$K_{\text{eff}} = \frac{\gamma\varepsilon}{I^{*\gamma+1}}. \quad (G.9)$$

Assim, a transição de caos local para caos global deve então ocorrer em $K_{\text{eff}} = 0,9716\ldots$, logo, chegamos a

$$I^* \cong \left[\frac{\gamma\varepsilon}{0,9719\ldots}\right]^{1/1+\gamma}. \quad (G.10)$$

Atividade 4 – *Isole I^* da Equação (G.9) e obtenha o resultado mostrado na Equação (G.10).*

Apêndice H

Obtenção de um mapeamento discreto a partir de um hamiltoniano

Nesta seção, discutiremos os passos básicos para se obter um mapeamento discreto a partir de um hamiltoniano. Para tal assumiremos que existe um sistema dinâmico qualquer bidimensional que é integrável[1] e que será ligeiramente perturbado. O hamiltoniano que descreve o sistema é

$$H(I_1, I_2, \theta_1, \theta_2) = H_0(I_1, I_2) + \epsilon H_1(I_1, I_2, \theta_1, \theta_2), \quad (H.1)$$

onde I_i e θ_i com $i = 1, 2$ descrevem as variáveis ação e ângulo respectivamente. H_0 é a parte que descreve o sistema integrável e H_1 descreve a parte não integrável. ϵ é um parâmetro de controle que controla uma transição de integrável ($\epsilon = 0$) para não integrável ($\epsilon \neq 0$).

Uma vez que a energia do sistema é constante, o sistema original que é descrito pelo conhecimento de quatro variáveis dinâmicas, pode ser descrito usando a energia para reduzir uma das variáveis, sendo necessário

---

[1] De uma forma bem geral, um sistema é dito integrável se o número de constantes do movimento coincide com o número de graus de liberdade do sistema. Cada grau de liberdade corresponde a cada par p, q (momentum e coordenada generalizada) do sistema.

então apenas três variáveis dinâmicas. Se considerarmos uma seção[2] de Poincaré[3] dada pelo plano I_1 vs. θ_1 assumindo o ângulo θ_2 constante (mod 2π), podemos escrever um mapeamento genérico que descreve a dinâmica do hamiltoniano dado pela Equação (H.1) como

$$\begin{cases} I_{n+1} = I_n + \varepsilon h(\theta_n, I_{n+1}) \\ \theta_{n+1} = [\theta_n + K(I_{n+1}) + \varepsilon p(\theta_n, I_{n+1})] \mod(2\pi) \end{cases}, \quad \text{(H.2)}$$

onde as funções h, K e p são em princípio funções não lineares de suas variáveis. O índice n corresponde à enésima iterada do mapeamento.

Como o mapa dado pelo conjunto de Equações (H.2) foi obtido a partir de um hamiltoniano, a área no espaço de fases deve ser preservada. Para isso, as funções $h(\theta_n, I_{n+1})$ e $p(\theta_n, I_{n+1})$ necessariamente devem obedecer a algumas relações intrínsecas. Essas relações devem ser obtidas usando o fato de que o determinante da matriz[4] jacobiana[5] seja igual a 1. Os coeficientes

---

[2]Uma seção de Poincaré, ou também conhecida como superfície de seção, consiste de um hiperplano que intercepta um fluxo de soluções de um conjunto de equações diferenciais de N dimensões de forma que a dinâmica pode ser então estudada a partir de um mapeamento discreto de dimensão $N - 1$.

[3]Jules Henri Poincaré (1854-1912) foi um físico e matemático francês. Contribuiu em diversas áreas da física e matemática e foi o primeiro cientista a considerar a possibilidade da existência de caos em um sistema determinista.

[4]Isso define a condição de preservação de área no espaço de fases.

[5]Carl Gustav Jacob Jacobi (1804-1851) foi um matemático alemão que fez importantes contribuições na área de funções elípticas, equações diferenciais e dinâmica.

Obtenção de um mapeamento discreto a partir de um hamiltoniano

da matriz podem ser escritos como

$$\frac{\partial I_{n+1}}{\partial I_n} = \frac{1}{1-\varepsilon\frac{\partial h(\theta_n, I_{n+1})}{\partial I_{n+1}}}, \tag{H.3}$$

$$\frac{\partial I_{n+1}}{\partial \theta_n} = \varepsilon\frac{\partial h(\theta_n, I_{n+1})}{\partial \theta_n} + \varepsilon\frac{\partial h(\theta_n, I_{n+1})}{\partial I_{n+1}}\frac{\partial I_{n+1}}{\partial \theta_n}, \tag{H.4}$$

$$\frac{\partial \theta_{n+1}}{\partial I_n} = \left[\frac{\partial K(I_{n+1})}{\partial I_{n+1}} + \varepsilon\frac{\partial p(\theta_n, I_{n+1})}{\partial I_{n+1}}\right]\frac{\partial I_{n+1}}{\partial I_n}, \tag{H.5}$$

$$\frac{\partial \theta_{n+1}}{\partial \theta_n} = 1 + \varepsilon\frac{\partial p(\theta_n, I_{n+1})}{\partial \theta_n} +$$

$$+ \left[\frac{\partial K(I_{n+1})}{\partial I_{n+1}} + \varepsilon\frac{\partial p(\theta_n, I_{n+1})}{\partial I_{n+1}}\right]\frac{\partial I_{n+1}}{\partial \theta_n}. \tag{H.6}$$

Atividade 1 – *Faça as passagens matemáticas necessárias para obter as expressões de (H.3) a (H.6).*

A partir dos coeficientes da matriz jacobiana podemos escrever o determinante da matriz como

$$\text{Det}J = \frac{\left[1 + \varepsilon\frac{\partial p(\theta_n, I_{n+1})}{\partial \theta_n}\right]}{\left[1 - \varepsilon\frac{\partial h(\theta_n, I_{n+1})}{\partial I_{n+1}}\right]}. \tag{H.7}$$

Atividade 2 – *Partindo das expressões dos coeficientes da matriz jacobiana dados aqui, obtenha a Equação (H.7).*

Para que o determinante seja igual a 1, temos necessariamente de obter

$$\frac{\partial p(\theta_n, I_{n+1})}{\partial \theta_n} + \frac{\partial h(\theta_n, I_{n+1})}{\partial I_{n+1}} = 0, \tag{H.8}$$

Atividade 3 – *Mostre que para que o determinante da matriz Jacobiana seja igual a 1, a condição dada pela Equação (H.8) deve ser satisfeita.*

Para muitos sistemas estudados na literatura, a função $p(\theta_n, I_{n+1}) = 0$. Existe também um conjunto de sistemas que são descritos por uma função do tipo $h(\theta_n) = \sin(\theta_n)$. Para ilustrar alguns exemplos de sistemas considerados na literatura temos:

- $K(I_{n+1}) = I_{n+1}$, que descreve o mapa padrão;

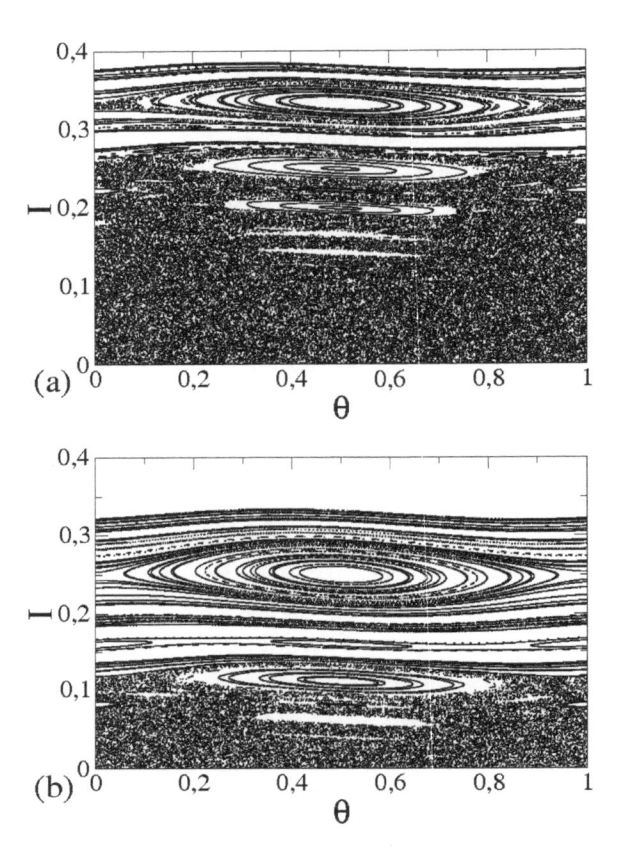

Figura H.1 – Ilustra o espaço de fases, ($I > 0$), para o mapeamento dado pelas Equações (H.9) considerando os parâmetros de controle $\varepsilon = 10^{-2}$, (a) $\gamma = 1$ e (b) $\gamma = 1/2$.

- $K(I_{n+1}) = 2/I_{n+1}$, que recupera o modelo do acelerador de Fermi[6];

- $K(I_{n+1}) = \zeta I_{n+1}$, com ζ constante, recupera o modelo *bouncer*;

- Para o caso de

$$K(I_{n+1}) = \begin{cases} 4\zeta^2(I_{n+1} - \sqrt{I_{n+1}^2 - \frac{1}{\zeta^2}}) & \text{se } I_{n+1} > \frac{1}{\zeta}, \\ 4\zeta^2 I_{n+1} & \text{se } I_{n+1} \leq \frac{1}{\zeta}. \end{cases}$$

---

[6]Comumente chamado de modelo Fermi-Ulam.

onde ζ é uma constante, então o modelo híbrido Fermi-Ulam-bouncer é recuperado;

- Considerando $K(I_{n+1}) = I_{n+1} + \zeta I_{n+1}^2$, o mapa logístico *twist* é obtido.

Alguns dos vários sistemas que têm sido bastante discutidos nos últimos anos são mapeamentos que levam à divergência da variável ângulo no limite em que a variável ação se torna suficientemente pequena. Levando este aspecto em consideração, o mapeamento, que é discutido no Capítulo 9, tem a seguinte forma

$$\begin{cases} I_{n+1} = I_n + \varepsilon \sin(2\pi\theta_n) \\ \theta_{n+1} = [\theta_n + \frac{1}{I_{n+1}^\gamma}] \mod(1) \end{cases}, \quad (H.9)$$

onde escolhemos as seguintes funções

$$h(\theta_n) = \sin(2\pi\theta_n), \quad (H.10)$$

e

$$K(I_{n+1}) = \frac{1}{I_{n+1}^\gamma}, \quad (H.11)$$

onde γ é um parâmetro de controle não negativo. O mapeamento discreto dado pela Equação (H.9) tem o espaço de fases misto[7] para $\varepsilon \neq 0$, sendo caótico para baixos valores de I, tem ilhas de periodicidade para valores intermediários de I e curvas invariantes para valores elevados de I. A Figura H.1 mostra o espaço de fases para o mapeamento dado pelas Equações (H.9) considerando $\varepsilon = 10^{-2}$ e, pelo menos, dois valores distintos de γ: (a) $\gamma = 1/2$ e; (b) $\gamma = 1$.

As curvas invariantes do tipo *spanning* presentes no espaço de fases funcionam como uma barreira física[8] e não permitem o fluxo, através delas,

---

[7]Espaço de fases misto quer dizer apenas que podem coexistir na dinâmica, dependendo das condições iniciais e parâmetros de controle, ambos periodicidade, quase-periodicidade e caos.

[8]Isso só é observado devido a preservação da área do espaço de fases pois $Det J = 1$.

de partículas presentes no mar de caos. O conhecimento delas é de grande relevância e fornece propriedades estatísticas do mar de caos que podem ser descritas utilizando diversos parâmetros de controle. Uma descrição detalhada de como obtê-las é feita no Apêndice G.

Algumas aplicações podem ser vistas em:

CHIRIKOV, B. V. A universal instability of many-dimensional oscillator systems. **Physics Reports**, Amsterdam, v. 52, n. 5, p. 263-379, 1979.

HOWARD, J. E.; HUMPHERYS, J. Nonmonotonic twist maps. **Physica D**, Amsterdam, v. 80, n. 3, p. 256-276, 1995.

LEONEL, E. D. Phase transition in dynamical systems: defining classes of universality for two-dimensional hamiltonian mappings via critical exponents. **Mathematical Problems in Engineering**, New York, v. 2009, p. 1-22, 2009.

LEONEL, E. D.; McCLINTOCK, P. V. E. A hybrid Fermi-Ulam-bouncer model. **Journal of Physics A: Mathematical and General**, London, v. 38, n. 4, p. 823-839, 2005.

LIEBERMAN, M. A.; LICHTENBERG, A. J. Stochastic and adiabatic behavior of particles accelerated by periodic forces. **Physics Review A**, Amsterdam, v. 5, p. 1852, Apr. 1972.

PUSTYLNIKOV, L. D. **Transactions of the Moscow Mathematical Society**, Providence, v. 2, p. 1, 1978.

SILVA, J. K. L. et al. Scaling properties of the Fermi-Ulam accelerator model. **Brazilian Journal of Physics**, São Paulo, v. 36, n. 3a, p. 700-707, 2006.

Apêndice I

Obtenção da lei de Fick

Discutiremos, neste apêndice, uma maneira simples de obter a lei de Fick. Para tal, considere um conjunto de partículas se movendo de acordo com a caminhada aleatória ao longo do eixo[1] x. Dessa forma, a cada intervalo de tempo Δt cada partícula pode se deslocar de Δx. Seja então $N(x,t)$ o número de partículas que estão na posição x no instante t.

Como as partículas estão efetuando caminhada aleatória, uma parte delas se move para a direita com probabilidade p, ao passo que outra parte se move para esquerda com probabilidade $q = 1 - p$. Sendo assim, em um determinado instante, metade delas movem-se para a direita[2] e a outra metade para a esquerda. Uma vez que metade das partículas na posição x se movem para direita e metade das partículas em $x + \Delta x$ movem-se para a esquerda, podemos definir o deslocamento efetivo de partículas como

$$\Delta = -\frac{1}{2}[N(x + \Delta x, t) - N(x, t)]. \tag{I.1}$$

O fluxo de partículas é, de fato, este deslocamento de partículas que cruza uma determinada área de seção em um determinado intervalo de tempo,

---

[1] Poderia ser qualquer outro eixo, desde que o movimento fosse unidimensional.
[2] Estamos considerando aqui que $p = q = 1/2$.

logo, tem-se que

$$\begin{aligned} J &= \frac{\Delta}{a\Delta t}, \\ &= -\frac{1}{2a\Delta t}[N(n+\Delta x, t) - N(x,t)]. \end{aligned} \qquad (I.2)$$

Podemos, agora, multiplicar e dividir o lado direito por $(\Delta x)^2$, o que leva a

$$J = \frac{(\Delta x)^2}{2\Delta t \Delta x}\left[\frac{N(x+\Delta x, t) - N(x,t)}{a\Delta x}\right]. \qquad (I.3)$$

De fato, a densidade de partículas por unidade de volume pode ser escrita como

$$\rho(x,t) = \frac{N(x,t)}{a\Delta x}, \qquad (I.4)$$

logo, podemos reescrever a Equação (I.3) como

$$J = -\frac{(\Delta x)^2}{2\Delta t}\left[\frac{\rho(x+\Delta x, t) - \rho(x,t)}{\Delta x}\right]. \qquad (I.5)$$

Considerando agora que $\Delta x \to 0$, o termo dentro dos colchetes fornece a derivada de $\rho(x)$ em relação a x. Sabendo também que o coeficiente de difusão em uma dimensão é dado por

$$D = \frac{(\Delta x)^2}{2\Delta t}, \qquad (I.6)$$

temos então que

$$J(x,t) = -D\frac{\partial \rho(x,t)}{\partial x}, \qquad (I.7)$$

que é a lei de Fick.

Apêndice J

Solução da equação da difusão

Discutiremos neste apêndice dois procedimentos para se resolver a equação da difusão. De fato, a equação é escrita como

$$\frac{\partial \rho(x,t)}{\partial t} = D \frac{\partial^2 \rho(x,t)}{\partial x^2}, \tag{J.1}$$

onde $\rho(x,t)$ especifica a densidade (ou qualquer outra função que dependa de x e t) e D é o coeficiente de difusão. O primeiro dos métodos que vamos considerar é o método de Green[1] e o segundo é utilizando a transformada de Fourier[2].

Uma propriedade que ambos métodos utiliza é o fato de a equação da difusão ser linear. Isso implica que se uma família de soluções, por exemplo, $\rho_n(x_n, t)$ é conhecida, então qualquer combinação linear delas, ou seja, $\sum_n a_n \rho_n(x,t)$, também será solução. Portanto se a densidade inicial $\rho(x,0)$

---

[1] George Green (1973-1841) foi um físico matemático britânico que, pioneiramente, estudou o conceito de potenciais, assim como o que é conhecido hoje como função de Green. Pode ser considerado um dos primeiros cientistas a criar uma teoria matemática da eletricidade e do magnetismo, que formou então a base para Maxwell.

[2] Jean Baptiste Joseph Fourier (1768-1830) foi um físico e matemático francês que contribuiu para a investigação de transferência de calor assim como para vibrações, usando séries e transformadas de Fourier.

puder ser expandida da forma

$$\rho(x,0) = \sum_n a_n \rho_n(x,0), \qquad (J.2)$$

então a solução da Equação (J.1) foi obtida. Começaremos discutindo o método de Green, depois avançamos para o método de Fourier.

J.1 Método de Green

Em sua essência, o método de Green decompõe a função $\rho(x,t)$ em uma família de soluções do tipo $\tilde{G}(x-y,t)$ de modo que $\tilde{G}$ fornece a evolução do estado inicial originalmente concentrado em um determinado ponto, representado por y. Consideraremos que as partículas estejam todas concentradas em $y=0$ no instante $t=0$. Portanto a função de Green $\tilde{G}(x,t)$ fornece a evolução no tempo da densidade

$$\tilde{G}(x,0) = \delta(x), \qquad (J.3)$$

onde $\delta(x)$ é a função delta de Dirac e $\tilde{G}$ obedece à Equação da difusão (J.1). Consideraremos que $\tilde{G}(x,t)$ possa ser escrita como um conjunto de ondas planas, cujo termo dominante seja dado por

$$\tilde{G}_k(t) = e^{-Dk^2 t}, \qquad (J.4)$$

onde k é o vetor de onda. Utilizando a transformada de Fourier para avaliar a Equação (J.4), temos

$$\tilde{G}(x,t) = \frac{1}{2\pi} \int_{-\infty}^{\infty} e^{ikx} e^{-Dk^2 t} dk. \qquad (J.5)$$

A integração da Equação (J.5) fornece uma solução do tipo

$$\tilde{G}(x,t) = \frac{1}{\sqrt{4\pi Dt}} e^{-\frac{x^2}{4Dt}}, \qquad (J.6)$$

que tem a mesma forma da Equação (9.41).

J.2 Transformada de Fourier

O método da transformada de Fourier consiste em decompor a densidade $\rho(x,t)$ em uma família de ondas planas do tipo

$$\rho(x,t) = \rho_k(t)e^{ikx}, \tag{J.7}$$

onde k identifica o vetor de onda. Substituindo a Equação (J.7) na Equação (J.1) obtemos

$$\frac{\partial \rho_k}{\partial t}e^{ikx} = -Dk^2\rho_k e^{ikx}. \tag{J.8}$$

Atividade 1 – *Substitua a Equação (J.7) na Equação (J.1) e obtenha o resultado mostrado na Equação (J.8).*

A solução da Equação (J.8) é do tipo

$$\rho_k(t) = \rho_k(0)e^{-Dk^2 t}. \tag{J.9}$$

Atividade 2 – *Integre a Equação (J.8) e confirme o resultado mostrado na Equação (J.9).*

Para obter a densidade $\rho(x,t)$ devemos efetuar a transformada inversa de Fourier da Equação (J.9), ou seja,

$$\rho(x,t) = \frac{1}{2\pi}\int_{-\infty}^{\infty} \rho_k(0)e^{ikx}e^{-Dk^2 t}dk, \tag{J.10}$$

onde os coeficientes

$$\rho_k(0) = \int_{-\infty}^{\infty} \rho(x,0)e^{-ikx}dx, \tag{J.11}$$

são obtidos pela transformada de Fourier da densidade inicial.

Apêndice K

Relação flutuação-dissipação

Discutiremos neste apêndice a relação entre flutuação e dissipação. Para tal, considere a equação de Langevin escrita como

$$m\dot{v}(t) = -\beta' v(t) + mA(t) + F_{\text{EXT}}(t), \qquad (K.1)$$

onde as condições iniciais são dadas como $v(0) = v_0$ e $x(0) = x_0$. Esta equação é, de fato, uma equação diferencial de primeira ordem estocástica em razão do termo aleatório $A(t)$. Aqui, m é a massa da partícula, β' é o coeficiente de viscosidade, F_{EXT} caracteriza todas as possíveis forças externas e $mA(t)$ é uma força interna que tem características aleatórias e com média temporal nula. Uma possível solução da Equação (K.1) é dada por

$$v(t) = v_0 e^{-\tilde{\beta}t} + \frac{1}{m}\int_0^t e^{-\tilde{\beta}(t-\tau)}(mA(\tau) + F_{\text{EXT}}(\tau))d\tau, \qquad (K.2)$$

onde $\tilde{\beta} = \beta'/m$.

Quando a força externa é nula, ou seja, $F_{\text{EXT}} = 0$, o movimento da partícula se dá exclusivamente pelo termo estocástico da força $mA(t)$, que por sua vez tem média temporal nula. Considerando então a força externa nula, o quadrado da Equação (K.2) fornece, após tomar o valor médio a seguinte relação

$$\overline{v^2}(t) = v_0^2 e^{-2\tilde{\beta}t} + 2v_0 e^{-\tilde{\beta}t} \int_0^t d\tau e^{-\tilde{\beta}(t-\tau)} \overline{A}(\tau) +$$
$$+ \int_0^t d\tau_1 \int_0^t e^{-\tilde{\beta}(t-\tau_1)} e^{-\tilde{\beta}(t-\tau_2)} \overline{A(\tau_1)A(\tau_2)} d\tau_2. \qquad (K.3)$$

Como o termo da força estocástica tem média temporal nula, então $\overline{A}(\tau) = 0$, o que leva a

$$\overline{v^2}(t) = v_0^2 e^{-2\tilde{\beta}t} + \int_0^t d\tau_1 \int_0^t e^{-\tilde{\beta}(t-\tau_1)} e^{-\tilde{\beta}(t-\tau_2)} \overline{A(\tau_1)A(\tau_2)} d\tau_2. \qquad (K.4)$$

Para se determinar a média temporal do produto $A(\tau_1)A(\tau_2)$, devemos notar, pela propriedade da fatoração da média, que

$$\overline{A(\tau_1)A(\tau_2)} = \overline{A}(\tau_1)\overline{A}(\tau_2) = 0, \ \forall \tau_1 \neq \tau_2. \qquad (K.5)$$

Isso significa que as forças aleatórias, em instantes diferentes $\tau_1 \neq \tau_2$, são totalmente descorrelacionadas e independem de quão próximo τ_1 seja de τ_2. Vamos admitir, portanto, que em $\tau_1 = \tau_2$, a média seja dada por

$$\overline{A(\tau_1)A(\tau_2)} = \Gamma \delta(\tau_1 - \tau_2), \qquad (K.6)$$

onde Γ é uma constante não negativa e representa a intensidade (amplitude) do ruído ou da força aleatória. Levando a Equação (K.6) para a Equação (K.4) e fazendo as devidas integrais[1], chegamos a

$$\overline{v^2}(t) = v_0^2 e^{-\tilde{\beta}t} + \frac{\Gamma}{2\tilde{\beta}}(1 - e^{-2\tilde{\beta}t}). \qquad (K.7)$$

---

[1]Para resolver a integral é importante perceber que

$$\int_0^t d\tau_1 \int_0^t d\tau_2 e^{-\tilde{\beta}(t-\tau_1)} e^{-\tilde{\beta}(t-\tau_2)} \Gamma\delta(\tau_1-\tau_2) = \Gamma e^{-2\tilde{\beta}t} \int_0^t d\tau e^{\tilde{\beta}\tau} \int_0^t d\tau e^{\tilde{\beta}\tau},$$
$$= \Gamma e^{-2\tilde{\beta}t} \int_0^t d\tau e^{2\tilde{\beta}\tau}.$$

Podemos agora considerar o caso limite em que $t \to \infty$. Nesse limite, temos que

$$\overline{v^2} = \frac{\Gamma}{2\tilde{\beta}}. \tag{K.8}$$

Utilizando, agora, o teorema de equipartição de energia, temos que

$$\frac{1}{2}m\overline{v^2} = \frac{1}{2}K_BT, \tag{K.9}$$

o que leva a

$$\overline{v^2} = \frac{K_BT}{m}. \tag{K.10}$$

Levando a Equação (K.10) para a Equação (K.8), temos que

$$\Gamma = \frac{2\tilde{\beta}K_BT}{m}. \tag{K.11}$$

Como $\tilde{\beta} = \beta'/m$, temos que

$$\Gamma = \frac{2\beta'K_BT}{m^2}. \tag{K.12}$$

Esta relação define a intensidade ou amplitude da flutuação da força aleatória como uma quantidade que depende da temperatura T e do coeficiente de viscosidade β'.

Lista de Figuras

1.1 Ilustração de um sistema termodinâmico constituído por dois subsistemas com as seguintes grandezas extensivas, (U_1, V_1, N_1) e (U_2, V_2, N_2), respectivamente. 36

1.2 Ilustração dos sistemas dos exercícios 5 e 6. 52

2.1 Ilustração do espaço amostral para o lançamento de dois dados, não viciados, de seis faces. 58

3.1 Ilustração da rede unidimensional, na qual o caminhante pode dar passos discretos de tamanho l, tanto para a direita, com probabilidade p, quanto para a esquerda, com probabilidade $q = 1 - p$. 74

3.2 Ilustração da rede unidimensional, na qual o caminhante pode dar passos discretos de tamanho l, tanto para a direita quanto para a esquerda. O campo gravitacional propicia uma maior probabilidade de o caminhante andar para a direita do que andar para a esquerda. Logo, tem-se que $p > q$. 75

3.3 Ilustração das possíveis sequências distintas para $N = 3$. . . 76

3.4 Esboço da probabilidade $\wp(n_1)$, considerando $N = 10$ e os seguintes valores de probabilidade de caminhar para a direita: (a) $p = 0,5$; (b) $p = 0,2$; (c) $p = 0,3$; e (d) $p = 0,7$. 78

3.5 Esboço da distribuição de probabilidade $\wp(n_1)$ para diversos valores de N, conforme ilustrado na figura, e considerando $p = 0,5$. O eixo horizontal foi reescalado aplicando a transformação $n_1 \to n_1/N$. 86

3.6 Ilustração do processo de suavização da função $\wp$ depois da aplicação da função logaritmo. Os parâmetros utilizados na figura foram $p = 0,5$ e: (a) e (c) $N = 50$, (b) e (d) $N = 10$. . 87

3.7 Ilustração do procedimento para efetuar a mudança de variáveis do plano cartesiano XY para o plano de coordenadas polares $r\theta$. 93

3.8 Ilustração do modelo Fermi-Ulam. 99

3.9 Espaço de fases obtido para o modelo Fermi-Ulam, para o parâmetro de controle $\epsilon = 10^{-2}$. 101

3.10 Gráfico da velocidade média em função do número de colisões da partícula com a parede móvel. O parâmetro de controle utilizado foi $\epsilon = 10^{-2}$. 103

3.11 (a) Histograma das colisões múltiplas no modelo Fermi-Ulam. Os parâmetros de controle utilizados foram $\epsilon = 10^{-2}$, $\epsilon = 10^{-3}$ e $\epsilon = 10^{-4}$. (b) Após uma reescala nos eixos, ocorre a sobreposição das curvas mostradas em (a) em uma única curva universal. 104

3.12 Crescimento ilimitado da velocidade média. Foram usadas 5.000 diferentes fases iniciais $\phi_0 \in [0, 2\pi]$ para a mesma velocidade inicial $V_0 = 10^{-3}\epsilon$ sendo $\epsilon = 10^{-3}$. 107

3.13 (a) Comportamento da velocidade média $\overline{V}$ como função do número de colisões n com a parede. (b) Após uma reescala nos eixos, temos a sobreposição das curvas mostradas em (a) em uma única curva universal. 110

3.14 Comportamento de $n_{x2} \times \tilde{M}$. O ajuste em lei de potência forneceu o expoente $z_2 = 1,73(4)$. 111

4.1	Ilustração dos possíveis microestados de um sistema clássico.	121
4.2	Ilustração de uma partícula clássica no interior de uma caixa quadrada de lado L.	122
4.3	(a) Espaço de fases para uma partícula clássica com energia $E = p^2/(2m)$. (b) Espaço de fases para uma partícula clássica com energia entre E e $E + \delta E$.	123
4.4	Ilustração de uma caixa de potencial infinito de largura L.	123
4.5	Ilustração do espaço de fases do oscilador harmônico simples unidimensional com energia entre E e $E + \delta E$.	126
4.6	Ilustração do comportamento da energia por partícula como função da temperatura para um sistema de dois níveis de energia.	130
4.7	Comportamento do calor específico em função da temperatura para um sistema de dois níveis de energia.	131
4.8	Comportamento do calor específico em função da temperatura para o modelo do sólido de Einstein.	135
4.9	Ilustração do comportamento da magnetização por partícula $\tilde{m}$ como função de $\mu_0 B/K_B T$.	142
4.10	Ilustração de um sistema termodinâmico constituído por dois subsistemas separados por uma parede adiabática.	144
4.11	Ilustração do pêndulo simples.	149
5.1	Ilustração de um sistema que descreve o ensemble canônico.	156
5.2	Ilustração de um sistema que descreve o ensemble grande canônico.	169
5.3	Ilustração do sistema que descreve o ensemble de pressões.	173
6.1	Ilustração do sistema constituído de N partículas não interagentes em um gás ideal.	184
6.2	Esboço da entropia por partícula como uma função da temperatura.	187

6.3 Ilustração dos ângulos que descrevem a dinâmica do bilhar. . 191

6.4 Ilustração do espaço de fases para o bilhar, considerando os parâmetros de controle: (a) $\epsilon = 0,07$ e (b) $\epsilon = 0,1$. (c) Ilustra um órbita de período três e (d) ampliação de uma região de (b). 192

6.5 (a) Ilustração do histograma de órbitas que escapam do bilhar. (b) Esboço da probabilidade de sobrevivência, obtida por integração do histograma mostrado em (a). Os parâmetros de controle utilizados foram $p = 3$ e $\epsilon = 0,07 < \epsilon_c$, $\epsilon = 0,1 = \epsilon_c$ e $\epsilon = 0,13 > \epsilon_c$. 194

6.6 Gráfico típico de órbitas que sobrevivem a muitas colisões no bilhar, sem escapar (a,c), e suas correspondentes representações no espaço de fases (b,d) para os parâmetros de controle $p = 3$ $\tilde{h} = 0,1$ e: (a,b) $\epsilon = 0,1 = \epsilon_c$; (c,d) $\epsilon = 0,13 > \epsilon_c$. . . . 195

7.1 Ilustração do confinamento de uma partícula em um cubo de lados L_x, L_y e L_z. 215

7.2 Esboço da função $f(u)$ vs. u para $T \to 0$. 220

7.3 Esboço da função $f(u)$ vs. u para $T_F < T$. 221

7.4 Esboço da densidade de energia obtida para a radiação de corpo negro. 225

8.1 Ilustração do modelo considerado. 232

8.2 Esboço da velocidade média em função de n. O ajuste em lei de potência fornece um expoente $0,5025(1) \cong 1/2$ em bom acordo com o resultado previsto teoricamente pela Equação (8.15). 237

8.3 Esboço da velocidade média como função de n para um coeficiente de restituição $\gamma = 0,999$. 239

8.4 Decaimento da velocidade média como função de n para um coeficiente de restituição $\gamma = 0,999$. 240

Lista de Figuras 407

8.5 Comparação do comportamento da velocidade média em função de n para uma dissipação $\gamma = 0,999$ considerando simulação numérica e aproximação teórica. 242

8.6 (a) Esboço da velocidade média como função de n. (b) Mesmo gráfico de (a) após fazer a transformação $n \to n\varepsilon^2$. Os parâmetros de controle estão mostrados na figura. 243

8.7 (a) Figura que mostra o comportamento de $\overline{v}_{\text{sat}}$ $vs.$ $(1-\gamma)$ e (b) $\overline{v}_{\text{sat}}$ $vs.$ ε. 247

8.8 Gráfico que mostra o número de colisões de crossover em função da dissipação, n_x $vs.$ $(1-\gamma)$. 248

8.9 (a) Diferentes curvas de velocidade média em função de n. (b) Após aplicar as transformações mostradas nas Equações (8.54) e (8.55) todas as curvas se sobrepõem em uma única curva universal. 249

8.10 Esboço da curva universal mostrada na Figura 8.9(b) sobreposta pela curva gerada pela Equação (8.68). 252

9.1 Ilustração do comportamento aleatório de uma partícula na superfície de um fluido realizando um movimento Browniano, após efetuar 10^3 passos aleatórios. 262

9.2 Ilustração do decaimento da velocidade para o equilíbrio para tempos suficientemente longos no caso onde $F_{\text{EXT}} = 0$. . . . 264

9.3 Ilustração esquemática da corrente de partículas J. 270

9.4 Ilustração do espaço de fases do Mapeamento (9.74) para os parâmetros de controle $\tilde{\gamma} = 1$ e $\epsilon = 10^{-2}$. 278

9.5 Gráfico mostrando o comportamento de $\wp'$ $vs.$ n para $h = 10$ e $D = 0,5$, que foram escolhas arbitrárias. 281

9.6 Gráfico do histograma como função de n para os parâmetros de controle $\tilde{\gamma} = {}^3/_4$ e $\epsilon = 10^{-4}$ e o valor fixo de $h = 10^{-3}$. . . . 283

9.7 Gráfico de $\tilde{A}$ $vs.$ h considerando os parâmetros de controle $\tilde{\gamma} = {}^3/_4$ e $\epsilon = 10^{-4}$. 283

9.8 (a) Gráfico de D vs. h considerando parâmetros de controle diferentes, conforme mostrado na figura. (b) Após reescalar os eixos apropriadamente, a figura mostra uma sobreposição parcial das curvas. 285

10.1 Esboço da probabilidade $\wp$ vs. v. 296

10.2 Esboço da probabilidade $\wp$ vs. y. 304

11.1 Esboço esquemático ilustrando o diagrama de fases de um fluido simples, como a água. 311

11.2 Esboço do diagrama $B \times T$ para um ferromagneto unidimensional. 313

12.1 Ilustração de um sistema de 16 spins em uma rede quadrada. 330

12.2 Ilustração da forma com que os spins são sequencialmente visitados. 331

12.3 Ilustração das configurações anterior e posterior à mudança de estado. 332

12.4 Comportamento da energia média (a,c) e magnetização média (b,d) como função dos passos de Monte Carlo para $T < T_c$ e redes: $L = 50$ (a,b) e $L = 100$ (c,d) respectivamente. Para realizar as simulações foram escolhidos $K_B = 1$, $J = 1$ e $T = 1 < T_c$. 338

12.5 Orientação dos spins com $L = 25$ e $T = 1$ para os números de passos de Monte Carlo: (a) 10; (b) 50; (c) 100 e finalmente; (d) 10.000. 339

12.6 Esboço do comportamento da magnetização por partícula em função da temperatura T para diferentes valores de L. 340

12.7 Comportamento da susceptibilidade χ vs. T para diferentes tamanhos de rede L. 341

12.8 Comportamento do calor específico c vs. T para diferentes tamanhos de rede L. 342

12.9 Comportamento do cumulante de Binder U_4 vs. T para diferentes tamanhos de rede L. 343

12.10 Comportamento da temperatura crítica T_c vs. $1/L$ obtida a partir dos picos da susceptibilidade, do calor específico e dos cruzamentos das curvas do cumulante de Binder. 344

12.11 Espaço de fases para o Mapeamento (12.25) para os parâmetros $\epsilon = 0,01$ e $\gamma = 1$. 346

12.12 Esboço de I_{RMS} como função de: (a) n, e (b) $n\epsilon^2$. Os parâmetros de controle utilizados foram $\gamma = 1$ e $\epsilon = 10^{-4}$, $\epsilon = 5 \times 10^{-4}$ e $\epsilon = 10^{-3}$, conforme mostrado na figura. 348

12.13 Comportamento de $I_{\text{RMS,SAT}}$ vs. ϵ para: (a) $\gamma = 1$ e (b) $\gamma = 2$. Os expoentes críticos obtidos foram: (a) $\alpha = 0,508(4)$ e (b) $\alpha = 0,343(2)$. 352

12.14 Comportamento de n_x vs. ϵ para: (a) $\gamma = 1$ e (b) $\gamma = 2$. O expoente crítico obtido foi: (a) $z = -0,98(2)$ e (b) $z = -1,30(2)$. 353

12.15 (a) Comportamento de I_{RMS} vs. n para $\gamma = 1$ e diferentes valores de ϵ, conforme mostrado na figura. (b) Sobreposição das curvas mostradas em (a) em uma única curva universal após as transformações $I_{\text{RMS}} \to I_{\text{RMS}}/\epsilon^\alpha$ e $n \to n/\epsilon^z$. 354

A.1 Ilustração da posição de uma partícula medida por dois referenciais sendo um deles inercial (esquerda) e o outro não inercial (direita). 366

C.1 Ilustração da validade da expansão de Stirling mostrando o comportamento de $\ln n!$ e $n \ln n - n$. 374

D.1 Ilustração esquemática para um elétron em uma órbita de Bohr. 375

E.1 (a) Ilustra dois recipientes com mesmo volume, mesmo número de partículas, porém separados um do outro por meio de uma parede adiabática. (b) Mesmo sistema de (a) porém sem o vínculo interno. 379

H.1 Ilustra o espaço de fases, $(I > 0)$, para o mapeamento dado pelas Equações (H.9) considerando os parâmetros de controle $\varepsilon = 10^{-2}$, (a) $\gamma = 1$ e (b) $\gamma = 1/2$. 390

Lista de Tabelas

3.1 Valores de n_1, $n_1!$ e $\ln(n_1!)$. 90

4.1 Possíveis combinações de números quânticos n_1 e n_2 e suas contribuições na energia final de dois osciladores harmônicos quânticos não interagentes. 132

4.2 Possíveis orientações dos spins e a energia total para um sistema de duas partículas magnéticas de spin $\mu_0 = \hbar/2$, não interagentes. 137

4.3 Possíveis orientações dos spins e a energia total para um sistema de três partículas magnéticas de spin $\mu_0 = \hbar/2$, não interagentes. 138

6.1 Ilustração dos possíveis estados ocupacionais para um gás de Maxwell-Boltzmann. A primeira coluna fornece os estados configuracionais; e os estados permitidos são mostrados nas colunas 2, 3 e 4. 201

6.2 Ilustração dos possíveis estados para um gás de bósons, obedecendo a estatística de Bose-Einstein. A primeira coluna fornece os estados configuracionais; e os estados permitidos são mostrados nas colunas 2, 3 e 4. 202

6.3 Ilustração dos possíveis estados para um gás de férmions, obedecendo a estatística de Fermi-Dirac. A primeira coluna fornece os estados configuracionais; e os estados permitidos são mostrados nas colunas 2, 3 e 4. 202

Índice Remissivo

A

aceleração de Fermi, 105, 236
algoritmo de Metrópolis, 327, 330
anã branca, 227
antissimetria, 199
aprisionamento temporário, 193
arrasto viscoso, 291, 304
autoenergia, 125

B

balanço de energia, 137
bilhar, 183

C

calor de transformação, 49
calor específico, 130, 135, 165, 189
calor específico molar, 135
calor latente, 49
caminhada aleatória, 73, 83, 127, 140, 267, 393
caos, 190, 235
capacidade calorífica, 24, 188
choques inelásticos, 236
cluster de partículas, 168
cluster de spins, 168
coeficiente de difusão, 261, 267, 270, 272, 284, 298, 394, 395
coeficiente de restituição, 234
colisões elásticas, 231
colisões inelásticas, 249
combinação linear, 395
comportamento difusivo, 102
condensado de Bose-Einstein, 213
condição de equilíbrio, 147
condições de contorno, 124, 300
condições de contorno periódicas, 337
condições de equilíbrio, 143
conservação da energia, 27
constante de Boltzmann, 33
constante universal dos gases, 189
coordenadas polares, 93, 190
corrente de partículas, 270
cumulante de Binder, 335
curva invariante, 383
curva universal, 105, 110, 111
curvas invariantes, 102, 190

D

decaimento da velocidade, 240
degenerescência, 77, 133, 158
densidade de corrente, 293
densidade de partículas, 269
densidade de probabilidade, 95, 293, 301
deslocamento médio, 81, 269
desvio da média, 61
desvio quadrático médio, 95
determinística, 103
difusão, 231, 277
difusão de partículas, 175
dinâmica caótica, 98, 103
dinâmica molecular, 328
dispersão, 61, 81
dispersão na rede, 84
dispersão relativa, 83
distribuição binomial, 77, 85
distribuição de Fermi-Dirac, 217
distribuição de probabilidades, 304
distribuição Gaussiana, 85
Dulong-Petit, 135, 150

E

efeitos de transiente, 293
energia de Fermi, 213, 220
energia do estado fundamental, 162
energia interna, 27, 119
energia livre, 186
energia livre de Gibbs, 44, 48, 155, 174
energia livre de Helmholtz, 42, 47, 155, 159, 161, 164, 166, 169, 171, 186–188, 377
energia média, 159, 183
energia mecânica, 121
ensemble canônico, 155, 156, 159, 160, 162, 169, 203
ensemble de pressões, 155, 172
ensemble grande canônico, 155, 169, 205
ensemble microcanônico, 127, 147, 155, 162, 169
ensembles estatísticos, 32
entalpia, 42
entropia, 26, 38, 119, 128, 134, 140, 145, 146, 157, 162, 164, 167, 170, 173, 183, 187
equação da continuidade, 65, 269, 286, 293, 300
equação da difusão, 269, 274, 276, 395
equação de estado do gás, 188
equação de estado do gás ideal, 378
equação de Fokker-Planck, 291, 296, 304
equação de Langevin, 261, 263, 267, 271, 291, 297, 304, 399
equação de Planck, 224
equação de Rayleigh-Jeans, 225

equação de Schroedinger, 213, 215
equação diferencial estocástica, 292
equações de Hamilton, 64
equilíbrio mecânico, 38, 143, 147
equilíbrio químico, 39, 147
equilíbrio térmico, 35, 38, 143
escape de partículas, 183
espaço amostral, 57
espaço de fases, 235, 276
espectro de radiação de corpo negro, 213
estado estacionário, 197, 239, 272, 286, 293, 295, 300, 304
estado quântico, 199
estados estacionários, 25
estados microscópicos, 145
estatística de Bose-Einstein, 202
expansão de Stirling, 128, 134, 140, 186, 373
expansão em série de Taylor, 170
expoentes característicos, 244
extensividade da energia, 45

F
fator de escala, 29
fator de multiplicidade de spin, 218
flutuação e dissipação, 399
fluxo de calor, 28
força conservativa, 304
formalismo de bilhares, 189
função aleatória, 109, 277

função de onda, 199, 214
função de partição, 155, 160, 161, 163, 164, 166, 168, 188, 204, 377
função de partição canônica, 158, 161, 171, 174, 183, 185, 205
função de partição do gás ideal, 186
função gaussiana, 112
função homogênea, 29
função homogênea generalizada, 244, 350
funções hiperbólicas, 141

G
gás de bósons, 199, 221
gás de férmions, 199
gás de fótons, 213
gás ideal, 33, 183, 190
gás quântico, 183
gases ideais quânticos, 199
gases quânticos, 216
grande função de partição, 171
grande potencial termodinâmico, 172, 222
grandeza extensiva, 183
grandeza termodinâmica, 119
graus de liberdade, 121

H
hipótese ergódica, 57, 64, 67

I
ilha de estabilidade, 284

ilhas de estabilidade, 190
indistinguibilidade das partículas, 377
integrável, 387

L

lei de escala, 351
lei de Fick, 270, 393
lei de Hooke, 302
lei de Wien, 226
lei zero da termodinâmica, 30
leis da termodinâmica, 23

M

máxima energia, 137
média temporal, 265
método de Green, 395
método de Monte Carlo, 327, 330
magnetização, 167
magnetização do sistema, 141
magnetização espontânea, 136
magnetização por partícula, 142
magneton de Bohr, 376
mapa padrão, 235
mapeamento discreto, 190, 231, 261, 345, 387
mar de caos, 383
memória temporal, 109
microestados, 122
minimização de energia, 137
mobilidade, 272
modelo Clock-4 estados, 139, 327, 333

modelo de Ising, 333
modelo Fermi-Ulam, 367
momento angular de spin, 136
momento de dipolo, 24
momento de dipolo orbital, 375
momento magnético, 136
momento magnético de dipolo, 376
movimento Browniano, 261, 291

N

número de Avogadro, 189
número de onda, 124, 214
número médio de passos, 80

O

ondas planas, 396
operador quântico, 124
ordenamento magnético, 136
oscilador harmônico clássico, 125
oscilador harmônico quântico, 127

P

parâmetro de ordem, 313
parâmetros extensivos, 26
parâmetros intensivos, 26
paradoxo de Gibbs, 183, 184, 377
paramagneto ideal, 136, 138, 147, 165
partículas magnéticas, 150
período orbital, 375
postulado fundamental da mecânica estatística, 67
potenciais termodinâmicos, 172

potencial químico, 24, 175, 223
pressão, 183
primeira lei da termodinâmica, 27
primeiro momento da média, 61
princípio de exclusão de Pauli, 200
probabilidade, 57
processo de difusão, 292
processo markoviano, 292
processos difusivos, 286
produto escalar, 66
propriedades termodinâmicas, 183

R
radiação de corpo negro, 223, 224
referencial inercial, 365
referencial não inercial, 365
regime estacionário, 301
regra da cadeia, 66
relação de de Broglie, 214
relação de Euler, 175
relação de Gibbs-Duhem, 46
relações de Maxwell, 46
relações termodinâmicas, 41

S
segunda lei da termodinâmica, 29
segundo momento, 61, 81
separação de variáveis, 280
sistema ergódico, 66
sistema ferromagnético, 136, 138
sistema magnético, 136

sistema termodinâmico, 120
sistemas estocásticos, 269
sistemas macroscópicos, 23
stickiness, 278
supressão da difusão, 231
susceptibilidade magnética, 142, 167

T
temperatura de Bose, 213, 222
temperatura de condensação, 222
temperatura de Fermi, 220
temperatura de transição, 343
tempo de relaxação, 337
teorema de equipartição de energia, 33, 198, 240, 265, 401
teorema de ergodicidade, 66
teorema de Gauss, 66
teorema de Liouville, 64
teorema de unicidade de soluções, 65
teorema do limite central, 98, 112
toros invariantes, 102
transformação de Legendre, 159, 162
transformações de Legendre, 41, 174
transformada de Fourier, 294, 395
transformada inversa de Fourier, 295, 397
transição de fases, 139

V
valor central da distribuição, 61
valor médio, 59, 63, 80

valor quadrático médio, 63
variáveis ação e ângulo, 277
variáveis extensivas, 25
variáveis intensivas, 25
variável aleatória, 59
variável aleatória discreta, 59
variável canônica, 41
velocidade da luz, 223
vibrações atômicas, 236